核动力系统的流动不稳定性

苏光辉 田文喜 巫英伟 张 魁 张大林 秋穗正 著

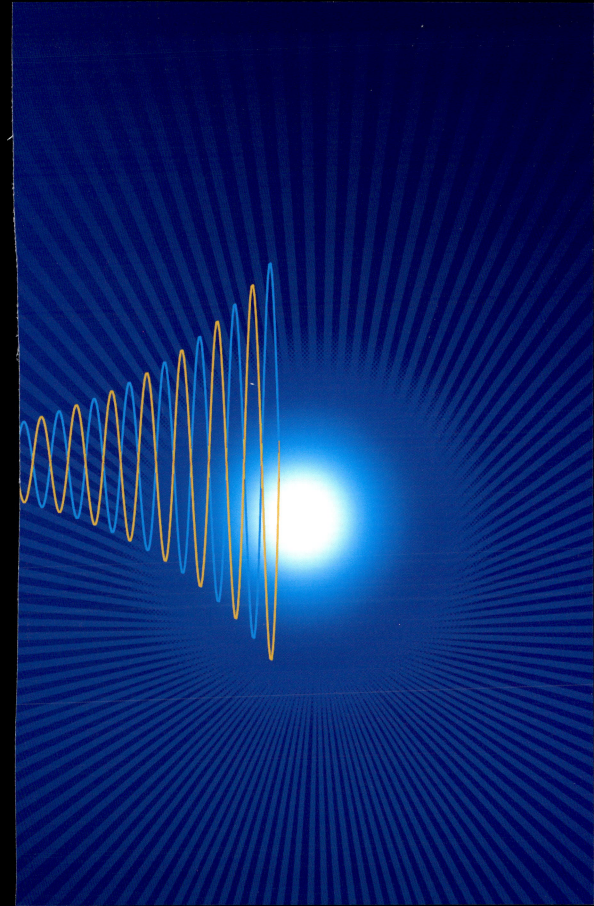

先进核科学技术出版工程

—— 丛书主编 于俊崇 ——

核动力系统的流动不稳定性

苏光辉 田文喜 巫英伟 张 魁 张大林 秋穗正 著

西安交通大学出版社

图书在版编目(CIP)数据

核动力系统的流动不稳定性/苏光辉等著. --西安：西安交通大学出版社,2024.10
先进核科学技术出版工程/于俊崇主编
ISBN 978-7-5693-2751-9

Ⅰ.①核… Ⅱ.①苏… Ⅲ.①核动力－动力系统－研究 Ⅳ.①TL99

中国版本图书馆 CIP 数据核字(2022)第 146898 号

书　　名	核动力系统的流动不稳定性 HEDONGLI XITONG DE LIUDONG BUWENDINGXING
著　　者	苏光辉　田文喜　巫英伟　张　魁　张大林　秋穗正
丛书策划	田　华　曹　昳
责任编辑	屈晓燕　刘雅洁
责任校对	李　文　魏　萍
责任印制	张春荣　刘　攀
版式设计	程文卫
装帧设计	伍　胜
出版发行	西安交通大学出版社 （西安市兴庆南路1号　邮政编码 710048）
网　　址	http://www.xjtupress.com
电　　话	(029)82668357　82667874(市场营销中心) (029)82668315(总编办)
印　　刷	中煤地西安地图制印有限公司
开　　本	720 mm×1000 mm　1/16　印张 21　彩页 2　字数 396 千字
版次印次	2024 年 10 月第 1 版　2024 年 10 月第 1 次印刷
书　　号	ISBN 978-7-5693-2751-9
定　　价	268.00 元

发现印装质量问题,请与本社市场营销中心联系。
订购热线:(029)82665248　(029)82665249
投稿热线:(029)82664954
读者信箱:liuyajie@xjtu.edu.cn

版权所有　侵权必究

"先进核科学技术出版工程"编委会

丛书主编

于俊崇	中国核动力研究设计院	中国工程院院士

专家委员会

邱爱慈	西安交通大学	中国工程院院士
欧阳晓平	西北核技术研究所	中国工程院院士
江　松	北京应用物理与计算数学研究所	中国科学院院士
罗　琦	中国原子能科学研究院	中国工程院院士
吴宜灿	中国科学院核能安全技术研究所	中国科学院院士

编委会（按姓氏笔画排序）

王　侃	清华大学工程物理系核能所	所　长
王志光	中国科学院近代物理研究所	研究员
邓　力	北京应用物理与计算数学研究所	研究员
石伟群	中国科学院高能物理研究所	研究员
叶民友	中国科学技术大学核科学技术学院	讲席教授
田文喜	西安交通大学核科学与技术学院	院　长
苏光辉	西安交通大学能源与动力工程学院	院　长
李　庆	中国核动力研究设计院设计研究所	副所长
李斌康	西北核技术研究所	研究员
杨红义	中国原子能科学研究院	副院长（主持工作）
杨燕华	上海交通大学核科学与工程学院	教　授
余红星	核反应堆系统设计技术国家重点实验室	主　任
应阳君	北京应用物理与计算数学研究所	研究员
汪小琳	中国工程物理研究院	研究员
宋丹戎	中国核动力研究设计院设计研究所	总设计师
陆道纲	华北电力大学核科学与工程学院	教　授
陈　伟	西北核技术研究所	研究员
陈义学	国家电投集团数字科技有限公司	总经理
陈俊凌	中国科学院等离子体物理研究所	副所长
咸春宇	中国广核集团有限公司"华龙一号"	原总设计师
秋穗正	西安交通大学核科学与技术学院	教　授
段天英	中国原子能科学研究院	研究员
顾汉洋	上海交通大学核科学与工程学院	院　长
阎昌琪	哈尔滨工程大学核科学与技术学院	教　授
戴志敏	中国科学院上海应用物理研究所	所　长

序言 FOREWORD

核能是清洁能源的重要组成部分，核安全是国家安全的重要组成部分，是核能发展的生命线。我国制定了庞大的核电发展规划，目前我国正处于由核电大国向核电强国迈进的关键时期，保障我国核电安全稳定高效发展至关重要。影响核反应堆安全运行的因素众多，两相流动不稳定性是其中的关键因素，也是核电设计运行单位和核安全监管部门重点关注的研究课题。两相流动不稳定性的研究始于20世纪30年代，研究者发现在一定条件下，气液两相混合物会发生流动失稳现象，不仅会影响局部的流动阻力和传热特性，还会使系统遭受有害的强迫机械振动及热疲劳损害，严重影响设备的运行安全。对于核动力系统，由于堆芯中子动力与热工水力的强耦合作用，流动不稳定性会引起堆芯功率的振荡和分布畸变，引发核反应堆安全控制问题，某些极端工况下可能引发沸腾危机和快速烧毁，严重威胁核反应堆安全运行。因此精准预测、有效预防或消除两相流动不稳定现象是先进核电与核动力系统设计与安全运行的重中之重。

西安交通大学核反应堆热工水力研究室长期耕耘于先进核动力系统热工流体设计与安全分析研究领域，在国家重大科技专项项目、国家自然科学基金项目和企业横向委托课题等项目支持下，围绕核动力系统两相流动不稳定性开展了系统深入的研究，取得了系列具有学术意义和工程参考价值的成果。

作者总结了其团队近30年的相关研究成果，精心撰写了本书，是我国第一本针对核动力系统两相流动不稳定性研究的专著。本书系统性总结了国内外两相流动不稳定性研究的发展进程，介绍了两相流动不稳定性发生的机理机制和基本的研究方法，针对大型先进压水堆、低温供热堆、研究堆、海洋小堆、超临界水堆等核动力系统，详细介绍了各种堆型的两相流动不稳定性相关理论、试验与数值模拟研究成果，精确揭示了核热耦合、物性畸变、海洋运动条件等关键因素对复杂系统、关键设备及单元部件流动失稳行为的影响机理。作者首次发现在特定极端工况下，单相流动不稳定性也会出现在核动力自然循环系统，核热耦合效应有利于抑制两相流动不稳定性的发生。本书第 8 章着重介绍了第四代核能系统钠冷快堆蒸汽发生器并联多通道两相流动不稳定性研究成果，这也是本书的一大亮点。

  本书介绍了核动力系统两相流动不稳定性的分类、机理、现象和进程，覆盖了两相流动失稳行为的基础理论探索、关键模型构建、自主化分析程序开发和关键实验验证技术等。本书内容系统全面且极具实用性和指导性，可供核动力系统安全分析领域的科技人员参考，也适合高等院校核科学与技术相关专业的师生阅读，同时也可作为核科学与工程相关专业研究生课程的教材。我非常高兴和乐意将本书推荐给全国的核科技工作者。

中国工程院院士
中国核动力研究设计院研究员

2024 年 9 月于成都

前言 PREFACE

核能已成为人类使用的重要能源之一，核电是电力工业的重要组成部分。积极推进核电建设是我国能源建设的一项重要策略，对于满足经济和社会发展不断增长的能源需求，提升我国综合经济实力、工业技术水平和国际地位，具有重要的意义。在核电发展战略方面，我国坚持热中子反应堆—快中子反应堆—控核聚变堆"三步走"的方针，始终贯彻安全第一的核电发展原则。先进核能系统对安全性提出了更高的要求，核反应堆系统的两相流动不稳定性是研究其安全性的重要方面。

围绕核能系统的两相流动不稳定性，作者及其课题组经过三十多年的科研工作，取得了一系列突破性研究进展，已建立较为完善的研究方法和理论体系。作者在归纳、整理和总结多年研究成果的基础上，完成了这部关于两相流动不稳定性的学术专著。

本书共分8章。作者团队分工如下：苏光辉教授执笔第1、2、7章，秋穗正教授执笔第4章，田文喜教授执笔第3章，巫英伟教授执笔第6章，张大林教授执笔第8章，张魁副教授执笔第5章，全书由苏光辉教授统稿。

第1章对两相流动不稳定性进行了概述，简要介绍了不稳定性的现象和分类，以及目前国内外核能系统两相流动不稳定性的相关研究工作。第2、3章分别对低温供热堆和中国先进研究堆(CARR)建立了完善准确的热工水力模型，获得了自然循环条件下低温供热堆和CARR发生两相流动不稳定性的脉动曲线及相应的不稳定性区间。

近年来，海洋核动力平台热工水力特性成为新的研究热点。第4章系统地介绍了海洋条件下反应堆堆芯并联多通道两相流动不稳定性研究内容，通过理论模型揭示了并联通道流动不稳定性的机理，获得了典型海洋条件和耦合海洋条件下的并联通道流动不稳定性边界。第5章介绍了运动条件下堆芯核热耦合流动不稳定性分析程序的研发及验证，并对静止条件和运动条件下堆芯核热耦合流动不稳定性进行了研究。

第6章介绍了针对超临界水堆 CSR1000 自主开发的频域法程序 FREDOCSR1000 和时域法程序 TIMDOCSR1000，这两种程序可用于分析超临界水冷堆各种工况下的堆芯流动不稳定性，并预测反应堆的稳定性边界。第7章分析了流量脉动对反应堆系统单通道内临界热流密度的影响特性，揭示了流量脉动提前触发沸腾危机的机理，建立了流量脉动条件下临界热流密度理论模型。

第8章以专题的形式探讨了钠-水蒸汽发生器两相流动不稳定性，介绍了基于时域法自主开发的钠冷快堆钠-水直流蒸汽发生器流动不稳定性分析程序 COSFIAS，分析了中国实验快堆(CEFR)蒸汽发生器并联多通道流动不稳定性。

本书的研究工作先后得到了国家重点基础研究发展计划项目、国家自然科学基金项目(U1967203)、核能开发项目、国家核安全局重点课题、核反应堆系统设计技术重点实验室基金项目(J20111103、613103030102、KZZJJ－A－201101、JZM－20160205、JZM－20160206)等项目支持，也得到了中国核动力研究设计院、中国原子能科学研究院、上海核工程研究设计院股份有限公司、中核武汉核电运行技术股份有限公司、中广核研究院有限公司、中国核电工程有限公司等科研院所的大力支持。

特别说明的是，从作者所在课题组毕业的历届硕士和博士研究生对本书的形成做出了贡献，由于时间跨度大、人员众多，在此不列出具体名单。

特别感谢于俊崇院士在百忙中为本书作序。同时，感谢西安交通大学出版社大力支持。

核反应堆系统两相流动不稳定性非常复杂，限于我们的学识水平，书中难免有不足和不当之处，恳请使用本书的兄弟院校师生及各研究、设计和生产单位的广大读者、专家学者不吝批评指正。

著者

2024年5月于西安交通大学

目 录 CONTENTS

第1章 绪 论 ·· 001
  1.1 两相流动不稳定性概述 ··· 001
  1.2 两相流动不稳定性分类 ··· 001
  1.3 两相流动不稳定性研究回顾 ·· 004
    1.3.1 静力学不稳定性 ··· 004
    1.3.2 动力学不稳定性 ··· 009
  1.4 两相流动不稳定性的理论分析方法 ·· 029
    1.4.1 静力学不稳定性 ··· 029
    1.4.2 动力学不稳定性 ··· 029
  参考文献 ··· 032

第2章 低温供热堆热工水力学不稳定性 ·· 051
  2.1 概述 ··· 051
  2.2 试验研究 ··· 052
    2.2.1 试验装置 ··· 052
    2.2.2 试验参数范围 ··· 058
    2.2.3 试验步骤 ··· 060
    2.2.4 自然循环瞬态试验结果 ··· 060
  2.3 稳定性判别准则的理论分析 ·· 064
  2.4 低温供热堆自然循环两相流动不稳定性时域分析 ······················· 070
    2.4.1 两相流体的基本热工水力微分方程 ······························· 070
    2.4.2 传热模型 ··· 072
    2.4.3 压降关系式 ·· 074
    2.4.4 滑速比 ·· 075

  2.4.5 过冷沸腾区的空泡份额 ·············· 076
  2.4.6 传热系数关系式 ·················· 077
  2.4.7 点堆动力学方程 ·················· 080
  2.4.8 反应性反馈 ······················ 081
  2.4.9 管道与腔室模型 ·················· 082
  2.4.10 冷凝传热模型 ··················· 082
  2.4.11 模型方程解法 ··················· 082
  2.4.12 程序 NOTINACI 的开发 ············ 084
  2.4.13 程序 NOTINACI 的验证 ············ 086
  2.4.14 5 MW 和 200 MW 低温供热堆不稳定性的计算 ··· 088
  2.4.15 低温供热堆热工水力学稳定性安全审评验收准则 ··· 093
 2.5 本章小结 ······························ 094
 参考文献 ·································· 094

第3章 中国先进研究堆自然循环不稳定性分析 ············ 097
 3.1 概述 ································· 097
 3.2 数学模型推导及数值方法 ··················· 097
  3.2.1 热工水力方程 ···················· 098
  3.2.2 传热模型 ······················· 100
  3.2.3 压降关系式 ····················· 101
  3.2.4 对流换热系数关系式 ················ 101
  3.2.5 管道与腔室模型 ·················· 103
  3.2.6 数值方法 ······················· 103
 3.3 分析程序开发及验证 ······················ 103
 3.4 计算结果及分析 ························· 105
 3.5 本章小结 ······························ 124
 参考文献 ·································· 125

第4章 海洋条件下并联多通道两相流动不稳定性 ············ 127
 4.1 概述 ································· 127
 4.2 数学物理模型 ··························· 127
 4.3 海洋条件附加力模型 ······················ 136

  4.3.1 非惯性坐标系的动量方程 ············· 137
  4.3.2 海洋条件下并联通道模型 ············· 140
 4.4 分析程序开发及验证 ··················· 157
 4.5 计算结果及分析 ····················· 159
  4.5.1 倾斜海洋条件下两相流动不稳定性分析 ········ 159
  4.5.2 耦合海洋条件下两相流动不稳定性分析 ········ 160
 参考文献 ························ 163

第5章 运动条件下核热耦合对两相流动不稳定性影响研究 ····· 166
 5.1 概述 ························ 166
 5.2 数学物理模型 ···················· 166
  5.2.1 基本热工水力模型 ················ 167
  5.2.2 板状燃料元件传热模型 ·············· 167
  5.2.3 上下联箱模型 ·················· 168
 5.3 数值方法 ······················ 170
  5.3.1 控制方程离散 ·················· 170
  5.3.2 模型求解方法 ·················· 173
 5.4 分析程序研发及验证 ················· 175
  5.4.1 两相流动不稳定性分析程序的研发及验证 ······ 175
  5.4.2 核热耦合程序的研发及验证 ············ 178
 5.5 计算结果及分析 ··················· 183
  5.5.1 稳态核热耦合计算 ················ 184
  5.5.2 瞬态响应曲线 ·················· 185
  5.5.3 不稳定性边界 ·················· 187
 参考文献 ······················· 188

第6章 超临界水并联通道两相流动不稳定性 ·········· 190
 6.1 概述 ························ 190
  6.1.1 CSR1000 堆芯冷却剂流动路径 ··········· 193
  6.1.2 CSR1000 燃料组件 ················ 194
 6.2 基于频域方法的 CSR1000 两相流动不稳定性分析 ······ 195
  6.2.1 频域法数学模型 ················· 196

6.2.2　燃料棒传热模型 ……………………………………………… 197
　　6.2.3　水棒传热模型 ………………………………………………… 200
　　6.2.4　冷却剂通道热工水力模型 …………………………………… 200
　　6.2.5　慢化剂通道热工水力模型 …………………………………… 204
　　6.2.6　堆芯外循环模型 ……………………………………………… 205
　　6.2.7　超临界水堆热力学稳定性分析 ……………………………… 206
　　6.2.8　频域法程序 …………………………………………………… 207
　　6.2.9　平均通道计算结果及分析 …………………………………… 212
　　6.2.10　热通道计算结果及分析 ……………………………………… 218
　　6.2.11　CSR1000 安全稳定运行区域分析 …………………………… 224
　　6.2.12　小结 …………………………………………………………… 227
　6.3　基于时域方法的 CSR1000 两相流动不稳定性分析 ………………… 228
　　6.3.1　时域法数学模型 ……………………………………………… 229
　　6.3.2　并联双通道两相流动不稳定性 ……………………………… 234
　　6.3.3　并联多通道两相流动不稳定性 ……………………………… 239
　　6.3.4　不对称加热条件下两相流动不稳定性 ……………………… 243
　　6.3.5　超临界压力下密度波不稳定性 ……………………………… 245
　　6.3.6　小结 …………………………………………………………… 251
　6.4　本章小结 …………………………………………………………………… 252
　参考文献 ……………………………………………………………………………… 253

第7章　流量脉动条件下的临界热流密度 …………………………………… 256
　7.1　概述 ………………………………………………………………………… 256
　7.2　试验研究 …………………………………………………………………… 257
　　7.2.1　试验回路 ……………………………………………………… 257
　　7.2.2　试验方法及步骤 ……………………………………………… 261
　　7.2.3　流量脉动下的临界热流密度特性试验研究 ………………… 263
　7.3　理论研究 …………………………………………………………………… 273
　　7.3.1　无量纲参数对间歇型干涸影响分析及间歇型干涸相对临界
　　　　　　热流密度的预测 …………………………………………… 273
　　7.3.2　间歇型干涸后换热特性及触发持续型干涸的数值模拟 …… 289

7.4 本章小结……298
参考文献……299

第8章 钠-水蒸汽发生器两相流动不稳定性分析……301
8.1 概述……301
8.2 数学物理模型……302
    8.2.1 蒸汽发生器模型……302
    8.2.2 泵模型……306
    8.2.3 管道和阻力件模型……306
    8.2.4 管网模型……308
    8.2.5 辅助模型……309
8.3 数值方法……310
8.4 两相流动不稳定性计算……312
    8.4.1 均匀热流密度并联多通道两相流动不稳定性分析……312
    8.4.2 典型蒸汽发生器两相流动不稳定性分析……314

参考文献……320

索引……321

>>> **第1章**
绪　论

1.1　两相流动不稳定性概述

本书所研究的两相流动系统是一种非常复杂的典型的非线性系统，描述该系统的方程组具有强烈的非线性，早期的两相流动系统研究集中于对稳定解的计算分析，这对于存在两相流动的各种系统的设计和稳定运行具有重要的意义。随着两相流动系统，尤其是大型动力装置中两相流动系统的设计参数和安全性要求的不断提高，这种稳定解的计算分析已经不能满足其需求，促使研究转向系统随时间变化规律的分析。因此，解的稳定性问题成为受人关注的研究焦点。本书将从多个角度对动力系统中的经典非线性问题——两相流动不稳定性进行研究讨论。

1.2　两相流动不稳定性分类

两相流动不稳定性是指恒振幅或变振幅的流动振荡和零频率的流量漂移[1]。如果某一系统或组件中的流动是稳定的，从数学上严格地讲应该是流动的参数仅仅和空间有关。但是实际中这些参数往往存在微小的振动或可以说是扰动。这些实际存在的微小变化可以认为是诱发各种两相流动不稳定性的原因。从本质上来看，两相流动不稳定性可分为固有稳定性和固有不稳定性两类。固有稳定性是指系统本身具有稳定的特性，如碗中的乒乓球，在无外界干扰的情况下，乒乓球会静止于碗底部，即使有外界强制扰动，乒乓球仍会在一段时间后稳定于碗底部。固有不稳定性指系统本身具有不稳定特性，即使在有外界强制干扰作用下，系统在一段时间后仍为不稳定状态，如篮球

核动力系统的流动不稳定性

上放置一个乒乓球,存在唯一点使得乒乓球能够稳定在篮球上,但是一旦有外部干扰,乒乓球将无法再稳定在篮球上。

对于不稳定和稳定流动的区分往往基于下面的判别条件:

(1) 对某一流动工况施加一瞬时扰动,如果该偏离工况会逐渐恢复到初始工况,认为这一工况是稳定的。

(2) 对某一流动工况施加一瞬时扰动,如果该偏离工况逐渐稳定到另一工况稳定运行,认为这一工况为流量漂移,是静态不稳定性的一种。

(3) 对某一流动工况施加一瞬时扰动,如果该偏离工况发生周期性的振荡,无论是等周期振荡还是发散振荡,均认为是不稳定工况。

在本书后面的研究中亦采用了上述判断方法。

两相流动不稳定现象广泛存在于核反应堆(如沸水堆、低温供热堆等)、蒸汽发生器、锅炉,以及存在两相流动的石油、化工、制冷等多种工业设备中。但是,实际生产中都不希望这一现象发生,因为:第一,该现象可以引起结构部件的强迫机械振动;第二,该现象的发生使系统传热部件的温度发生变化,从而使热应力发生变化,最终可因热疲劳使传热部件发生破损;第三,不稳定现象可引起系统控制方面的各种问题,这在水反应堆中尤为突出;第四,不稳定现象发生后,流量脉动,从而影响系统局部传热特性,使热工水力条件恶化,导致沸腾危机的提前发生。当流量发生脉动时,临界热流密度会降低 40% [1]。因此,系统发生流动不稳定现象是非常有害的。

纵观多年来对两相流动不稳定性研究的综述报告,以 Boure、Bergles 和 Tong[2] 的最为经典,该文章总结了 1973 年之前的流动不稳定性研究情况,提出了如下的分类标准,如表 1-1 所示。

表 1-1 两相流动不稳定性分类

分类		表现形式	机理	特征
静力学不稳定性	纯静力学不稳定性	① 流量漂移或 Ledinegg 不稳定性[3]; ② 沸腾危机	① $\left.\frac{\partial \Delta P}{\partial G}\right\|_{int} \leqslant \left.\frac{\partial \Delta P}{\partial G}\right\|_{ext}$; ② 不能有效散热	① 流量突然发生大幅度漂移,达到一个新的稳定运行工况; ② 壁温漂移及流量振荡
	松弛型不稳定性	流型转换不稳定性	泡状流含汽率低,但是压降比环状流高	周期性流型转换和流量变化
	复合松弛型不稳定性	撞击、间歇、嘎擦型不稳定性	周期性调整亚稳态条件,通常是由于缺少成核位置	周期性过热和剧烈蒸发伴随喷溅和再充满现象

第1章 绪 论

续表

分类		表现形式	机理	特征
动力学不稳定性	纯动力学不稳定性	声波振荡型	压力波共振	高频率(10～100 Hz),与系统中压力波传递有关
		密度波型	流量、密度和流量的延迟与反馈效应的共同作用	低频率(1 Hz),与连续波转换有关
	复合动力学不稳定性	热力学振荡型	不同的传热系数与流体动力学的相互作用	通常出现在膜态沸腾
		沸水堆不稳定性	流动和传热与空泡份额的相互作用	仅在短燃料时间和低压下发生
		并联流道不稳定性	并联流道中少量流道之间的相互影响	流量的再分配不均
	第二类现象复合不稳定性	压力降振荡型	流量漂移引起的流道与可压缩容积之间相互作用	极低的频率(0.1 Hz)

上面的分类表在以后的研究中被广泛采用,后人的工作一般是将其充实和细化。例如 Fukuda 和 Kobori[4]通过对守恒方程线性化和拉普拉斯变换对水动力不稳定性进行分析,提出两相流动不稳定性至少可以分为八类,其中三类可以归入 Ledinegg 不稳定性,其余的五类可以归入纯动力学或者密度波不稳定性,其结果得到了试验支持;其中对于密度波不稳定性,根据发生区域平衡含汽率的高低进一步分为第一类密度波不稳定性和第二类密度波不稳定性的分类方法被众多学者认可。低含汽率的密度波不稳定性在前期的研究中往往被忽略,Fukuda 等通过改变试验中上升段的高度发现由于上升段中重位压降和摩擦压降在低含汽率区和高含汽率区分别处于支配地位,这两种密度波不稳定性在低压下的强迫循环和自然循环中均会出现,只是其具体表现形式不同。Lin 和 Pan[5]、许圣华[6]、苏光辉[7]等的试验和理论两方面研究均同上述分类符合得很好。林宗虎等[8]将流量脉动分为传热恶化型脉动、流型转变型脉动、间歇性喷汽及汽爆、声波型脉动、密度波型脉动、热力型脉动和压力降型脉动七类,同 Boure 等的不同之处在于其将传热恶化型脉动(沸腾危机)归于动力学不稳定性,关于传热恶化引起的流量脉动的机理目前还没有

文献给出详细的说明，还需要进一步的试验和理论研究。郭烈锦[9]提出的分类同 Boure 等的类似，在动力学不稳定性的复合动力学不稳定性中添加了凝结脉动，认为其机理是凝结界面与池对流的相互作用，通常在蒸汽喷射到气体抑制池中时发生。国内很多学者[10-11]还对一些特殊管型（U 形管、螺旋管等）的不稳定性进行了大量细致研究，得到的各种不稳定性特征仍可以被表 1-1 包含。

目前来看，对静力学不稳定性的归类一般比较简单，分歧较少。动力学不稳定性由于其机理的复杂性、表现形式的多样性，对于某一特定结构装置或者系统中出现的不稳定现象在某些情况下很难精确分类，这一点在后文中将会看到。一般认为动力学不稳定性的基本特征是具有惯性或其他反馈影响，系统表现为类似处于自动控制中，稳定判据和阈值法则均不满足。系统的稳定状态可能是方程组的一个解，但不是唯一解。

对于某种不稳定性的研究，往往是先预测可能出现某种不稳定性，然后采用某一方法来分析，再对结果讨论是否符合开始判别的不稳定性类型。如果结果和预测不符合，则要判断这个结果是否符合实际情况，或者初始的判断是否正确。这样的研究方法可能过于复杂，但不稳定性的研究涉及系统安全，这样严格的步骤是必需的。

1.3 两相流动不稳定性研究回顾

1.3.1 静力学不稳定性

1. 流量漂移

流量漂移也被称为 Ledinegg 两相流动不稳定性，其特征是受扰动的流体流动偏离原来的流体动力平衡工况，在新的流量下继续稳定运行。这种不稳定可以由静力学水动力特性曲线的特征来解释，水动力特性的非单调性是发生流量漂移的基础。

流量漂移现象的产生还与外部流动特性有关，即同驱动压头特性有关，其流动稳定性判据可以表示为

$$\left.\frac{\partial \Delta p}{\partial G}\right|_{int} \leqslant \left.\frac{\partial \Delta p}{\partial G}\right|_{ext} \tag{1-1}$$

式中，Δp 为压降；G 为质量流速；int 表示进口；ext 表示出口。

Chilton[13]和 Zuber[14]分别对两相流静态不稳定性进行了研究，认为静态

不稳定性发生在流量压降特性曲线的负斜率区。

Boure 等[2]在其论文中提到在低压过冷沸腾系统中,并行通道系统具有巨大的旁通,对于这样有常压差边界的情况,流量漂移导致临界热流密度(critical heat flux,CHF)总是出现在水动力特性曲线的极小值附近。由于联箱间的所有管道均视为常压降,在这种情况下所得的流量漂移不稳定性只能被视为一种极限条件。改变某些通道的进口节流系数可以得到稳定运行的工况,但是可能会增加泵的功率。

林宗虎等[8]分析了水平受热蒸发管的水动力特性,根据分析当全部液体或全部蒸汽通过管子时,水动力特性曲线是稳定的,而当管内出现汽液混合物时,水动力特性曲线就有可能是不稳定的。认为水动力特性曲线不稳定或多值性主要是由于随着流量减小,蒸发段中汽液混合物平均比容急剧变化造成蒸发段的压力降先增大后降低。压力增加有利于抑制这种不稳定现象的发生,进口液体过冷度增加有利于使水动力特性曲线趋于稳定。可以在蒸发管进口段加装节流圈或在加热段采用小直径管使流动稳定。对于垂直管道或倾斜管道还要进一步考虑重位压降的影响。

一些特殊装置存在曲折的流道,即使在超临界工况时也会出现逆流情况,这是因为在转变温度附近巨大的密度变化使流动类似于两相流动,同样会出现水动力特性曲线多值的情况,这一点在超临界锅炉中值得注意[15]。

2. 沸腾危机

传热恶化引起气液两相流体脉动流动,一般认为该脉动是由传热机理的改变引起,其特征是壁温飞速升高。在过冷沸腾和低含汽率系统中认为在发生沸腾危机时边界层会产生脱离,在 Mathisen[16]的试验中观察到脉动流动和传热恶化同时发生,但是更多的试验数据还有待积累。

Chang 等[17]基于 Ledinegg 两相流动不稳定性准则和两相均匀流模型推导了流量漂移下的 CHF 模型及预测关系式。应用两相均匀流摩擦压降关系式及 Ledinegg 不稳定性准则,分析了 CHF 和各主要参数间的关系。该 CHF 预测关系式中考虑了质量流速、汽化潜热、加热长径比、汽液密度比及进口过冷度对流量漂移下 CHF 的影响,在压力 $0.1 \sim 4$ MPa、进口质量流速 $700 \sim 1300$ kg·m^{-2}s^{-1}、进口含汽率小于 -0.1 的工况范围内能够对其试验结果进行较为理想的预测。在流量漂移理论的基础上,Chang 和 Lee[18]还分析了低流速、低热流密度下各参数对液态金属流量漂移的 CHF 影响。

庞凤阁等[19]及高璞珍等[20]在同一摇摆台架上,进行了摇摆条件下自然循环和强迫循环时竖直环管内的 CHF 试验研究。试验发现:对于自然循环,无论有无加载摇摆运动，试验段进口流量基本都会发生波动，进而提前触发 CHF 变化。对于强迫循环，试验段进口流量基本不受摇摆运动的影响，但摇摆条件下 CHF 会有明显的下降；沸腾危机会在摇摆过程中的各个摇摆角度发生，没有发现明显触发机理。

Ishida 等[21]对 COBRA 程序进行二次开发，分析了起伏、旋转及倾斜等瞬态工况下热工水力特性对 CHF 的影响，并与以氟利昂(freon)作为工质的瞬态加速运动下 CHF 试验结果进行了对比。

Umekawa 等[22]及 Ozawa 等[23]在 0~0.5 MPa 的低压范围内开展了一系列进口流量脉动下不同管壁厚度竖直圆管内 CHF 的试验研究。试验中进口流量的相对脉动幅值 0~450%，脉动周期 2~6 s。试验中观察到了加热圆管壁温随进口流量脉动而产生的大幅同周期波动。其流量脉动下沸腾危机的判别标准为管道出口截面壁温波动峰值超过稳定流动时发生沸腾危机前管道出口截面壁温。对于 0.1 MPa 工况下，内径 5 mm、壁厚 0.5 mm 的竖直圆管，其流量脉动下沸腾危机触发管壁温度取为 200 ℃。流量脉动下的 CHF 随进口流量相对脉动幅值的增大而减小，长脉动周期及高平均质量流速下 CHF 的下降速率较快。

Kim 等[24]在低压低质量流速工况范围内，进行了强迫及自然循环下进口流量脉动时竖直圆管内 CHF 的试验研究。试验中流量脉动下 CHF 受进口流量脉动的影响被改变，特别在自然循环工况下流量脉动时 CHF 下降幅值更为明显。基于他们自己和 Ozawa 等人[23]流量脉动下 CHF 试验数据，采用最小均方误差的方法拟合了一个流量脉动下 CHF 预测关系式。

Su 等[25]采用 Ozawa 等[23]及 Kim 等[24]的流量脉动下 CHF 试验数据构建并训练了一个预测流量脉动下 CHF 的误差反向传播人工神经网络，系统分析了流量脉动下 CHF 随系统压力、平均质量流速、相对脉动幅值、脉动周期、进口过冷度及管道长径比的变化趋势。

Okawa 等[26]在其稳定流动环状流液膜干涸模型的基础上构建了流量脉动下环状流区域一维三流体液膜波动模型，并采用数值方法模拟了流量脉动下环状流区域液膜的波动及液膜脉动幅值沿管道轴向的衰减。模型构建中，不考虑壁温波动及管壁热容影响，管道出口液膜波谷处液膜厚度降至 0 时的管壁 CHF 判定为流量脉动下的 CHF。数值模拟结果显示：流量脉动条件下的 CHF 值处于平均流速对应的稳态 CHF 值和波谷流量对应的稳态 CHF 值之间；相同脉动幅值下，随脉动周期的增大，流量脉动下的 CHF 将逐渐趋近于波动流量最小值所对应的稳态 CHF；随环状流加热段长度的增大及脉动周期的减小，出口处液膜脉动衰减较明显，流量脉动下的 CHF 下降速率减缓。

第1章 绪 论

在数值分析结果基础上引入了衡量环状流区域液膜搅混强度的无量纲衰减长度，并拟合了一个经验关系式。

Toshihiro等[27]与Yamagoe等[28]进行了常压下流量脉动时的CHF试验，对Okawa的理论模型进行验证。液膜波动模型预测参数影响趋势基本与试验结果一致，但流量脉动下CHF的试验值要高于Okawa经验关系式预测值[26]。Okawa等[29]采用激光位移器及高速摄像机分别记录流量脉动时加热试验段上端透明通道内的环状流区域液膜波动的幅值及波动传播的频率。进口流量脉动条件下观察到：试验段出口波动液膜与进口流量脉动以同频波动，但液膜表面叠加了扰动波。环状流区域液膜上的干扰波促进了厚液膜区域流体向薄液膜区域传递，对流量脉动条件下液膜的轴向混合有强化作用，缓解了流量脉动导致的CHF下降趋势。

3. 松弛型不稳定性

流型转换不稳定性是松弛型不稳定性的典型表现形式。当流动处于泡状流和环状流之间的过渡区域时，容易发生流型转换不稳定性。当流动处于泡状流时，由于随机扰动使流量减少而使汽泡增多，会使流型转变为环状流动，而环状流的压降比泡状流压降要小，所以驱动压头会使流量再次增大，恒定的加热量不足以维持环状流，所以流动再次恢复到泡状流。阻力再次增大，流量减小，开始新的循环。

Boure等[2]曾建议在低压CHF研究中必须考虑流型转换不稳定性的作用。加热长度、进口条件、质量流速和系统压力对CHF的复杂影响同弹状流的波动特性有关，但目前还没有适合于分析这类不稳定性的模型和方法。

Gorman等[30]在进行反应堆燃料棒束的模拟试验中观察到的棒束振动就是两相流动流型转换不稳定性引起的。Grant[31]认为在管壳式换热器中大振幅的压力波动同壳侧的弹状流有关。2006年Xu等[32]在其论文中报告了在微尺度硅通道中的流型转换不稳定性的研究情况。

在反应堆大破口事故堆芯的再淹没过程中，安注系统喷放的堆芯过冷紧急冷却液可能和冷段中流动的蒸汽相互作用，引起压力和流量脉动，研究表明，这种脉动也是一种流型转换不稳定性。

4. 复合松弛型不稳定性

复合松弛型不稳定性包括撞击、间歇、嘎擦型(geysering)不稳定性三种类型，这些静态的现象往往在实际中是不断重复产生的，而且有的时候表现成周期性行为，这一点同动态不稳定性非常类似，实际上业界对于嘎擦型不稳定性是否属于密度波不稳定性存在分歧。

核动力系统的流动不稳定性

在低压条件下碱金属会出现撞击现象，这可能是由于在气穴中存在气体。间歇不稳定性一般又叫作喷泉现象，在低压系统中，底部加热的底部封闭的垂直液柱，底部先开始沸腾，到一定温度时，由于沸腾液柱内蒸发量突然急剧增加，开始在流道内喷出蒸气流。这一现象在火箭发动机系统中曾观察到。

嘎擦型不稳定性是复合松弛型不稳定性中最重要的一种，Griffith[33]在1962年观察到这类不稳定性，周期大概10～1000 s。早期的这类研究关注于液态碱金属和氟利昂工质[34-35]，近年来引起广泛关注的是沸水堆（boilling water reactor，BWR）起堆过程中嘎擦型不稳定性的研究。

Aritomi等[36]讨论了在BWR自然循环起堆过程中出现的热工水力不稳定性，在双通道的试验回路中分别在强迫循环和自然循环工况下研究了加热功率、进口过冷度、上升段长度对嘎擦型不稳定性的影响。认为自然循环条件下的嘎擦型不稳定性同强迫循环条件下的相同，对嘎擦型不稳定性给出了机理上的解释。在某一通道中形成了覆盖整个流道截面的大汽泡，由于静压作用这个汽泡向出口联箱移动，在到达联箱后被联箱中的过冷水快速冷凝。这时，由于并联通道的压力关系，下部联箱中的过冷水迅速进入该通道中补充，若补充水量大于循环流量，则在同该通道并联的另一通道中可能出现流量反转。由于流量反转，从上部联箱中流回的水温度较高，所以会再次形成大汽泡，再一次开始循环。这种不稳定性被称为"由冷凝诱发的嘎擦型不稳定性"。

Aritomi等[37]在低压自然循环系统试验中发现了三种流动不稳定现象：冷凝诱发的间歇泉、静压头波动引起的自然循环不稳定流动及密度波振荡。间歇泉发生在低功率和低流速条件下，由汽泡的形成、长大和破裂造成。在后续的研究中，研究者对比分析了加热功率、进口过冷度、绝热上升段高度和压力分别对自然循环间歇泉流动不稳定性的影响，发现进口过冷度越高，加热段内产生的蒸汽在绝热段中的冷凝过程越强烈，越容易引发间歇泉现象；上升段越长，流体反向流动的流量越大，系统越容易出现间歇泉现象；增加压力能够抑制大汽泡的形成，使系统更加稳定。加热功率对不稳定性的影响在自然循环和强迫循环下表现不同。在强迫循环中增大加热功率能抑制间歇泉的产生，使系统更稳定；但在自然循环中，随着热流密度的增加，间歇泉流动不稳定现象会被抑制，汽水混合物和单相液体会交替充满上升流道，驱动力的交替变化产生流量振荡，此时系统会向驱动力占主导的静压头波动引起的自然循环不稳定流动过渡。在更高的加热功率下，系统则会发生密度波流量振荡。

Chiang等[38-39]对5 MW低温核供热堆自然循环系统的流动不稳定性进行了试验研究。在压力为0.1 MPa时，系统出现了五种流动形式，分别为单相

第1章 绪 论

流动、深度过冷沸腾不稳定性流动、过冷沸腾诱发的闪蒸不稳定性流动、纯闪蒸不稳定性流动和闪蒸稳定流动。进口过冷度是影响这几种形式的主要参数。进口过冷度较高时,过冷沸腾产生的汽泡在加热段出口处脱离、集聚,向上升段移动,蒸汽在上升段内的冷凝过程会造成流量的波动,即过冷沸腾不稳定性。过冷沸腾产生的汽泡在上升段被冷凝时,在过冷度较低的情况下,上升段被加热的那部分液体在继续上升流动时由于静压的降低可能会在上升段靠近出口产生闪蒸现象,闪蒸的产生和发展会加快循环流动,流量增大时换热量不足会使系统回到单相状态,从而发生往复交替的过冷沸腾诱发的闪蒸不稳定流动。当继续降低进口过冷度时,系统不再需要依靠过冷沸腾产生的汽泡冷凝来集聚能量,加热段出口处单相流体的温度达到上升段出口处的饱和温度时即可直接诱发纯闪蒸振荡。当上升段两相流体的空泡份额足够大时,系统会逐渐维持稳定的闪蒸两相流动。

Jiang 等人[40]在清华大学核能技术研究院 5 MW 低温供热堆的起堆试验模拟研究过程中同时发现了嘎擦型不稳定性、闪蒸型不稳定性和低含汽率密度波不稳定性。在水作为工质的试验回路中,系统压力为 0.2 MPa,得到了嘎擦型不稳定性的脉动曲线。他们认为在常压下以自然循环的方式启堆会出现嘎擦型不稳定性,但系统压力超过 0.3 MPa 时可以很好地抑制这种不稳定性。

陈彦泽等[41]研究了重力热管在启动、稳定操作、变工况时的脉冲沸腾和温度波动现象,无论从现象还是机理,其特征都同嘎擦型不稳定性类似,其研究方法值得借鉴。

1.3.2 动力学不稳定性

1. 纯动力学不稳定性

两相流动是非常复杂的,系统内往往存在着多种扰动,这些扰动最终可归结为以两种方式传播,压力波和空泡波,又被称为声波和密度波。在实际系统中,两种波动同时存在、相互作用,但是传播速度相差很大,一般根据频率将纯动力学不稳定性分为声波振荡型不稳定性和密度波不稳定性两种。

1)声波振荡型不稳定性

通常将振荡频率在音频范围内的压力波传播引起的两相流动不稳定性称为声波振荡型不稳定性。声波脉动的特点是频率高,这是因为其脉动周期和压力波传给整个管道系统所需的时间具有相同数量级。试验观察到声波振荡发生在过冷沸腾区、泡核沸腾区和膜态沸腾区。Boure 等[2]报告在发生声波脉动时压力降幅很大,进口压力波动占系统压力份额较高。这种脉动出现在水动力特性曲线的负斜率区，频率超过 35 Hz。

在亚临界和超临界条件下的强迫流动低温流体被加热到膜态沸腾，或低温系统受到迅速加热等工况，均易发生声波脉动。Edeskuty 和 Thurston[42]认为这种振荡是蒸汽膜受到压力波扰动引起的。当压力波的压缩波通过加热面，汽膜受到压缩，厚度减小，汽膜导热改善，换热量增加，蒸汽产生量加大；当压力波的膨胀波通过该表面时，汽膜膨胀，汽膜热导减小，换热量减小，蒸汽量也随之减小。这一过程循环下去便产生了声波脉动。Bishop[43]在超临界压力下观察到声波脉动频率可以达到 1000～10000 Hz。一般推荐下式来计算声波脉动发生的条件：

$$\frac{q}{GH_{fg}} = 0.005 \frac{v_L}{v_G - v_L} \tag{1-2}$$

式中，q 为热流密度；G 为质量流速；H_{fg} 为焓值；v_L 为饱和水的比体积；v_G 为饱和蒸汽的比体积。

谭思超等[44-46]开展了自然循环过渡点试验研究，获得了声波脉动产生的区域，决定该区域范围的主要因素是流体的汽泡脱离点的位置。

2）密度波不稳定性

密度波不稳定性是被研究得最多的一种不稳定性，在理论和试验两个方面都比较深入，出现了一些较为成熟的分析方法，在机理上的研究也比较透彻。在两相系统中出现微扰后，如果蒸发量发生周期性的改变，也就是空泡份额发生周期性的变化，或者说是两相密度发生周期性的改变，随着流体流动，重位压降、摩擦压降、加速压降及传热性能都受到影响，若有不变的外加驱动压头，则会出现流量-空泡份额的反馈作用，产生周期性变化的两相混合物密度波脉动，形成密度波不稳定性。这种不稳定性一般发生在沸腾通道水动力特性曲线的正斜率区和进口密度与出口两相混合物密度相差很大的工况。

一般对于密度波的发生过程分析如下，在图 1-1 所示的系统中，两相区的阻力全部集中在加热段后部的出口节流圈上，以 Δp_2 表示。p_{in} 为加热段进口压力，p_i 为水箱中的压力，p_o 为系统出口压力，在 p_i 和 p_o 保持不变的条件

图 1-1 密度波发生过程图

下,当热负荷增加时加热段内的蒸汽量增加,混合物的密度降低,低密度工质体积增加,在出口节流处形成气塞,使 Δp_2 猛增,p_1-p_{in} 减小,阻止流体进入加热段,甚至引起倒流。一旦低密度混合物通过节流圈,Δp_2 减小,压力变化以压力波的形式立即反馈到进口,p_1-p_{in} 上升,进口流量增加,工质迅速通过加热段,汽化量小,形成高密度波。高密度波通过节流圈后,蒸发量又逐渐增加,Δp_2 再次增加,使进口流量也再次相应地减小。一旦压差与流量变化满足一定的相位关系,流量的脉动就会自动地维持下去。

从上面的过程中可以看出,流量、密度、压降三者之间的延迟性和反馈在密度波不稳定现象中起到了关键的作用。因此,任何扰动只要能改变上述三个因素中的一个,就有可能对不稳定性产生影响。也就是说,水动力边界条件、加热边界条件及进口边界条件的变化对通道内的流动稳定性都有重要影响,图1-2表明了这种关系。

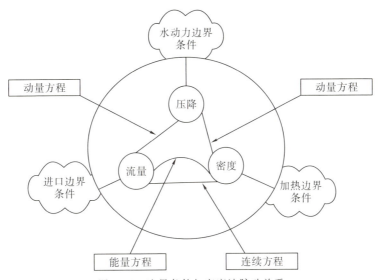

图1-2 边界条件与密度波脉动关系

1959年Levy等[47]的研究结果表明,没有发现临界热负荷与进口过冷度之间存在非单值性关系,而是在很大的进口过冷度范围内,临界热负荷基本不变。

1961年Joseph等[48]发现在沸水堆中尤其是在常压时压力变化就有可能引起不稳定性。Wallis[226]在自然循环回路上研究了由上升段浮力引起的不稳定性和加热段出口压降激发的不稳定性,并用频域法得到了不稳定区间。

1961年Quandt[49]以水为工质,使用大旁路的方法来模拟平行通道不稳定性。试验结果表明，对于一定的热负荷和质量流速，不稳定现象只出现在一定的过冷度区域内，一旦超过了这一过冷度区域，则流动是稳定的，脉动的出口含汽率是系统压力和进口过冷度的函数。

1962年Anderson等[50]、1965年Jain[51]、1978年Koichi等[52]的研究认为，随着热负荷的增加和出口阻力系数的增大，系统的稳定性将降低。因为热负荷增加，使蒸发率增大，发生脉动时的出口含汽率减小。出口阻力增大将导致出口压降增大，于是两相流动阻力和出口压降所引起的压力扰动作用增强，系统的稳定性降低。试验研究中发现，进口过冷度对系统稳定性的影响比较复杂，临界热负荷与进口过冷度之间存在非单值性关系。

1967年Neal等[53]、Mathisen[54]，1970年Ishii等[55]发现当进口过冷度变化时，发生脉动的临界热负荷有一极小值，这可能是当系统过冷度降低到一定程度，系统的稳定性反而增强的原因引起的。

1971年Collins等[56]发表了密度波型脉动的研究结果，认为提高系统压力、增大质量流速和增加进口流动阻力将有助于系统的稳定；认为随着系统压力的提高，气液两相的密度差减小，在相同的含汽率条件下，增加相同的热负荷，高压下引起的压差扰动小于低压下引起的压差扰动。增大质量流速意味着蒸发率的降低，因而系统的稳定性提高。进口流动阻力增大，将在进口处形成较高的压头，强迫流体通过管道，因而能对脉动时入口流量的增减起阻尼作用，所以系统的稳定性增强。

1974年Abdelmessin等[57]报道了在起始沸腾区域的脉动，试验在低过冷度低压下进行，研究了质量流速、热负荷和进口条件等对垂直上升管内起始点脉动的影响，试验以氟利昂作为工质。结果表明：质量流速、热负荷、上游可压缩容积对脉动的振幅和周期有显著的影响，进口过冷度对脉动的振幅和周期影响不大。

1977年Veziroglu等[58]的试验结果表明增加过冷度降低系统的稳定性，这一结论略显简单，未综合考虑其他因素的影响。

1979年Fukuda等[4]细致地研究了密度波不稳定性，在以水为工质的自然循环和强迫循环回路上进行了试验，在出口低含汽率区和高含汽率区得到了两种密度波不稳定性的图像，认为这是由重位压降和摩擦压降在这两个区域分别处于主导地位引起的，其理论分析（频域法）的结果也证明了这一点。两相流体和单相流体交替通过微通道，引起流量、压力、温度的大幅度脉动。温度和压降同相位，压降和流量相差180°相位，脉动的周期31～141 s，通道尺寸、热流密度和流量对脉动周期有影响。根据脉动特点，认为这一周期脉动属于沸腾起始点脉动，同密度波脉动很类似，但是其压降和流量不是同相位。

第1章 绪 论

1981年 Ünal[59]用水在钠加热回路做了直流蒸汽发生器试验，分别用垂直管和垂直螺旋管做了脉动试验，根据试验给出了密度波不稳定性的简单判别式。

1984年陆慧林[60]讨论了基于电站锅炉的自然循环系统在不同吸热条件对水循环稳定性的影响，提出用水循环平面图来揭示两组并列上升管组热负荷与流量之间的变化规律，认为在自然循环系统中受热弱的上升管会出现流动不稳定，提出缩小吸热比可以防止倒流的出现，并首次提出利用灾变理论来处理水循环不稳定的问题，可以说是不稳定性研究的一个新方法。

1986年 Rizwan-Uddin等[61]用非线性数学方法分析了平行通道密度波不稳定性。在两相模型中采用的是漂移流模型，考虑空泡分布的不均匀，其计算结果要好于采用均相流模型。同时发现在高进口过冷度下热平衡模型要优于热不平衡模型，在低进口过冷度的条件下过冷沸腾区对不稳定性的影响是要考虑的。

1986年 Dykhuizen等[62]在沸腾系统中用线性时域法和流体模型分析了密度波不稳定性并通过试验加以验证。文中认为在运行工况不变的情况下通过不同方式得到的密度波不稳定性的极限循环情况应该是类似的，模拟计算中可以看出发生密度波不稳定性时净蒸汽产生点和干涸点周期性的变化；文中最后提到这只是进一步非线性分析的开端。

1988年 Rizwan-Uddin和 Dorning[63]分别在常压差、指数衰减压差和周期性波动压差条件下分析了两相流动密度波不稳定性，这三种情况分别对应泵稳态运行、泵惰转运行和泵振荡运行三种工况。该文提出了以单相段长度和进口速度组成的相空间概念，在这一空间中系统的轨迹可以非常清晰地描述密度波不稳定性的特征。

1990年 Clausse和 Lahey[64]对沸腾通道进行分析，将注意力放在了沸腾通道展现出的混沌特性上，在以无量纲单相段长度和进口速度组成的相空间中详细地讨论了沸腾通道可能出现的几种奇异吸引子，这一工作得到了后续研究者的进一步发展，也成为后来不稳定性分析中经常要探讨的内容。

1992年苏光辉等[7]在低压自然循环水回路上，对垂直上升管内两相流动密度波不稳定性进行了试验研究，记录了不同工况下的脉动曲线，用多元线性回归对试验数据进行拟合，得出了低压密度波稳定性判别式。徐宝成等[65]采用非线性时域分析方法对两相自然循环密度波不稳定性进行分析，得到其振荡特性、机理和影响因素。

1994年周志伟[66]采用集总参数法分析低含汽率自然循环回路气液两相流动不稳定性，描述热工水力现象的系统方程采用均相流模型并用集总参数法

核动力系统的流动不稳定性

推导得出。其结果同清华大学核能技术研究院 5 MW 低温供热堆的两相流稳定性试验结果[40]吻合得很好。

1996 年谷运兴等[67]对直流锅炉蒸发系统的水动力不稳定性进行了全面的数值分析,讨论了系统内特性和外特性对两相流动不稳定性的影响,探讨了系统整体脉动和管间脉动的联系和区别,在此基础上提出了水动力特性本质稳定蒸发系统和非本质稳定蒸发系统两个基本概念。徐锡斌等[68-69]对 0.1 MPa～0.4 MPa 压力范围的低压自然循环系统的流动不稳定性机理和影响因素进行了试验研究,总结了自然循环流动不稳定性和密度波流动不稳定性的特性。前者发生于加热段出口含汽率较低的情况,具有复杂的周期性;后者为规则的周期性振荡。加热段出口含汽率是评价流动不稳定性的重要指标,加热段出口阻力和加热段直径是影响不稳定性脉动振幅和周期的主要因素。

自然循环回路中不但存在两相流动不稳定性,而且还存在着单相流动不稳定性。1997 年解衡等[70]从理论上研究了单相自然循环流动的不稳定性,以及自然循环回路中冷、热源中心点间高度差的变化对稳定性的影响。结果发现:为降低单相自然循环流动不稳定性,需较大的加热功率、合适的阻力系数及系统布置。在商业运行的压水堆及太阳能热水器中,一般不会出现单相流动不稳定性;而一些自然循环试验装置却具有较大的加热功率及较小的流动阻力,因此可能出现单相流动不稳定性。

1998 年 Lin 等[71]结合点堆模型考虑了功率耦合作用,对通道内强迫流动的不稳定性进行了研究。比较了考虑功率耦合作用和不考虑功率耦合作用的不稳定性边界,发现在低进口过冷度条件下,考虑功率耦合和中子动力方程对稳定性边界没有明显的意义,但是增大脉动振幅并使周期变长。刘磊等[72]介绍了密度波研究的一些理论,研究了线性密度波和非线性密度波的特性,以及气液两相流流型转变和密度波的关系;研究了流化床中的气塞的形成和床层的塌陷现象与密度波的关系;还介绍了密度波在波速、频率、稳定性及色散性研究的情况,提出如何将绝热条件下的密度波研究理论应用于受热管道中的密度波研究及连续波和声波是否是密度波的两个极限形式的问题。苏光辉等[73-75]通过试验和理论相结合的方法发现自然循环下管形单通道中的密度波不稳定性。该研究通过分析壁温与流量的反相脉动关系,以及压降与流量间的同向振荡确定了密度波不稳定性。同时还发现了自然循环下进口过冷度和极限热流密度呈现非单值的特性。秋穗正和周涛[76]在高温钠沸腾试验回路中,对液钠沸腾两相流动密度波不稳定性进行了广泛且系统的试验研究,理论分析了液钠沸腾两相流动密度波不稳定性发生的区域和机理,并获得了系统压力、质量流速和进口过冷度等参数对密度波不稳定性的影响。

2000年贾海军等[77]在低压、低含汽率气水两相流稳定性试验研究的基础上，建立了用于分析计算的均相模型，进行了稳态流动特性和密度波振荡特性的分析；认为均相模型可以得到低含汽率和高含汽率两个密度波振荡区域，但是低含汽率区域边界不明显。

2002年Su等[78]开展了低含汽率自然循环两相密度波振荡特性试验与理论研究，获得了质量流速、系统压力、进口过冷度、热流密度和出口含汽率等参数对自然循环密度波振荡特性的影响规律，并制定了密度波不稳定性边界图。

2004年、2006年郭赟等[79-80]针对中国先进研究堆（China Advanced Research Reactor，CARR）建立了数学物理模型，采用时域法对自然循环回路气液两相流动的大量工况进行了自编程计算分析，探讨了低压低含汽率密度波脉动的发生机理，并对各主要热工参数的变化规律进行了深入分析，得到了CARR自然循环两相流动不稳定性边界。

2005年高峰等[81]对倾斜并联管气-液两相流不稳定性进行了试验研究，观察到了压力降型和密度波两类不稳定性，结果表明：系统压力、质量流速、热负荷和进口过冷度等参数对不稳定性有显著影响。在倾斜并联管中，压力降型脉动出现在含汽率较低的水动力曲线负斜率段，为两管整体脉动；而密度波型脉动出现在含汽率较高的正斜率区域，呈管间脉动。

2007年王建军等[82]利用一维两相四方程漂移流计算模型，对5 MW低温供热堆的热工模拟回路进行了核热耦合计算和分析，结果表明核热耦合对不稳定性边界的影响并不明显。

2011年Baikini等[83]基于Minzer等[84]的理论模型，对并联加热的多通道内的流速分布进行了研究。对并联多通道系统的部分通道加热，可以发现流动滞后现象多发生在没有被加热的通道中。当所有通道被加热时，得到了发生严重流量分配不均匀的进口流速范围。

2012年Mangal等[85]评估了利用热工水力系统分析程序RELAP5预测自然循环系统行为的适用性，研究了节点划分的影响，对比了单相瞬态换热、沸腾起始、两相流动和流动不稳定性等方面的计算结果和试验结果，结果表明RELAP5在预测自然循环试验装置时对节点的划分非常敏感。粗糙的节点方案和精细的节点方案计算结果明显区别于适中节点方案。对高压自然循环回路试验装置的计算发现，适中的节点方案预测良好；而对并行通道回路试验装置的计算发现，精细的节点划分方案预测较好。Kozmenkov等[86]使用RELAP5模拟了自然循环系统中闪蒸流动不稳定性；在功率为0～3 kW、压力为 0.1 MPa～0.5 MPa 的工况下进行了有关闪蒸现象的大量试验，结果表明 RELAP5 可以模拟低压自然循环系统内由闪蒸诱导的流动不稳定现象。

2013 年叶金亮等[87]验证了 RELAP5 在两相流自然循环热性方面的可用性。研究中采用 RELAP5 程序对 5 MW 低温核供热堆热工水力模拟回路进行建模，对该系统的自然循环特性进行了数值模拟，获得了不同功率下系统的两相流自然循环稳定性边界。彭天骥等[88]利用 RELAP5 计算了 1 MPa～15 MPa 压力的自然循环系统稳定性边界。结果表明，在过冷沸腾区域，系统有从稳定向不稳定转变的趋势，并且只有当过冷沸腾发展到一定程度才有可能诱发系统内出现流动不稳定现象；在 15 MPa 高压下，系统在过冷沸腾区域趋于稳定；只有在低压下才会发生过冷沸腾区的流动不稳定现象。

2014 年 Ruspini 等[89]对密度波不稳定性做了详细的分析。他指出密度波振荡机理主要是扰动传播的延迟和反馈效应，并且扰动传播速度大概是流体穿过系统速度的 1.5 至 2 倍。同时，由于扰动在单相段和两相段中的传播速度不一样，两处的压降变化会呈现异相。朱晓桐等[90]在自然循环管形单通道试验中分析了间歇泉产生机理。他指出低压条件下间歇泉流动不稳定性产生的根本原因在于有效驱动压头的周期性变化，与加热段内气液两相流动的形成和消失周期密切相关。此外，还将 RELAP5 程序计算结果与试验结果进行了对比分析，结果表明 RELAP5 程序对低压条件下的自然循环间歇泉流动不稳定性分析有较好的适用性。Yang[91]针对加拿大重水铀反应堆（Canada Deuterium Uranium，CANDU）大破口失水事故后启动的非能动余热排出系统的缩小比例试验台架进行了试验研究，试验段采用水平布置的棒束进行加热，发现了稳定单相、间歇性闪蒸振荡、正弦闪蒸振荡和稳定闪蒸四种流动形式。作者认为闪蒸引发的流量振荡属于第一类密度波不稳定性。

2015 年郝建立等[92]研究了自然循环条件下蒸汽发生器 U 形管内单相流动不稳定性，采用线性扰动分析理论，获得了 U 形管内流动不稳定性判断准则，结果表明：当 U 形管格拉斯霍夫数高于特征格拉斯霍夫数时，管内流动是不稳定的，会出现倒流现象。

2016 年侯晓凡等[93-94]对开式自然循环管形单通道进行了试验研究。研究结果表明，在闪蒸不稳定性出现时，上升段内的闪蒸起始点并不总是固定不变的，而是有可能会快速并周期性地上下移动。水平段内出现的水击现象正是由闪蒸起始点不确定导致的流体周期性快速汽化和冷凝所诱发。研究还分析出较长的水平段是造成闪蒸不稳定性诱发水击现象的重要因素。

2017 年陈娟等[95]对 40 mm×5 mm 和 40 mm×10 mm 矩形通道内自然循环两相流动不稳定性进行了试验研究，结果表明：系统流量与压差的周期相同且反相;5 mm通道与10 mm通道相比,由于通道更窄阻力更大,在过冷区域更不容易形成稳定自然循环,且流动不稳定性的脉动更加剧烈。李军等[96]以自然循环非能动安全壳热量导出系统为对象,基于奈奎斯特(Nyquist)稳定性判据,分析了热工参数变化对该自然循环系统稳定性的影响。结果表明:系统的流动稳定性本质上受空泡份额随质量含汽率变化的关系制约,在一定范围内,随着质量含汽率增大,空泡份额对质量含汽率的敏感性减弱,系统趋于稳定。此外,Shin等[97]、Qi等[98]、Pandey等[99]和Abbati等[100]针对蒸汽发生器及自然循环回路两相流动不稳定性开展了试验和理论研究,获得了两相流动不稳定性流动边界。

2018年王强等[101]通过试验方法研究了低压高过冷度自然循环下的长直上升单管流动不稳定性。试验结果表明:在出现两相流振荡时,自然循环驱动压头和回路阻力的主要影响因素集中在长直上升段和加热段。流量出现大幅振荡及逆流是由加热段出口处积聚的大量汽泡对上、下游流体的强烈挤压作用造成的。此外,还分析了试验中出现的间歇泉现象。通过计算流体微粒经过加热段的时间并将其与振荡周期进行比较发现了由密度波主导的复合型流动不稳定性。Chen等[102]开展试验分析了自然循环沸腾流动不稳定性,分析了温度和流量振荡产生的机理,通过计算临界热流密度进而判断加热管道中出现的逆流现象是由出口处周期性蒸干和再润湿所致。

2019年唐瑜[103]等以加热段长度1000 mm、截面尺寸为50 mm×2 mm的矩形并联双通道为试验本体,在压力5 MPa~12 MPa,进口过冷度5~125 ℃参数范围内,开展了密度波流动不稳定性试验研究,获得了进口过冷度对流动不稳定临界参数的非线性影响,并在N_{pch}-N_{sub}图上绘制了无量纲流动不稳定性边界,得到了不稳定判定准则。李常伟和马云飞[104]针对一体化反应堆直流蒸汽发生器的两相流动不稳定性开展了研究。郭斯茂等[105]研究了脉冲条件下垂直上升管内两相流动不稳定性。王强等[106]采用RELAP5分析了低压自然循环系统的两相流动不稳定性。程俊等[107]研究了内插物对低压自然循环两相流动不稳定性的影响。

2020年李宗洋等[108]针对自然循环条件下3×3棒束形通道内流动不稳定性起始点(onset of flow instability,OFI)进行了试验和RELAP5数值模拟研究,结果表明棒束形通道加热段出口处因过冷沸腾产生汽泡,使得自然循环冷热段密度差大幅增大,进而使总驱动力增大,最终促使了OFI的产生。RELAP5对于低压自然循环OFI计算适用性好,其对OFI的计算结果较试验结果更不保守。Liang等[109]采用频域法分析了高温气冷堆螺旋管直流蒸汽发生器的两相流动不稳定性。

2. 复合动力学不稳定性

1) 热力学振荡型不稳定性

热力型脉动发生时，管壁的传热工况在膜态沸腾与过渡沸腾之间来回变动，从而产生温度振幅较大的壁温脉动。从目前的研究来看热力型脉动总是出现在高含汽率密度波型脉动之后，主循环的部分有时会叠加密度波型脉动，脉动周期比密度波型大。Stenning 和 Veziroglu[110]以氟利昂-11(freon-11)为工质对垂直上升管内两相流动不稳定性进行研究时发现热力型脉动发生在较高的热负荷区，与膜态沸腾有密切的关系，是膜态沸腾条件下管壁对水动力脉动的热力响应。在 Cho 等[111]的论文中谈到了在直流式蒸汽发生器中曾记录到温度流量压力等参数的突跳，这可能是由干涸点位置的移动引起的，可视为热力学振荡的一种。对于热力学振荡型不稳定性，目前还没有具体详细的理论研究资料。

2) 沸水堆不稳定性

在沸水堆中，由于具有空泡反应性-功率反馈效应，当流动振荡地和反应性变化——燃料元件的温度变化共振的时候反应效应较为显著。在现代的压力较高的沸水堆中这种不稳定性是可以接受的[2]。

1993 年 March-Leuba 等[112]对沸水堆的非线性动力特性进行了模拟和定性研究。采用相空间轨迹研究极限循环情况，发现当反应性反馈超过一定的值以后极限循环会变得没有规律。这一工作显示脉动的振幅和运行工况有关而不局限于小振幅情况，大振幅情况往往出现在沸水堆的低流速工况下。对于堆芯范围内的振荡，即同相振荡，可以将堆芯考虑为一个整体，通过集中参数热工-水力模型耦合点堆中子动力学的单通道进行研究；而对于局部振荡，即异相振荡，则需要多通道模型考虑空间变化效应的中子动力学模型。

1995 年 Rao 等[113]采用均相流模型和点堆中子动力学分析了沸腾流动核/热耦合不稳定性，发现当燃料时间常数很小时，负的空泡反馈系数使系统更加稳定。1997 年 Uehiro 等[114]建立了多点堆模型分析了核反馈对沸水堆堆芯异相振荡的影响，结果表明负空泡反应性系数绝对值增大使系统更不稳定，时间常数增加使系统更稳定。但当时间常数小于 1.0 s 时，时间常数越小系统越稳定。

2000 年 Solís-Rodarte 等[115]采用 TRAC-BF1/NEM 耦合程序，研究了沸水堆堆芯的整体和局部两相流动不稳定性。研究结果表明：在核热耦合研究堆芯两相流动不稳定性时，需要更高精度的三维反馈参数（平均燃料温度、慢化剂温度和空泡份额）表格来获得横截面系数。

2003年Manera等[116-117]在研究沸水堆自然循环系统的启动特性试验中,采用金属网传感器测量可视化上升通道中的空泡份额,对低压过程中系统出现的间歇性闪蒸振荡流动和纯闪蒸两相振荡流动进行了详细描述和机理分析,并提出了有效避免流动不稳定的沸水堆启动方案。在具有较长绝热上升段的自然循环系统中,增加系统压力能减小闪蒸振荡流动振幅,使系统更加稳定。2005年Furuya等[118-119]也基于沸水堆的启动过程做了类似的研究,得出了类似的结论。

2005年Lee等[120]采用多维点堆模型和并联多通道系统模型耦合研究了并联通道系统的非线性动力学和稳定性。在恒定总流动的情况下,获得了系统的不稳定性图,研究了系统的非线性动力学和主要参数的影响。研究结果表明:空泡反应性反馈和子堆芯中中子作用存在耦合,它们竞争影响系统的稳定性。在强中子作用条件下,增强空泡反应性反馈系数,会导致两个不稳定振荡模式:超临界霍普夫(Hopf)分叉和次临界Hopf分叉。此外,在低中子作用条件下,4倍空泡反应性反馈系数会导致周期倍增和复杂的混沌振荡。

2007、2008年Costa等[121-122]采用RELAP5/PARCS耦合程序研究了沸水堆的反相不稳定现象。在研究时,采用沸水堆数据作为参考条件和反应堆参数,使用模拟中子功率信号来探测和研究局部功率振荡。此外,在分析时,采用了功率振荡的衰变率和频率,并使用二维瞬态相对堆芯功率分布图展示了沸水堆的反相振荡特征。研究发现,由大量平行通道组成的沸水堆堆芯由于上下联箱的作用,通道进出口压降近似保持不变,且各个通道压降相等。从相对堆芯功率分布图中可以明显看出,当堆芯发生反相振荡时,整个堆芯分为两个半堆芯,在这两个半堆芯中的功率发生反相振荡。

2008年Prasad和Pandey[123]采用同一模型针对三个不同的系统装置进行了非线性动力学和稳定性研究,结果表明核反馈对不同系统的影响规律是不同的。Hsieh等[124]采用频域分析程序LAPUR 5.2对同相和异相流动不稳定性对参数的敏感性进行了分析,结果发现异相振荡对轴向功率分布非常敏感。

2009年Dutta等[125]通过建立物理与热工耦合的计算模型模拟沸水堆同相密度波和异相密度波不稳定性的振荡过程。核反馈会增加同相振荡的密度波不稳定性,但在相同功率和进口条件下抑制同相的密度波振荡。

2010—2013年周铃岚等[126-129]将热工水力系统分析程序RELAP5与细网三维物理瞬态输运程序TDOT-T以并行方式耦合,并对并联双通道系统进行建模,得到系统的不稳定性边界图;对耦合核反馈的双管并联通道异相振荡进行研究;重点研究了轴向功率分布及核反馈对并联通道异相振荡的影响。研究发现:轴向功率峰在加热段上游时,系统存在第一类和第二类密度波两

核动力系统的流动不稳定性

个不稳定区域,在燃料时间常数很小的情况下,核反馈对两类密度波不稳定性都有抑制作用。此外,对于板状燃料元件,核反馈作用对低含汽率区的第一类密度波振荡有明显的抑制作用,而对高含汽率区的第二类密度波基本上无影响。同时,采用海洋条件热工水力分析程序 RELAP5/MC 与三维物理瞬态输运程序 TDOT-T 耦合,对摇摆条件下自然循环矩形双通道核热耦合不稳定性进行了计算分析。结果表明,系统存在同相和异相两种振荡模式,分别由摇摆运动和密度波振荡(density wave oscillation,DWO)引起。核反馈对第一类 DWO 和两相区的同相振荡有抑制作用,但对第二类 DWO 和单相区的同相振荡几乎没有影响。基于非线性理论对计算结果进行分析,发现耦合核反馈后系统非线性增强,摇摆导致系统流量波动与 DWO 叠加,其现象非常复杂,摇摆条件下的核热耦合不稳定性会出现非线性振子耦合中的同步化与混沌现象。

2013—2016 年鲁晓东等[131-133]基于开发的海洋条件下堆芯核热耦合流动不稳定性分析程序,利用快速傅里叶变换(fast Fourier transform,FFT)方法对堆芯通道的流量振荡曲线进行分析,获得了静止和横摇条件下堆芯发生核热耦合流动不稳定性时通道的频谱特性。结果表明,静止条件下堆芯发生流动不稳定性时通道中仅具有 1 个频率峰值,其对应固有频率;在横摇条件下堆芯发生流动不稳定性时,堆芯所有通道均受到横摇条件和核热耦合效应影响,但只有最高功率通道中固有频率处于支配地位,具有该类功率的通道首先发生流动不稳定性。FFT 方法可精确地分析复杂流量振荡曲线的特性,进而判定横摇下堆芯核热耦合系统是否发生流动不稳定性。

2018 年谢峰等[134]采用试验和理论相结合的方法研究了反应性反馈(包括空泡反馈和温度反馈)对并行通道流动不稳定性的影响,结果表明元件时间常数对流动不稳定过程及流动不稳定性边界有较大影响。

3)并联流道两相流动不稳定性

在实际动力系统中,很多装置具有上下两个联箱间并联一组管道这样的结构,可以通过平均管分析得到关于整体的不稳定性。但是有一种情况却是系统总流量保持不变,而管道之间已经发生了脉动,这是一种管道之间的相互作用,非常隐蔽,更加危险,在近年来成为不稳定性研究中的一个热点和难点问题。一般认为其求解的边界条件应该是总流量不变和两端压降不变,但是尚未见到试验证明这一边界条件的合理性。在很多的模型求解中,一般仅仅将两通道之间的压降保持相等,而这一压降是变化的。Mathisen[54]提到的方法尽管保证了压降不变,但在同一个时间步长内两个通道的压降是不等的。这一矛盾在解方程组时无法避免,在这一点上需要更多的试验验证和理

第1章 绪 论

论研究。本书的研究基于前一种方法,即求解时保持各个通道之间的压降相等。

1988年阮养强[135]基于多通量频域法,针对多个通道相互并联的情况,考虑相邻通道之间及通道与外部回路之间存在的多重反馈和耦合作用,研究了系统参数变化及各通道之间的工况偏差对多通道耦合系统密度波不稳定性的影响。作者认为无工况偏差、无耦合作用的并联闭式多通道系统可以简化成单通道系统来分析,耦合作用及工况偏差的存在对系统稳定性边界有重要影响。进口节流系数的增加、相变数的减小及雷诺数的增加改善了两通道耦合系统的稳定性。但是进口节流系数的增加对系统稳定性有非单调性的影响,这些同本书中的一些结论可以说是不谋而合的。

1999年Lee和Pan[136]对强迫循环的并联通道不稳定性进行了研究,研究针对沸水堆参数、中高压、多通道。分析了2~6个通道并联的情况,同单通道相比多通道并联不一定会使系统稳定性增强。文中还采用了类似Clausse和Lahey[64]的相空间分析,得到了并联通道的吸引子,在同一个脉动工况中,各个通道的吸引子并不相同。

1999年周云龙等[137]提出了一个简化(忽略过冷沸腾、热负荷均匀、焓值线性变化等)的并联通道密度波不稳定性的非线性数学模型,认为系统的稳定性与初始扰动的幅度无关,只是取决于运行条件。该研究是以振荡发散与否来判断系统是否不稳定。许圣华[6]也进行了高压系统平行通道自然循环不稳定性的研究。

2000、2002年Munoz-Cobo[138-139]等对沸水堆并联通道的不稳定性进行了研究。在热工方面采用了类似Clausse等[64]的Galerkin nodal方法,在物理方面考虑了功率分布和燃料动力学及多种反馈作用。在并联通道求解过程中采用交替性地满足外部压降作为边界条件和求解方法,但是这种方法是否合理还有待于进一步研究。

2002年黄彦平等[140]针对由七根双层套管组成的多管平行通道两相流动不稳定性试验段,进行了两相流动不稳定性试验,结果表明,试验段的管间脉动主要表现为密度波脉动、不规则脉动和热力型脉动3类,与单通道两相流动不稳定性、两管平行通道管间脉动,均有明显区别。

2003年Wu等[141]在水力学直径$158.8~\mu m$和$82.8~\mu m$的微通道中通过可视化的试验装置,观察到了周期性沸腾现象并记录下流量、温度、压力的脉动曲线。

陈听宽等[142-144]多年来致力于高压汽水回路上的垂直并联管中气液两相流不稳定性的研究。通过大量试验确定了压力、质量流速、进口过冷度、热

核动力系统的流动不稳定性

负荷及热负荷不对称分布、进口及出口节流和可压缩容积等对不稳定性的影响，得出了压力降不稳定性和密度波不稳定性的临界参数，给出并联管中计算不稳定性起始条件的无因次方程，为大型直流锅炉和蒸汽发生器的设计提供依据。文中认为管间脉动是在系统上游无可压缩容积时，热负荷达到一定程度出现的一种密度波脉动，总流量和出口压力基本不变，其稳定性比单管要差。

2005年李会雄等[145]在其文章中报道了在高压气水两相流试验台上对垂直上升并联多通道中的气液两相流密度波不稳定性进行的系统的试验研究。研究发现了并联多通道（三通道）中气液两相流密度波不稳定性的主要特征，确定了系统压力、质量流速、进口过冷度、热负荷、进出口节流和可压缩容积等对该类不稳定性的影响，并与单通道内的密度波不稳定性进行了对比分析。文中认为多通道比单通道更加不稳定，这一点同陈听宽等的结论是一致的，更有趣的结论是通道数目为奇数的系统稳定性要好于通道数目为偶数的系统，这一点可能还需要更多的试验数据支持。Chatoorgoon等[146]使用非线性数值程序考察了单通道自然循环回路内的超临界两相流动不稳定性。文中开发了一个理论稳定性标准来检验数值预测的正确性，结果表明数值计算结果和分析结果较为符合。之后，Chatoorgoon[147]研究了并联通道内超临界流体的稳定性。他使用理想的点热源建立了稳定性边界标准，并指出状态方程的精确度对实际稳定性边界的预测非常重要。

2006年李虹波等[148]对平行双通道系统的管间脉动试验进行了报道，其特色在于采用了矩形流道的试验段。黄军等[149]针对两根平行的圆管进行了不对称节流与不对称加热对管间脉动特性影响的试验研究。结果表明，随着进口节流不对称度增加，临界热功率增加，对脉动周期影响不大，脉动振幅存在非单值性变化。随着加热不对称度增加，临界热功率降低，对脉动周期影响不大，脉动振幅增大。通过整理分析，得到了不对称工况参数下的管间脉动界限判定公式。

2007年李虹波等[150]对矩形双通道管间脉动进行了试验研究。结果表明：两支管间流量将重新分配，热通道内质量流速逐渐减小，冷通道内质量流速逐渐增大，总的进口质量流速基本保持不变；发生管间脉动时，两分管内的质量流速呈反相脉动，脉动频率相同；单通道加热时的临界热流密度，在低质量流速下比双通道加热时的高，在较高质量流速下比双通道加热时的低；单通道加热时的临界含汽率远低于双通道加热时的临界含汽率，脉动振幅比双通道加热时的大，脉动周期比双通道加热时的长。卢冬华等[151]针对窄间隙矩形通道的密度波不稳定性进行了试验研究。试验结果发现，增加质量流速、进口过冷度、压力均能增加稳定流动的范围。脉动周期随质量流速的增加而变短，随进口过冷度的增加而增加。压力对脉动周期的影响较小。比较不同长度试验段的无量纲过冷度数和相变数，结果发现并联矩形通道的试验结果和平行直圆管的试验结果基本重合，长度和流道断面形状对流动不稳定性的影响较小。

2008年李虹波等[152]针对热工水力参数对矩形双通道管间脉动的影响展开了试验研究。试验结果表明：随着进口过冷度的增加，临界热流密度增大，脉动振幅增大，脉动周期变长，进口过冷度对临界含汽率的影响表现出一定程度的非单值性。随着进口质量流速的增大，临界热流密度增加，临界含汽率减小，脉动振幅增大，脉动周期变短。随着系统压力的升高，临界热流密度和临界含汽率增加，脉动振幅减小，系统压力对脉动周期的影响表现出一定程度的非单值性。根据进口过冷度数和相变数绘制出的脉动界限图，拟合出判断管间脉动界限的准则关系式。同时，李虹波等[153]针对矩形双通道间脉动的非单值性进行了试验研究。通过对各种热工水力参数和单通道加热的试验研究，得出结论：在低压低流速下，随着进口过冷度的增加，临界含汽率先增加后减小；随着系统压力的升高，质量流速脉动周期先变短后变长；在低质量流速下，单通道加热时产生管间脉动的临界热流密度比双通道均匀加热情况下的高；在较高质量流速下，单通道加热时产生管间脉动的临界热流密度比双通道均匀加热情况下的低。

2009年冷洁等[154]针对无进口节流的并联矩形窄通道内流动不稳定性进行了试验研究。分析了质量流速、进口过冷度和系统压力等主要热工水力参数对密度波流动不稳定性的影响规律。在试验中利用矩形通道前半段的压降信号来判断流动不稳定性的发生。

2010年Guo等[155]通过试验和RELAP5程序数值模拟计算的方法分析了强迫循环管形并联通道的流动不稳定性。研究结果表明，增大加热段的进口阻力系数和系统压力可以使并联通道系统更加稳定；两个通道不同功率的加热会使得系统变得不稳定。此外，研究结果验证了RELAP5均相流模型在低压强迫循环工况研究中的适用性。夏庚磊等[156-158]基于RELAP5程序对强迫循环垂直管形并联通道中的气液两相流不稳定性试验装置进行了数值模拟，发现RELAP5程序的非稳态流体模型的计算结果与试验数据符合较好，并在此基础上研究了进口欠热度、系统压力、进口节流和加热方式对系统不稳定性的影响。周源等[159]对并联矩形多通道流动不稳定性进行了试验研究，分析了并联多通道流动不稳定发生过程中系统各通道流量、进出口温度的变化规律及管间脉动现象。研究结果表明：在两端压降基本不变的情况下，当热通道运行工况达到或超过 OFI 点，功率的增加使热通道流量加速下降，从而更快引发密度波不稳定现象。Jain 等[160]针对低压下并联多通道系统沸腾自然对流的流动不稳定性进行了试验研究，分析了加热功率和系统压力对振荡的振幅和频率及系统由振荡演变到不稳定状态等方面的影响。试验结果表明，在低功率区和高功率区系统处于不稳定状态，在中等功率区，系统稳定。Marcel 等[161]针对单管和并联双通道闪蒸不稳定性进行了试验研究。在并联双通道中，观测到四种流型，分别为稳定的循环流、周期性的高过冷度振荡、周期振荡和异相周期振荡。同时，在单通道中发现了间歇流振荡和正弦曲线流量振荡。

2011 年周源等[162]采用两个相同的矩形加热通道和一个不受热大旁通通道构成试验段，对矩形并联多通道密度波不稳定性进行了试验研究。主要研究系统压力、质量流速和进口过冷度对流动不稳定性的影响。经过对比发现，相近工况参数条件下，并联多通道脉动临界热流密度相对于并联矩形双通道的值较高。Lu 等[163]针对并联矩形多通道密度波不稳定性进行了试验研究。结果显示，一般当增加质量流速、压力和进口过冷度时，流动稳定性提高；当增加质量流速或者减小进口过冷度时，流量振荡周期变短；压力对密度波振荡略微有影响；圆形通道与矩形通道有类似的结果。用 RELAP5 程序对试验进行了模拟，模拟结果与试验结果良好符合。但是当系统压力变化时，不同的两相流模型预测结果不同。Hou 等[164]对混合谱堆（SCWR-M）快谱区的动力学稳定性进行了研究，文章中同时使用了线性频域分析和非线性时域分析两种方法，其中堆芯快谱区被简化为并联通道系统。研究显示系统正常运行工况处于稳定区域，并联通道系统的稳定性由最热的通道所主导。两种方法得到的分析结果也吻合得较好，证明了过渡稳定区间的存在。Xiong 等[165]针对超临界并联通道做了一些试验研究，试验的压力为 23 MPa～25 MPa，质量流量为 600～800 kg·m^{-2}·s^{-1}，进口温度为 180～260 ℃。结果表明较高的流体温度或总质量流量会增加并联通道内流量的不对称性。在试验工况范围内，参数研究显示增加压力或减小进口温度可以使流动变得更加稳定。

2013 年周源等[166]基于 RELAP5 程序对加热通道密度波脉动进行了动态计算分析，揭示了脉动期间流体密度、流量及压降等参数的变化规律。密度波脉动期间，通道内流量、密度（空泡）及压降呈周期性脉动，加热通道内轴向不同位置流量不同，进出口流量反相脉动，单相段压降和两相段压降基本反相，加热通道密度波脉动的发生与两相段流量波动传播的延迟性有着密切的关系。

2014 年，钱立波等[167-168]研究了矩形并联通道的流动不稳定性。该研究基于积分法对通道进行数值模拟，研究结果表明：系统脉动频率和系统流动不稳定性边界分布在不同压力下会重合；同等过冷度工况下，系统稳定性随着压力增大而增强，但是系统的脉动频率也会增大；进口阻力系数增大和出口阻力系数减小会使得系统的稳定性增强，系统的脉动频率增大。刘龙炎[169]通过对自然循环并联多通道进行 RELAP5 数值模拟，研究了自然循环下并联四通道中存在的四种典型不稳定性现象：闪蒸诱发间歇振荡、同向振荡、周期性丢失振荡和正弦波周期振荡。该研究对管形并联通道间出现的流量振荡作了简要定性描述，并对 RELAP5 针对低压自然循环系统的适用性进行了一定程度的验证。该研究中的最大振幅误差达到 28%，用 RELAP5 获得的不稳定性振荡波形图和试验中获得的相应波形图相差也很大。RELAP5 程序对于自然循环并联通道研究的适用性仍需进一步验证。

2015 年，鲁剑超等[170]针对矩形并联通道，通过集中参数法分析了非对称工况（非对称节流和非对称加热）对并联通道流动不稳定性的影响。非对称节流对流动不稳定性的影响会随着压力增大而降低，随着流量增大而增大。非对称加热对流动不稳定性的影响随着压力增大而增大，随进口过冷度和流量增大而减少。熊万玉等[171]基于一维漂移流模型对并联矩形双通道密度波流动不稳定性进行了数值模拟，数值计算得到的密度波脉动图像与试验观察得到的密度波脉动现象特征基本一致。

2016 年，Xia 等[172]用 RELAP5 对矩形并联窄通道的流动不稳定性进行了数值模拟计算研究。结合压降和流量的特性曲线分析方法，获得了加热功率、流量、系统压力和通道数目对流动不稳定性的影响。研究结果表明：流量漂移可能会导致加热通道内产生密度波不稳定性；低功率低流速的条件使得流量分布不稳定性更容易发生；并联通道的稳定性随着系统压力的升高而增大；通道数目对系统稳定性的影响很小。

2017 年连强等[173]采用 RELAP5 对倾斜、起伏及摇摆等典型单一运动条件及耦合运动条件下的并联双通道强迫循环两相流动不稳定性开展了数值模拟研究，研究结果表明强迫循环条件下运动条件对并联通道流动不稳定性影响较小。刘镝等[174]针对运动条件下自然循环工况并联通道流动不稳定性开发了程序，并根据自然循环试验数据进行了关系式敏感性分析及初步验证，计算了倾斜、摇摆运动条件下的流动不稳定性边界。结果表明运动条件对自然循环回路参数有较大影响，进一步影响其稳定性。鲁晓东等[175]针对 4 种不同轴向功率分布下超临界水并联通道系统的稳定性边界进行了瞬态计算，结果表明：相对均匀功率分布，在整个拟过冷度区域，下峰值功率分布会降低系统的稳定性，上峰值功率分布会增强系统的稳定性。在高拟过冷度区域，

核动力系统的流动不稳定性

余弦功率分布会降低系统的稳定性；而在低拟过冷度区域，余弦功率分布将增强系统的稳定性。

2018年Yan等[176]采用漂移流模型开展了海洋条件并联通道两相流动不稳定性理论分析，并考虑了相间滑移的影响。

2019年马在勇等[177]基于均相流模型对不同热流密度分布下的不稳定性边界进行了分析，并提出了定性估计热流密度分布影响的方法。研究结果表明，热流密度分布对并联通道密度波流动不稳定性边界影响十分显著，归一化的沸腾起始点位置是分析热流密度分布影响的恰当参数。连强等[178]以均相流模型为基础，建立了并联通道热工水力系统，针对螺旋管及直管分别选用了相应的压降模型开发了不同管型的分析模块。以国际革新安全反应堆（International Reactor Innovative and Secure，IRIS）蒸汽发生器冷却管几何及运行参数为参考，采用功率扰动方法获得了螺旋管及直管内的流动不稳定性边界，发现螺旋管系统的稳定性强于等高直管，弱于等长斜管；压力、流量及进口阻力会增强并联螺旋管的稳定性；出口阻力的影响较小且会略微降低其稳定性。李宗洋[179]开展了自然循环并联和棒束形通道流动不稳定性研究，获得了自然循环棒束形通道流动不稳定性边界图，验证了RELAP5在低压自然循环工况下的适用性。Wang等[180]开展了摇摆条件下自然循环并联通道两相流动不稳定性理论研究，基于无量纲参数过冷度数N_{sub}和相变数N_{pch}获得了不同参数下的两相流动不稳定性边界图，分析了压降、进口过冷度、系统压力、阀门阻力、流量计阻力、系统高度、摇摆条件等因素对并联通道两相流动不稳定性的影响。此外，Cheng等[181]开展了低压自然循环并联通道两相流动不稳定性分析。Wang等[182]获得了非均匀加热条件对子通道两相流动不稳定性的影响规律。

2020年白宇飞等[183]开展了轴向热流不均匀分布、径向不均匀加热和进口节流对强迫循环平行通道密度波不稳定性影响的研究，结果表明：轴向热流不均匀分布时系统的稳定性取决于沸腾边界的位置及积分热流沿通道的分布。与轴向热流均匀分布相比，轴向热流线性增大或减小分别使系统稳定性增强或减弱；进口过冷度较低时，轴向热流余弦分布提高系统稳定性；进口过冷度较高时，系统稳定性可能增强也可能减弱；与轴向热流余弦分布相比，峰值偏向进口或出口分别会降低或提高系统稳定性；径向不均匀加热对系统稳定性影响较小。增大径向进口节流不均匀性时系统稳定性有减小的趋势，增大任一通道进口节流系数均可提高系统的稳定性。

以上回顾均是针对静止条件下系统两相流动不稳定性研究，1954年美国第一艘核潜艇鹦鹉螺号的问世揭开了舰船核动力推进的序幕，海洋环境中核能的应用得到了快速的发展。60多年来，核能已广泛应用于核动力潜艇、核动力航母、核动力破冰船、核动力商用船、核动力水下装置和核动力海洋浮动平台。在当下这个国际公认的"海洋时代"里，海洋经济已成为全球经济发展的重要引擎和新的增长点。

从热工水力角度来说，海洋运动条件与静止条件的主要区别在于运动条件引入了附加惯性力，影响流体的受力特性，改变流体的流动和传热，最终影响核动力装置系统的运行特性。运动条件下的热工水力特性涉及船用核动力装置的安全稳定运行，对于舰船的机动性、稳定性和安全性至关重要。Kim等[184]对一体化反应堆在垂直和倾斜条件的自然循环特性进行了试验研究，在倾斜工况下不同的倾斜角度显示了不同的流动特性，RETRAN03/INT程序可以很好地模拟一体化反应堆中的自然循环特性。Mitenkov和Polunichev[185]根据俄罗斯40余年船用堆研究的成果，提出了"浮动热电联产电站""浮动淡水净化系统"的概念，为船用堆的民用化描绘了美好前景。Ochiai[186]也将船用堆的概念应用于城市小型轻水堆供热系统。Ishida[187]等对起伏、摇摆等条件对艇用反应堆热工水力特性的影响做了试验和数值研究，开发了系统软件RETRAN-02/MOD2-GRAV来模拟海洋条件下热工水力的瞬态特性，并用起伏条件下两相自然循环和倾斜条件下单相自然循环试验结果对软件进行了验证。Kusunoki[188]等对日本改进型船用堆MRX的设计进行了详细的分析，采用RELAP5程序进行了瞬态和稳态运行及事故工况下的热工水力特性分析，结果表明MRX系统具有高功率密度和更高的安全可靠性。Ishida等[189]分析了船体运动对深海研究堆自然循环特性的影响，其中对倾斜和周期性的升潜运动做了详细的试验和数值研究：周期性升潜引起堆芯流量和堆芯功率的同相振荡，当振荡周期接近于升潜周期时会产生共振现象，振幅达到峰值，在压力容器中加入不凝气体维持压力可以抑制这种现象；同时他们也分析了密度波不稳定性。Ishida在文献[190]中研究了海浪力对潜艇用堆系统强迫循环热工水力特性的影响。Murata等[191-193]先后对船用堆在摇摆条件下的自然循环能力及自然循环换热进行了试验研究和理论分析。

汪胜国[194]介绍了日本改进型船用堆MRX的概念设计，船用堆主要具有以下几个特点：一体化压水堆，内装式控制棒驱动机构，水淹式安全壳，非能动衰变热导出系统。这些特点决定了船用堆与陆上压水堆相比具有一些特殊的热工水力特性。高璞珍等[195]在小型摇摆台架上进行了海洋条件对热工水力特性影响的试验，并建立了一回路的自然循环能力在稳定状态时和受到摇摆、起伏等影响时的物理、数学模型，编制了可用于计算机的计算程序，对稳定状态下一回路自然循环能力进行了数值计算分析，对摇摆、起伏时的

核动力系统的流动不稳定性

自然循环能力进行了动态模拟,分析了冷却剂的受力情况及各种惯性力对冷却剂流动的影响及起伏、摇摆等不同海洋条件对自然循环及强迫循环的影响。谭思超[196]等针对摇摆等海洋条件下的两相流动不稳定性进行了研究,研究结果表明摇摆运动引起了流量波动,这对两相流动不稳定性的发生边界、类型都产生了较大影响,海洋条件诱发了两相流动不稳定性。苏光辉[197]针对非能动余热排出系统,研究并建立了数学模型,分析了起伏和倾斜等海洋条件对船用核动力堆余热排出系统的自然循环流量和除热能力的影响。杨钰等[198]应用海洋条件下堆芯冷却剂系统运行状态的仿真数学模型,使用MathCAD进行编程,开展了左右摇摆海洋条件下堆芯冷却剂系统自然循环能力的分析,认为总趋势是使自然循环能力有所下降。郭赟等[199-200]针对摇摆状态下并联多通道的两相流动不稳定性进行了理论和数值研究,重点讨论了在摇摆状态下并联通道入口段和上升段对管间脉动不稳定性的影响,得到了并联多通道系统在摇摆状态下的不稳定性边界。张友佳等[201]针对横摇条件下并联多通道系统两相流动不稳定性进行了理论研究,分析了在横摇条件下并联九通道系统入口段和上升段及加热功率对管间脉动不稳定性的影响,得出在低含汽率、高含汽率及低过冷度区,系统均不稳定,在高含汽率区域会出现周期倍增现象及混沌现象。钱立波等[202]将海洋条件对冷却剂流动的影响归结为动量方程中海洋条件附加力的改变,从非惯性系动量方程出发,针对一维冷却剂通道,推导得到典型海洋条件及相关耦合海洋条件附加力模型。张文超等[227]针对摇摆条件下两相自然循环系统不规则复合型脉动进行了非线性时序分析,通过相空间重构计算了不规则复合型脉动时间序列的关联维、K2熵和最大李雅普诺夫(Lyapunov)指数值,在几何不变量的计算结果基础上,结合密度波型脉动和波谷型脉动的对比,分析了不规则复合型脉动的混沌特性和产生机理。发现不规则复合型脉动为典型的混沌运动,热驱动力、流动阻力和摇摆引起附加外力的相互作用和耦合导致了混沌出现。

3. 第二类现象复合不稳定性(压力降振荡)

压力降型脉动仅发生在所要研究管道的水动力特性曲线的负斜率段,出现这种不稳定性的流体系统在加热段上游具有可压缩容积。

Lee 和 Kim[203-204]针对半闭式自然循环系统进行试验,研究了加热功率、扩容水箱管线阻力系数对流动的影响,发现稳定的单相自然循环、沸腾-单相交替振荡、闪蒸两相振荡、压力降振荡和稳定两相沸腾集中流动状态;高热流密度和高过冷度下,增加扩容水箱管线阻力系数和长度均能使系统更加稳定。

Stenning 和 Veziroglu[110]以氟利昂-11 为工质对垂直上升管内两相流动不稳定性进行了研究，压力降型脉动是由系统内可压缩容积储存和释放能量引起的脉动。Ozawa 等[205]通过试验研究了垂直上升管内的压力降型脉动，并用简化的物理模型求解了压力降型脉动的周期和幅值，计算结果与试验数据在一定程度上吻合。Yildirim 等[206]对水平管内压力降型脉动进行了试验研究，结果表明水平管内压力降型脉动比垂直管内更容易发生。Dogan 等[207]对压力降型脉动求解的结果与试验值吻合较好，而密度波型脉动的计算值与试验值相差较远。2017 年彭传新等[208]在对两相管形单通道自然循环系统压力降流动不稳定性起始点研究中，通过将试验结果与 Bowring 和 Saha-Zuber 模型计算结果对比，发现了充分发展的过冷泡核沸腾起始点可以认为是自然循环系统的压力降流动不稳定性起始点。2018 年 Cheng 等[209]通过试验研究了自然循环棒束形通道流动不稳定性。他们研究了稳压器连接在加热通道上游时出现的压力降流动不稳定现象和产生机理，并且研究了进口过冷度和热流密度对流动不稳定性的影响。

1.4 两相流动不稳定性的理论分析方法

1.4.1 静力学不稳定性

对于流量漂移的不稳定性，可以采用式(1-1)来进行分析计算。沸腾危机和撞击、间歇、嘎擦型不稳定性只见到有关的试验研究，还没有发现理论分析的方法。关于流型不稳定性也只是在试验中观测到，未见理论性的研究。

1.4.2 动力学不稳定性

理论分析法一般分为时域法和频域法两种。时域法是直接求解两相流动的质量、能量、动量方程组，从相应的解随时间的变化趋势来判别系统的稳定性。若解随时间发散振荡或者趋于等振幅的极限振荡，则系统是不稳定的；若解随时间收敛则系统稳定。时域法的缺点是计算工作量大，而且由于数值求解的不稳定和物理意义的不稳定往往糅合在一起，给系统分析带来一定的困难。但是随着近年来计算机运行速度的提高，算法精度的提高，这些计算难度大大降低。时域法的优点是可以考虑非线性效应，可以从求得的解直观地看出系统状态。

已经有很多程序使用频域法对不稳定性进行分析，STABLE 程序用均相流建立了定常压降单通道或并联多通道频域模型[210]；CRESCENDO 程序用

核动力系统的流动不稳定性

均相流建立了定常压降单通道的线性频域模型，考虑了不同加热条件的影响[211]；STMFREQ程序用漂移流模型建立了定常压降单通道或单通道回路的线性频域模型，考虑了一、二次侧流体的耦合效应[212]；MADWO程序用漂移流模型建立了定常压降并联多通道或非定常压降并联多通道回路的线性频域多变量传递矩阵模型，考虑了通道之间及通道和外部回路之间的耦合效应[213]。频域法虽然可以避免求解庞大的方程组，但是它是一种线性化的方法，在微扰的条件下对系统的有关方程组进行拉普拉斯变换进而求出系统的传递矩阵；但频域法在非线性条件下求传递矩阵非常困难，所以它不适用于非线性强烈的系统。He等[214]运用Nyquist曲线分析了低压自然循环系统进口过冷度和功率对流动稳定性的影响。Furutera[215]采用频域法评价了均相流模型对自然循环密度波振荡的有效性和适用性，认为这种方法可以很好地预测稳定性阈值。

由于频率法的线性假设在应用中的局限和不足，部分学者提出了分岔理论，应用于流量漂移和动态流动不稳定性中。Ramos等[216]和Knaani等[217]认为流型转变是自然循环发生分岔的原因。Ji[218]等基于频域法并采用点堆动力学模型分析了美国设计的超临界水冷堆SCWR(Super Critical Water-cooled Reactor)的核热耦合稳定性。研究表明热力学稳定性对质量流量非常敏感，核热耦合稳定性则主要依赖于冷却剂密度反馈系数。当选择一个合理的进口阻力系数时，SCWR在正常运行工况下可以满足稳定性标准。王建军等[219]基于漂移流模型计算了低含汽率自然循环中存在的分岔特性，认为静态分岔点出现于系统特征曲线的切点上，当压力变高，热流密度变大时，系统的分岔特性会消失。Sharma[220]等使用超临界水物性开发了用于分析超临界自然循环回路稳态特性和稳定性的频域法程序SUCLIN。该程序经公开发表结果的校验后用于研究直径、加热段进口温度和压力对超临界水自然循环回路稳态和稳定性行为的影响。

用于分析密度波不稳定性的理论模型已经有很多，用于描述两相流动力系统的方程包括流动方程及边界条件，根据连续性和守恒性，这一方程组一般由6个方程组成。研究者在研究过程中，一般会进行相当程度的假设，根据假设对方程组进行简化和经验化，这样在有的模型中这一方程组有可能是由3个、4个或者5个方程组成。采用6个方程的方程组无疑是最为严格的描述，但是目前来看还没有研究人员运用这种方法来分析不稳定性，还有很多问题没有解决。

最为方便的是采用均相流模型来描述两相流动，这样方程只剩下3个。对该方程组既可以采用积分的方法得出沿流道的压降，也可采用划分控制体

第1章 绪 论

的方法来分段求解，本书对于自然循环不稳定性分析采用划分控制体法，对于并联通道不稳定性的分析采用的是积分方法，读者可以从中体会二者的不同特点。

自 Ishii 和 Zuber[222] 采用 Galerkin nodal 方法分析密度波不稳定性，很多研究者都采用了沿流道积分的方法来分析密度波不稳定性，并推广到了并联通道分析上。这种方法理论分析思路非常清晰，计算机模拟求解也很方便，求得的结果也能在一定程度上反映系统的特性，但是这种方法不容易考虑非均匀加热和过冷沸腾的影响。

与积分方法相对应的是划分控制体的方法。对守恒方程进行分段积分，将计算段分为几段，在每一段内认为物性参数变化不大，积分求解守恒方程，这是考虑非线性相影响的一种简化算法。Akyuzlu[223] 等用均相模型对密度波型脉动进行数值计算，采用显式交错网格，计算出脉动的周期和幅值，但是计算精度不高，与试验结果有一定的距离。杨瑞昌等[224]应用分相模型并考虑壁面蓄热，计算出了密度波型脉动时的流量脉动和壁温脉动。Lin 和 Pan[5] 对高压系统的自然循环沸腾通道进行了非线性分析，对两相区采用了简化的模型，得到了不稳定性边界，并对流量波动进行了分析。这种方法的优点在于可以很方便地考虑任意加热方式；可以采用更为复杂的压降计算模型，比如漂移流模型等；可以考虑多种换热区域，对于工程实际也便于应用。其缺点是计算量大，如果求解系统复杂，控制体划分要求高，则计算很慢，控制体划分数量的多少能够满足系统分析要求需要进一步研究。Sharma 等[221] 开发了一个用于分析超临界自然循环回路非线性特性的时域法程序 NOLSTA，并将非线性分析得到的回路稳定性特性与线性分析得到的稳定性特性进行对比，结果表明两种方法得到的稳定性图在定性上是一致的，但 SUCLIN 计算得到的稳定性边界偏大。

早期理论分析的结果往往采用以加热功率和质量流速或质量流量为坐标的图来总结，这种图形较为直观，但是不适合用来归纳分析，并且各个研究者得出的结果不易于互相比较。Ishii 和 Zuber[222] 提出了用过冷度数 N_{sub} 和相变数 N_{pch} 这两个无量纲参数来分析密度波不稳定性。这种做法在现在已经成为不稳定性分析的一个标准。正是因为有了这种分析方法，研究者才可以在不同的系统分析中发现密度波不稳定性边界呈倾斜"L"形的这一共性。

早期认为并联通道的不稳定性分析只能采用频域法，而频域法不仅复杂而且结果不易用于工程。现在时域法在并联通道不稳定性研究中的应用也屡有报道，研究情况在前文中已经有比较详细的介绍，可以参见"并联流道不稳定性"一节。

也有不少学者对压力降型脉动进行了理论研究。冯自平等[10-11]在宽广的试验范围内研究了卧式螺旋管内压力降脉动,获得了均匀加热条件下的压力降脉动周期、振幅特性及脉动发生的界限;并首次研究了沿流动方向不均匀加热条件对卧式螺旋管压力降脉动的影响规律。周云龙等[225]研究了螺旋管蒸汽发生器中存在的压力降,根据试验结果和理论分析,得到了预测压力降型脉动焓升的无因次经验公式和系统界限图,采用得到的关联式对 200 MW 高温气冷堆蒸汽发生器的稳定性进行了预测。

参考文献

[1] 于平安,朱瑞安,喻真烷,等. 核反应堆热工分析[M]. 北京:原子能出版社,1986.

[2] BOURE J A, BERGLES A E, TONG L S. Review of two-phase flow instability[J]. Nuclear Engineering and Design, 1973(25): 165-192.

[3] LEDIGNEGG M. Instability of flow during natural and forced circulation [J]. Die arme, 1938, 61(8): 891-898.

[4] FUKUDA K, KOBORI T. Classification of two-phase flow instability by density wave oscillation model[J]. Journal of Nuclear Science and Technology, 1979, 16(2): 95-108.

[5] LIN Y N, PAN C. Non-linear analysis for a natural circulation boiling channel[J]. Nuclear Engineering and Design, 1994(152): 349-360.

[6] 许圣华. 高压系统平行通道自然循环不稳定性研究[D]. 上海:上海交通大学,1991.

[7] 苏光辉,郭予飞,郭玉君,等. 垂直上升管内密度波不稳定性的研究[J]. 核动力工程,1992,19(1): 12-20.

[8] 林宗虎,王树众,王栋. 气液两相流和沸腾传热[M]. 西安:西安交通大学出版社,2003.

[9] 郭烈锦. 两相与多相流体动力学[M]. 西安:西安交通大学出版社,2002.

[10] 冯自平,郭烈锦,陈学俊. 卧式螺旋管内气液两相流不稳定性试验研究[J]. 工程热物理学报,1996,17(2): 219-223.

[11] 冯自平,郭烈锦,陈学俊. 卧式螺旋管内气液两相压力降脉动试验研究[J]. 西安交通大学学报,1996,30(6): 54-60.

[12] FUKUDA K, KOBORI T. Two-phase flow instability in parailel channels[C]//6th Int. Heat Transfer Conference. Danbury: Begell House,

1978:369-374.

[13] CHILTON H. Theoretical study of stability in water flow through heat passages[J]. J. Nuclear Energy, 1957(5):271.

[14] ZUBER N. Flow excursion and oscillation in boiling two-phase flow systems with heat additions[C]//Proc. Symp. Two-phase Flow Dynamics. Eindhoven, 1961:1070-1089.

[15] American Electric Power Service Corporation. Symposium on the commercial operation of the Breed Plant[C]//Proc. of the Amer. Power conf., 1961.

[16] MATHISEN R P. Out of pile channel instability in the loop skalvan[C]//Symp. on Two-phase Flow Dynamics. Brussels: EURATOM, 1967.

[17] CHANG S H, KIM Y, BEAK W P. Derivation of mechanistic critical heat flux model for water based on flow instabilities[J]. International Communications in Heat and Mass Transfer, 1996, 23(8):1109-1119.

[18] CHANG S H, LEE Y B. A new critical heat flux model for liquid metals under low heat flux-low flow conditions[J]. Nuclear Engineering and Design, 1994, 148(2-3):487-498.

[19] 庞凤阁, 高璞珍, 王兆祥, 等. 摇摆对常压水临界热流密度(CHF)影响试验研究[J]. 核科学与工程, 1997(04):367-371.

[20] 高璞珍, 王兆祥, 庞凤阁, 等. 摇摆情况下水的自然循环临界热流密度试验研究[J]. 哈尔滨工程大学学报, 1997(06):40-44.

[21] ISHIDA I, KUSUNOKI T, MURATA H, et al. Thermal-hydraulic behavior of a marine reactor during oscillations[J]. Nuclear Engineering and Design, 1990, 120(2-3):213-225.

[22] UMEKAWA H, OZAWA M, MITSUNAGA T, et al. Scaling parameter of CHF under oscillatory flow conditions[J]. Heat Transfer-Asian Research, 1999, 28(6):541-550.

[23] OZAWA M, UMEKAWA H, MISHIMA K, et al. CHF in oscillatory flow boiling channels[J]. Chemical Engineering Research & Design, 2001, 79(A4):389-401.

[24] KIM Y I, BAEK W P, CHANG S H. Critical heat flux under flow oscillation of a water at low-pressure, low-flow conditions[J]. Nuclear Engineering and Design, 1999, 193(1-2):131-143.

[25] SU G H, MORITA K, FUKUDA K, et al. Analysis of the critical heat

flux in round vertical tubes under low pressure and flow oscillation conditions. Applications of artificial neural network[J]. Nuclear Engineering and Design, 2003, 220(1): 17-35.

[26] OKAWA T, GOTO T, MINAMITANI J, et al. Liquid film dryout in a boiling channel under flow oscillation conditions[J]. International Journal of Heat and Mass Transfer, 2009, 52(15-16): 3665-3675.

[27] TOSHIHIRO MURAKAMI R T, OKAWA T. Variation of critical heat flux by flow oscillation in a small vertical channel[C]//17th International Conference on Nuclear Engineering, July 12-16, 2009, Brussels, Belgium. New York: ASME, 2009: 303-309.

[28] YAMAGOE Y, GOTO T, OKAWA T. Experimental Study on Liquid Film Dryout Under Oscillatory Flow Conditions[C]///17th International Conference on Nuclear Engineering, July 12-16, 2009, Brussels, Belgium. New York: ASME, 2009: 463-470.

[29] OKAWA T, GOTO T, YAMAGOE Y. Liquid film behavior in annular two-phase flow under flow oscillation conditions[J]. International Journal of Heat and Mass Transfer, 2010, 53(5-6): 962-971.

[30] GORMAN D J. An experimental and analytical investigation of fuel element vibration in two-phase parallel flow[J]. Trans. ANS., 1970, 13(1): 333.

[31] GRANT I D R. Shell and tube heat exchangers for the process industries [J]. Chemical Processing, 1971(12): 763-769.

[32] XU J L, ZHANG W, WANG Q W, et al. Flow instability and transient flow patterns inside intercrossed silicon microchannel array in a micro-timescale[J]. International Journal of Multi-phase Flow, 2006(32): 568-592.

[33] GRIFFITH P. Geysering in liquid-filled lines[C]//ASME – AIChE Heat Transfer Conference and Exhibit, Houston. New York: ASME, 1962: 39.

[34] SINGER R M, HOLTZ R E. Comparison of the expulsion dynamics of sodium and nonmetallic fluids[C]//ASME Heat Transfer Conference. New York: ASME, 1970: 23.

[35] GROLMES M A, FAUSKE H K. Modeling of sodium expulsion with freon-11[C]// ASME Heat Transfer Conference. New York: ASME, 1970: 24.

[36] ARITOMI M, CHIANG J H, MORI M. Geysering in parallel boiling channels[J]. Nuclear Engineering and Design, 1993(141): 111-121.

[37] ARITOMI M, CHIANG J H, NAKAHASHI T, et al. Fundamental study on thermo-hydraulics during start-up in natural circulation boiling water reactors, (Ⅰ) thermo-hydraulic instabilities[J]. Journal of Nuclear Science and Technology, 1992, 29(7): 631-641.

[38] CHIANG J H, ARITOMI M, MORI M. Fundamental study on thermo-hydraulics during start-up in natural circulation boiling water reactors, (Ⅱ)[J]. Journal of Nuclear Science and Technology, 1993, 30(3): 203-211.

[39] CHIANG J H, ARITOMI M, MORI M, et al. Fundamental study on thermo-hydraulics during start-up in natural circulation boiling water reactors, (Ⅲ)[J]. Journal of Nuclear Science and Technology, 1994, 31(9): 883-893.

[40] JIANG S Y, ZHANG Y J, WU X X, et al. Flow excursion phenomenon and its mechanism in natural circulation[J]. Nuclear Engineering and Design, 2000(202): 17-26.

[41] 陈彦泽, 周一卉, 丁信伟. 重力热管传热波动特性研究及抑制方法探讨[J]. 热能动力工程, 2003, 18(4): 334-338.

[42] EDESKUTY F J, THURSTON R S. Similarity of flow oscillation induced by heat transfer in cryogenic system[C]//Proc. Symp. on Two-phase Flow Dynamics. Brussels: EURATOM, 1967: 551-567.

[43] BISHOP A A, SANDBERG R O, TONG L S. Forced convection heat transfer to water at near-critical temperature and super-critical pressures[R]. Germantown: U. S. Atomic Energy Commission, 1964.

[44] 谭思超, 张红岩, 庞凤阁, 等. 单相-两相自然循环过渡点的试验研究[J]. 哈尔滨工程大学学报, 2005, 26(3): 264-367.

[45] 谭思超, 庞凤阁, 高璞珍. 自然循环过冷沸腾流动不稳定性试验研究[J]. 核动力工程, 2006, 27(1): 18-21.

[46] 谭思超, 庞凤阁, 高璞珍. 低压两相自然循环流动不稳定性试验研究[J]. 哈尔滨工程大学学报, 2006, 27(2): 218-222.

[47] LEVY S, BECKJORD E S. Hydraulic instability in a natural circulation loop with net steam generation at 1000 psia[R]. General Electric, 1959.

[48] JOSEPH A, FLECK J R. The influence of pressure on boiling water re-

actor dynamic behavior at atmospheric pressure[J]. Nuclear Science and Engineer, 1961(9): 271-280.

[49] QUANDT E R. Analysis and measurements of flow oscillation[J]. Chem. Eng. Prog. Monograph and Symposium Series, 1961, 32(57): 111-126.

[50] ANDERSON R P, BRYANT L T, CARTER J C, et al. Transient analysis of two-phase natural circulation systems: ANL-6653[R]. Germantown: U. S. Atomic Energy Commission, 1962.

[51] JAIN K C. Self-sustained hydrodynamics oscillations in a natural circulation two-phase flow boiling loop[D]. Evanston: Northwestern University, 1965.

[52] KOICHI T, TAKEMURA T. Density wave instability in once-through boiling flow system[J]. J. of Nuclear Sci. and Tech., 1978, 15(5): 355-364.

[53] NEAL L G, ZIVI S M, WRIGHT R W. The mechanisms of hydrodynamic institutes in boiling systems[C]//Proc. Symp. Two-Phase Flow Dynamis, Eindhoven, 1967: 957-980.

[54] KRUYS P. Opening address to the symposium[C]//Two Phase Flow Dynamics Symposium. Eindhoven: Technische Hogeschool Eindhoven, 1967: 6-10.

[55] ISHII M, ZUBER N. Thermally induced flow instabilities in two-phase mixtures[C]//4th International Heat Transfer Conference, August 31 - September 5, 11, 1970, Paris - Ver sailles. London: Elsevier, 1970: 1-12.

[56] COLLINS D B, GACESA M, PARSONS C B. Study of the onset of premature heat transfer crisis during hydrodynamic instability in full-scale reactor channel[C]//12th National Heat Transfer Conference. New York: ASME, 1971: 11.

[57] ABDELMESSIN A E, FAKFIR A, YIN S T. Hysteresis ejects in incipient boiling superheat of Freon-11[C]//the Fifth International Heat Transfer Conference. Danbury: Begell House, 1974: 165-169.

[58] VEZIROGLU T N, LEE S S, KAKAC S. Fundamental of two-phase oscillation and experiment in single channel systems[J]. Two-phase Flow and Heat Transfer, 1977(1): 423-446.

[59] ÜNAL C. Density-wave oscillation in sodium heat once-through steam generator tubes[J]. ASME, J. Heat Transfer, 1981, 103(3): 485-491.

[60] 陆慧林. 自然循环的稳定性和突变理论[C]//全国动力机械与工程热物理青年学术论文报告会论文集. 北京: 中国核学会, 1988: 430-433.

[61] RIZWAN-UDDIN, DORNING J J. Some nonlinear dynamics of a heated channel[J]. Nuclear Engineering and Design, 1986(93): 1-14.

[62] DYKHUIZEN R C, ROY R P, KALRA S P. Two-fluid simulation of density-wave oscillations in a boiling flow system[J]. Nuclear Engineering and Design, 1986, 94: 167-179.

[63] RIZWAN-UDDIN, DORNING J J. A chaotic attractor in a periodically forced two-phase flow system[J]. Nuclear Engineering and Design, 1988, 100: 393-404.

[64] CLAUSSE A, LAHEY R T. An investigation of periodic and strange attractors in boiling flows using chaos theory[C]//Proceedings of The Ninth International Heat Transfer Conference, Jerusalem, 1990, 2: 3-8.

[65] 徐宝成, 高祖瑛. 低压低含汽量自然循环系统密度波振荡的非线性特性研究[J]. 中国核科技报告, 1992(S3): 74-75.

[66] 周志伟. 用集总参数法分析低含气量自然循环回路气液两相流稳定性[J]. 核动力工程, 1994, 15(3): 222-229.

[67] 谷运兴, 王广军, 李少华. 强制流动蒸发系统水动力特性的数值分析与综合Ⅱ直流锅炉水动力不稳定性的数值分析与综合[J]. 东北电力学院学报, 1996, 16(3): 24-31.

[68] 徐锡斌, 徐济鋆, 黄海涛, 等. 低压下两相自然循环流动不稳定性的试验研究: (Ⅰ)机理探索[J]. 核科学与工程, 1996, 16(2): 104-113.

[69] 徐锡斌, 徐济鋆, 黄海涛, 等. 低压下两相自然循环流动不稳定性的试验研究: (Ⅱ)影响因素的研究[J]. 核科学与工程, 1996, 16(3): 200-207.

[70] 解衡, 张金玲, 贾斗南. 自然循环单相流动不稳定性理论分析[J]. 核动力工程, 1997(18): 426-431.

[71] LIN Y N, LEE J D, CHIN PAN. Nonlinear dynamics of a nuclear-coupled boiling channel with forced flows[J]. Nuclear Engineering and Design, 1998, 179: 31-49.

[72] 刘磊, 周芳德, 李会雄. 两相流中密度波现象的研究及进展[J]. 力学进展, 1998, 28(2): 227-234.

[73] 苏光辉, 郭玉君, 张金玲, 等. 两相自然循环流动不稳定性脉动周期的试

验和理论研究[J]. 原子能科学技术, 1999(1): 86-91.

[74] 苏光辉, 贾斗南, 武俊梅, 等. 低压两相自然循环密度波不稳定性的研究[J]. 工程热物理学报, 1999(3): 370-372.

[75] 苏光辉, 张金玲, 郭玉君, 等. 两相自然循环密度波不稳定性的试验研究[J]. 核科学与工程, 1998, 18(1): 19-24.

[76] 秋穗正, 周涛. 液钠沸腾两相流动密度波型不稳定性试验机理分析[J]. 核科学与工程, 1998, 018(004): 297-303.

[77] 贾海军, SONG J. 自然循环系统热工水利学特性的均相模型分析[J]. 原子能科学技术, 2000, 34(3): 274-278.

[78] SU G H, JIA D N, FUKUDA K, et al. Theoretical and experimental study on density wave oscillation of two-phase natural circulation of low equilibrium quality[J]. Nuclear Engineering and Design, 2002, 215(3): 187-198.

[79] 郭赟, 田文喜, 王甲强, 等. 中国先进研究堆自然循环两相流动不稳定性研究[C]//中国工程热物理学会多相流学术会议论文集. 北京: 中国工程热物理学会, 2004: 181-189.

[80] 郭赟, 苏光辉, 田文喜, 等. 中国先进研究堆自然循环两相流动不稳定性分析[J]. 原子能科学技术, 2006, 040(002): 228-234.

[81] 高峰, 陈听宽, 罗毓珊, 等. 大 L/d 倾斜并联光管汽-液两相流不稳定性试验研究[J]. 核动力工程, 2005, 26(2): 130-134.

[82] 王建军, 姜胜耀, 杨星团. 核耦合自然循环系统密度波不稳定性分析[C]//第十届全国反应堆热工流体力学会议论文集. 北京: 中国核学会核能动力学会, 2007: 368-372.

[83] BAIKIN M, TAITEL Y, BARNEA D. Flow rate distribution in parallel heated pipes[J]. International Journal of Heat and Mass Transfer, 2011, 54(19): 4448-4457.

[84] MINZER U, BARNEA D, TAITEL Y. Flow rate distribution in evaporating parallel pipes modeling and experimental[J]. Chemical Engineering Science, 2006, 61(22): 7249-7259.

[85] MANGAL A, JAIN V, NAYAK A K. Capability of the RELAP5 code to simulate natural circulation behavior in test facilities[J]. Progress in Nuclear Energy, 2012, 61: 1-16.

[86] KOZMENKOV Y, ROHDE U, MANERA A. Validation of the RELAP5 code for the modeling of flashing-induced instabilities under natu-

ral-circulation conditions using experimental data from the CIRCUS test facility[J]. Nuclear Engineering and Design, 2012, 243: 168-175.

[87] 叶金亮, 张尧立, 方成跃. 基于 RELAP5 的两相流自然循环试验的后模拟[J]. 核科学与工程, 2013, 33(3): 250-253.

[88] 彭天骥, 邱金荣, 郭赟, 等. 欠热沸腾诱发自然循环不稳定性的研究[J]. 原子能科学技术, 2013, 47(3): 381-390.

[89] RUSPINI L C, MARCEL C P, CLAUSSE A. Two-phase flow instabilities: a review[J]. International Journal of Heat and Mass Transfer, 2014, 71: 521-548.

[90] 朱晓桐, 曹夏昕, 丁铭, 等. 低压自然循环间歇泉流动不稳定性试验研究与 RELAP5 程序验证[J]. 原子能科学技术, 2014, 48(8): 1406-1410.

[91] YANG S K. Stability of flashing-driven natural circulation in a passive moderator cooling system for Canadian SCWR[J]. Nuclear Engineering and Design, 2014, 276: 259-276.

[92] 郝建立, 储玺, 胡高杰, 等. 蒸汽发生器 U 型管单相流动不稳定性分析[C]//第十四届全国反应堆热工流体学术会议暨中核核反应堆热工水力技术重点实验室 2015 年度学术会议论文集. 北京: 中国核学会核能动力分会反应堆热工流体专业委员会, 2015: 365-368.

[93] 侯晓凡, 孙秋南, 范广铭, 等. 自然循环闪蒸不稳定诱发的水击现象试验研究[J]. 原子能科学技术, 2016, 50(6): 1014-1020.

[94] 侯晓凡, 孙中宁. 开式自然循环闪蒸不稳定的线性均相流模型[J]. 哈尔滨工程大学学报, 2016, 37(7): 930-935.

[95] 陈娟, 周涛, 齐实, 等. 矩形通道自然循环两相流动不稳定性试验研究[J]. 核动力工程, 2017, 38(02): 51-55.

[96] 李军, 李晓明, 刘长亮. 开式自然循环两相流动不稳定性的频域法分析[J]. 原子能科学技术, 2017, 51(10): 1800-1805.

[97] SHIN C W, NO H C. Experimental study for pressure drop and flow instability of two-phase flow in the PCHE-type steam generator for SMRs[J]. Nuclear Engineering and Design, 2017, 318: 109-118.

[98] QI S, ZHOU T, LI B, et al. Experimental study on Ledinegg flow instability of two-phase natural circulation in narrow rectangular channels at low pressure[J]. Progress in Nuclear Energy, 2017, 98: 321-328.

[99] PANDEY B, SINGH S. Characterization of stability limits of Ledinegg instability and density wave oscillations for two-phase flow in natural cir-

culation loops[J]. Chemical Engineering Science, 2017, 168: 204-224.

[100] ABBATI Z, CHEN J, CHENG K, et al. An experimental study of two-phase flow instability in a multi-loop natural circulation system[J]. Annals of Nuclear Energy, 2020, 139: 107269.

[101] 王强, 高璞珍, 王忠乙, 等. 低压高过冷度下自然循环两相流动不稳定性试验研究[J], 原子能科学技术, 2018, 52(05): 822-828.

[102] CHEN X B, GAO P Z, TAN S C, et al. An experimental investigation of flow boiling instability in a natural circulation loop[J]. International Journal of Heat and Mass Transfer, 2018, 117: 1125-1134.

[103] 唐瑜, 陈炳德, 熊万玉. 进口过冷度对密度波两相流动不稳定性的影响研究[C]//第十六届全国反应堆热工流体学术会议暨中核核反应堆热工水力技术重点实验室2019年学术年会论文集. 兰州: 中国科学院近代物理研究所, 2019: 1202-1209.

[104] 李常伟, 马云飞. 一体化反应堆直流蒸汽发生器两相流动不稳定性研究[J]. 船舶, 2019, 30(03): 115-121.

[105] 郭斯茂, 郭玉川, 王冠博, 等. 脉冲加热条件下垂直上升管内两相流动不稳定性研究[J]. 工程热物理学报, 2019, 40(06): 1313-1318.

[106] 王强, 高璞珍, 王忠飞, 等. RELAP5对低压自然循环系统的分析能力研究[J]. 哈尔滨工程大学学报, 2019, 40(05): 920-925.

[107] 程俊, 曹夏昕, 于德海, 等. 内插物对低压自然循环两相流动不稳定性的影响[J]. 哈尔滨工程大学学报, 2020(04): 1-6.

[108] 李宗洋, 高璞珍, 王强, 等. 自然循环棒束形通道两相流动不稳定性起始点研究[J]. 原子能科学技术, 2020, 54(02): 242-249.

[109] LIANG Q, LI X, SU Y, et al. Frequency domain analysis of two-phase flow instabilities in a helical tube once through steam generator for HTGR[J]. Applied Thermal Engineering, 2020, 168: 114839.

[110] STENNING A H, VEZIROGLU T N. Flow oscillations modes in forced convection boiling[C]//Proceedings of the 1965 Heat Transfer and Fluid Mechanics Institute. Redwood City: Stanford University Press, 1965: 301-316.

[111] CHO S M, ANGE L J, FENTON R E, et al. Performance change of a sodium-heated steam generator[C]//12th National Heat Transfer Conference. New York: ASME, 1971.

[112] MARCH-LEUBA J, REY J M. Coupled thermohydraulic-neutronic in-

stabilities in boiling water nuclear reactors: a review of the state of the art[J]. Nuclear Engineering and Design, 1993, 145: 97-111.

[113] RAO Y F, FUKUDA K, KANESHIMA R. Analytical study of coupled neutronic and thermodynamic instabilities in a boiling channel[J]. Nuclear Engineering and Design, 1995, 154: 133-144.

[114] UEHIRO M, RAO Y F, FUKUDA K. Multi-channel modeling based on a multi-point reactor model for the regional instability in a BWR [C]//Proceedings of the 8th International Topical Meeting on Nuclear Reactor Thermal-Hydraulics(NURETH-8), September 30-October 4, 1997, Kyoto. La Grange Park: American Nuclear Society, 1997: 375-384.

[115] SOLÍS-RODARTE J, CECEÑAS-FALCÓN M, IVANOV K N, et al. TRAC-BF1/NEM stability methodology for BWR core wide and regional stability analysis[J]. Annals of Nuclear Energy, 2000, 27(11): 985-994.

[116] MANERA A, VAN DER HAGEN T H J J. Stability of natural-circulation-cooled boiling water reactors during startup: experimental results [J]. Nuclear Technology, 2003, 143(1): 77-88.

[117] MANERA A. Experimental and analytical investigations on flashing-induced instabilities in natural circulation two-phase systems: Applications to the startup of boiling water reactors[D]. Netherlands: Delft University of Technology, 2003.

[118] FURUYA M, INADA F, VAN DER HAGEN T H J J. Characteristics of Type-Ⅰ Density Wave Oscillations in a Natural Circulation BWR at Relatively High Pressure[J]. Journal of Nuclear Science and Technology, 2005, 42(2): 191-200.

[119] FURUYA M, INADA F, VAN DER HAGEN T H J J. Flashing-induced density wave oscillations in a natural circulation BWR mechanism of instability and stability map[J]. Nuclear Engineering and Design, 2005, 235(15): 1557-1569.

[120] LEE J D, PAN C. Dynamic analysis of multiple nuclear-coupled boiling channels based on a multi-point reactor model[J]. Nuclear Engineering and Design, 2005, 235(22): 2358-2374.

[121] COSTA A L. BWR instability analysis by coupled 3D neutronkinetic

and thermal-dydraulic codes[D]. Pisa, Italy: University of Pisa, 2007.

[122] COSTA A L, PEREIRA C, AMBROSINI W, et al. Simulation of an hypothetical out-of-phase instability case in boiling water reactor by RELAP5/PARCS coupled codes[J]. Annals of Nuclear Energy, 2008, 35(5): 947-957.

[123] PRASAD D G V, PANDEY M. Stability analysis and nonlinear dynamics of natural circulation boiling water reactors[J]. Nuclear Engineering and Design, 2008, 238: 229-240.

[124] HSIEH C L, LIN H T, WANG J R, et al. A sensitivity study of BWR instability over global and regional modes at different exposures[J]. Nuclear Engineering and Design, 2008, 238: 3468-2474.

[125] DUTTA G, DOSHI J B. Nonlinear analysis of nuclear coupled density wave instability in time domain for a boiling water reactor core undergoing core-wide and regional modes of oscillations[J]. Progress in Nuclear Energy, 2009, 51(8): 769-787.

[126] ZHOU L L, ZHANG H. Research on the influence of ocean condition on the oscillation in parrallel double-channel[C]//Proceedings of the 18th International Conference on Nuclear Engineering, May 17-21, 2010, Xi'an China. New York: ASME, 2010: 991-998.

[127] 周铃岚. 三维物理热工耦合及海洋条件并联通道流动不稳定性研究[D]. 北京: 清华大学, 2012.

[128] 周铃岚, 张虹, 黄善仿. 核反馈对并联双通道自然循环系统两相流动不稳定性的影响[J]. 原子能科学技术, 2013, 47(4): 557-563.

[129] 周铃岚, 张虹, 谭长禄, 等. 摇摆下自然循环矩形双通道系统核热耦合不稳定性研究[J]. 核动力工程, 2013, 1: 55-60.

[130] LU D H, LI H B, CHEN B D, et al. Experimental study on the density wave oscillation in parallel rectangular channels with narrow gap[J]. Annals of Nuclear Energy, 2011, 38(10): 2146-2155.

[131] 鲁晓东, 巫英伟, 秋穗正, 等. 核反馈对堆芯并联通道流动不稳定性的影响研究[J]. 中国科技论文在线精品论文, 2013, 6(20): 1979-1985.

[132] LU X D, WU Y W, ZHOU L L, et al. Theoretical investigation on two-phase flow instability in parallel channels under axial non-uniform heating[J]. Annals of Nuclear Energy, 2014, 63(1): 75-82.

[133] 鲁晓东, 陈炳德, 王艳林, 等. 采用 FFT 方法对横摇条件下堆芯核热耦合

流动不稳定性的分析[J]. 原子能科学技术, 2016, 50(9): 1592-1599.

[134] 谢峰, 郝昭, 杨祖毛. 反应性反馈对并行通道两相流动不稳定性影响的试验研究[J]. 核动力工程, 2018, 39(02): 5-9.

[135] 阮养强. 并联通道系统密度波不稳定性多变量分析[C]//全国动力机械与工程热物理青年学术论文报告会论文集. 北京: 中国核学会, 1988: 462-470.

[136] LEE J D, PAN C. Dynamics of multiple parallel boiling channel systems with forced flows[J]. Nuclear Engineering and Design, 1999, 192: 31-44.

[137] 周云龙, 蔡辉, 程卓明. 并联通道汽液两相流不稳定性的非线性数学模型[J]. 化工学报, 1999, 50(6): 806-811.

[138] MUNOZ-COBO J L, ROSELLO O, MIRO R, et al. Coupling of density wave oscillations in Parallel channels with high order modal kinetics: application to BWR out of phase oscillations[J]. Annals of Nuclear Energy, 2000, 27: 1345-1371.

[139] MUNOZ-COBO J L, PODOWSKI M, CHIVA S. Parallel channel instabilities in boiling water reactor systems: boundary conditions for out of phase oscillations[J]. Annals of Nuclear Energy, 2002, 29(16): 1891-1917.

[140] 黄彦平, 马介亮, 肖泽军. 多管平行通道两相流动不稳定性类型试验研究[J]. 核科学与试验, 2002, 22(4): 289-295.

[141] WU H Y, CHENG P. Visualization and measements of periodic boiling in silicon microchannels[J]. Int. J. Heat and Mass Transfer, 2003, 46: 2603-2614.

[142] 陈听宽, 荆建刚, 罗毓姗. 并联管两相流不稳定性研究[J]. 工程热物理学报, 2002, 23(1): 99-102.

[143] 陈听宽, 戚光泽. 倾斜管内高压汽水两相流动不稳定性的研究[J]. 西安交通大学学报, 1990, 24(增1): 51-64.

[144] 荆建刚, 陈听宽, 周云龙. 垂直并联管内高压汽水两相密度波不稳定性的试验研究[J]. 核动力工程, 1996, 17(3): 245-249.

[145] 李会雄, 汪斌, 陈听宽. 垂直并联多通道内高温高压汽水两相流密度波型不稳定性的试验研究[J]. 中国动力工程学报, 2005, 25(1).

[146] CHATOORGOON V, VOODI A, UPADHYE P. The stability boundary for supercritical flow in natural-convection loops: Part II: CO_2 and

H$_2$[J]. Nuclear Engineering and Design，2005，235(24)：2581-2593.

[147] CHATOORGOON V. Supercritical flow stability in two parallel channels[C]//Proceedings of ICONE14, International Conference on Nuclear Engineering, Miami, Florida, USA, July 17-20, 2006. New York：ASME, 2006：723-730.

[148] 李虹波，黄彦平，卢冬华，等. 热工水力参数和单通道加热对矩形双通道管间脉动的非线性影响[C]//第十届全国反应堆热工流体力学会议论文集. 北京：中国核学会核能动力学会，2007：189-195.

[149] 黄军，黄彦平，王飞，等. 不对称节流和不对称加热对平行双通道管间脉动特性影响试验[J]. 核动力工程，2006，27(6)：18-22.

[150] 李虹波，黄彦平，卢冬华，等. 单通道加热对矩形双通道管间脉动的影响[J]. 核动力工程，2007，27(5)：752-756.

[151] 卢冬华，李虹波，黄彦平，等. 双矩形通道密度波不稳定性研究[J]. 核科学与工程，2007，27(2)：160-166.

[152] 李虹波，黄彦平，卢冬华，等. 热工水力参数对矩形双通道管间脉动的影响[J]. 核动力工程，2008，29(1)：81-86.

[153] 李虹波，黄彦平，卢冬华，等. 矩形双通道间脉动的非单值性试验研究[J]. 化学工程，2008，36(9)：36-39.

[154] 冷洁，卢冬华，陈炳德. 入口无节流并联矩形通道内流动不稳定性研究[C]//中国工程热物理年会论文集. 北京：中国工程热物理学会，2009.

[155] GUO Y, HUANG J, XIA G, et al. Experiment investigation on two-phase flow instability in a parallel twin-channel system[J]. Annals of Nuclear Energy, 2010, 37：1281-1289.

[156] 夏庚磊，郭赟，彭敏俊. 基于RELAP5的两管平行通道流动不稳定性研究[J]. 原子能科学技术，2010，44(6)：694-700.

[157] 夏庚磊，董化平，彭敏俊，等. 环隙窄缝通道管间脉动不稳定性分析[J]. 原子能科学技术，2011，45(9)：1034-1039.

[158] 夏庚磊，郭赟，彭敏俊. 平行通道密度波不稳定性研究[J]. 原子能科学技术，2012，46(9)：1074-1079.

[159] 周源，闫晓，王艳林，等. 并联多通道流动不稳定现象研究[C]//中国工程热物理学术会议论文集. 北京：中国工程热物理学会，2010：1-7.

[160] JAIN V, NAYAK A K, VIJAYAN P K, et al. Experimental investigation on the flow instability behavior of a multi-channel boiling natural circulation loop at low-pressures[J]. Experimental Thermal and Fluid

Science,2010,34(6):776-787.

[161] MARCEL C P, ROHDE M, VAN DER HAGEN T H J J. Experimental investigations on flashing-induced instabilities in one and two-parallel channels: a comparative study[J]. Experimental Thermal and Fluid Science,2010,34(7):879-892.

[162] 周源,闫晓,王艳林,等. 矩形并联多通道密度波不稳定试验[J]. 核动力工程,2011,32(3):82-86.

[163] LU D, LI H, CHEN B, et al. Experimental study on the density wave oscillation in parallel rectangular channels with narrow gap[J]. Annals of Nuclear Energy,2011,38(10):2146-2155.

[164] HOU D, LIN M, LIU PF, et al. Stability analysis of parallel-channel systems with forced flows under supercritical pressure[J]. Annals of Nuclear Energy,2011,38(11):2386-2396.

[165] XIONG T, YAN X, XIAO ZJ, et al. Experimental study on flow instability in parallel channels with supercritical water[J]. Annals of Nuclear Energy,2012,48:60-67.

[166] 周源,闫晓,王艳林. 加热双通道密度波两相流动不稳定性数值研究[J]. 原子能科学技术,2013,47(4):552-556.

[167] 钱立波,丁书华,秋穗正. 并联矩形通道流动不稳定性模型研究[J]. 核动力工程,2014,35(2):41-46.

[168] QIAN L B, DING S H, QIU S Z. Research on two-phase flow instability in parallel rectangular channels[J]. Annals of Nuclear Energy,2014,65:47-59.

[169] 刘龙炎. 基于RELAP5的多通道自然循环流动不稳定性分析[D]. 哈尔滨:哈尔滨工程大学,2014.

[170] 鲁剑超,钱立波,高颖贤. 非对称工况下并联通道流动不稳定性研究[J]. 核动力工程,2015(6):158-162.

[171] 熊万玉,唐瑜,陈炳德. 基于一维漂移流模型的并联矩形双通道密度波流动不稳定性数值模拟[J]. 原子能科学技术,2015,49(11):1989-1996.

[172] XIA G L, SU G H, PENG M J. Analysis of flow distribution instability in parallel thin rectangular multi-channel system[J]. Nuclear Engineering and Design,2016,305:604-611.

[173] 连强,刘镝,田文喜,等. 基于RELAP5的运动条件下并联双通道两相流动不稳定性研究[C]//第十五届全国反应堆热工流体学术会议暨中核

核反应堆热工水力技术重点实验室学术年会论文集．北京：中国核学会，2017：273-282.

[174] 刘镝，田文喜，秋穗正，等．运动条件下自然循环工况并联通道两相流动不稳定性程序初步开发及验证［C］//第十五届全国反应堆热工流体学术会议暨中核核反应堆热工水力技术重点实验室学术年会论文集．北京：中国核学会，2017：1106-1114.

[175] 鲁晓东，陈炳德，王艳林，等．轴向功率分布对超临界水两相流动不稳定性的影响研究［J］．核动力工程，2017，38(03)：1-6.

[176] YAN B H, LI R, ZHANG X Y. Theoretical analysis of two phase flow instability in parallel channels in ocean motions with drift flux model[J]. Nuclear Engineering and Design, 2018, 326: 97-107.

[177] 马在勇，步珊珊，张卢腾，等．热流密度分布对并联通道密度波流动不稳定影响的估计方法［C］//第十六届全国反应堆热工流体学术会议暨中核核反应堆热工水力技术重点实验室 2019 年学术年会论文集．兰州：中国科学院近代物理研究所，2019：29-39.

[178] 连强，田文喜，秋穗正，等．螺旋管及直管内两相流动不稳定性程序开发及应用研究［C］//第十六届全国反应堆热工流体学术会议暨中核核反应堆热工水力技术重点实验室 2019 年学术年会论文集．兰州：中国科学院近代物理研究所，2019：421-432.

[179] 李宗洋．自然循环并联和棒束通道两相流动不稳定性研究［D］．哈尔滨：哈尔滨工程大学，2019.

[180] WANG X, TIAN W, HUANG S, et al. Theoretical investigation of two-phase flow instability between parallel channels of natural circulation in rolling motion[J]. Nuclear Engineering and Design, 2019, 343: 257-268.

[181] CHENG K, MENG T, TAN S, et al. Experimental study on natural circulation flow instability in parallel boiling channels under low pressure[J]. International Journal of Heat and Mass Transfer, 2019, 132: 1126-1136.

[182] WANG S, YANG B W, MAO H, et al. The influence of non-uniform heating on two-phase flow instability in subchannel[J]. Nuclear Engineering and Design, 2019, 345: 7-14.

[183] 白宇飞，杨星团，张震．不均匀加热与节流对平行通道不稳定性的影响［J］．哈尔滨工业大学学报，2020，52(01)：28-35.

[184] KIM J H, KIM T W, LEE S M, et al. Study on the natural circulation characteristics of the integral type reactor for vertical and inclined conditions[J]. Nuclear Engineering and Design, 2001, 207: 21-31.

[185] MITENKOV F M, POLUNICHEV V I. Small nuclear heat and power co-generation station and water desalination complexes on the basis of marine reactor plants[J]. Nuclear Engineering and Design, 1997, 173: 183-191.

[186] OCHIAI M A. A very small LWR installed in the underground in the city[J]. Progress in Nuclear Energy, 2000, 37(1-4): 259-263.

[187] ISHIDA I, KUSUNOKI T, MURATA H, et al. Thermal-hydraulic behavior of a marine reactor during oscillations[J]. Nuclear Engineering and Design, 1990, 120(2-3): 213-225.

[188] KUSUNOKI T, ODANO N. Design of advanced integral-type marine reactor MRX[J]. Nuclear engineering and Design, 2000, 201: 155-175.

[189] ISHIDA T, YORITSUNE T. Effects of ship motions on natural circulation of deep sea research reactor DRX[J]. Nuclear Engineering and Design, 2002, 215: 51-67.

[190] ISHIDA T, KUSUNOKI T, OCHIAI M, et al. Effect by sea wave on thermal hydraulics of marine reactor system[J]. Journal of Nuclear Science and Technology, 1995, 32(8): 740-751.

[191] MURATA H, IYORI I, KOBAYASHI M. Natural circulation characteristics of a marine reactor in rolling motion[J]. Nuclear Engineering and Design, 1990, 118: 141-154.

[192] MURATA H, SAWADA K, KOBAYASHI M. Experimental investigation of natural convection in a core of a marine reactor in rolling motion[J]. Journal of Nuclear Science and Technology, 2000, 37(6): 509-517.

[193] MURATA H, SAWADA K, KOBAYASHI M. Natural circulation characteristics of a marine reactor in rolling motion and heat transfer in the core[J]. Nuclear Engineering and Design, 2002, 215: 69-85.

[194] 汪胜国. 日本改进型船用堆MRX概念设计综述[J]. 核动力工程, 1995, 16(3): 209-217.

[195] 高璞珍, 庞凤阁, 王兆祥. 核动力装置一回路冷却剂受海洋条件影响的数学模型[J]. 哈尔滨工程大学学报, 1997, 18(1): 24-27.

[196] 谭思超, 高文杰, 高璞珍, 等. 摇摆运动对自然循环两相流动不稳定性的影响[J]. 核动力工程, 2007, 28(5): 42-45.

[197] 苏光辉. 海洋条件对船用核动力堆余热排出系统特性的影响[J]. 原子能科学与技术, 1996, 30(6): 487.

[198] 杨钰, 贾宝山, 俞冀阳. 简谐海洋条件下堆芯冷却剂系统自然循环能力分析[J]. 核科学与工程, 2002, 22(3): 199-203.

[199] 郭赟, 秋穗正, 苏光辉, 等. 摇摆状态下入口段和上升段对两相流动不稳定性的影响[J]. 核动力工程, 2007, 28(6): 58-61.

[200] 郭赟, 等. 船用核动力装置堆芯两相流动不稳定性分析程序研制开发总结报告[R]. 成都: 中国核动力研究设计院, 2005.

[201] 张友佳, 苏光辉, 秋穗正, 等. 横摇条件下九通道系统两相流动不稳定性研究[J]. 原子能科学技术, 2009, 43(10): 886-892.

[202] 钱立波, 田文喜, 秋穗正, 等. 一维冷却剂通道海洋条件附加力模型研究[J]. 核动力工程, 2012, 33(2): 104-109.

[203] LEE S Y, KIM Y L. An analytical investigation of role of expansion tank in semi-closed two-phase natural circulation loop[J]. Nuclear Engineering and Design, 1999, 190(3): 353-360.

[204] KIM J M, LEE S Y. Experimental observation of flow instability in a semi-closed two-phase natural circulation loop[J]. Nuclear Engineering and Design, 2000, 196(3): 359-367.

[205] OZAWA M, NAKANISHI S, ISHIGAI S, et al. Flow instabilitles in boiling channels, Part 1, pressure drop osciliation[J]. Bulletin of JSME, 22(77): 1113-1118, 1979.

[206] YILDIRIM O T, YUNCU H, KAKAO S. The analysis of two-phase flow instabillties in a horizontal single channel[C]//Thermal Sciences 16: Proceeding of 16th Southeastern Seminar. Berlin: Springer, 1982: 761-787.

[207] DOGAN T, KAKAC S, VEZIROGLU T N. Analysis of forced convection boiling flow instahilities in a single-channel up flow system[J]. Int. J. Heat Fiuld Flow, 1983, 4: 145-156.

[208] 彭传新, 陈炳德, 卓文彬, 等. 两相自然循环系统压降震荡两相流动不稳定性起始点研究[J]. 核动力工程, 2017, 38(02): 32-37.

[209] CHENG K, MENG T, TIAN C P, et al. Experimental investigation on flow characteristics of pressure drop oscillations in a closed natural cir-

culation loop[J]. International Journal of Heat and Mass Transfer, 2018, 122: 1162-1171.

[210] JONES A B. Hydrodynamics stability of a boiling channel[R]. Germantown: U. S Atomic Energy Commission, 1961.

[211] SUZUKI A. Studies of thermal-hydraulic flow instability[J]. JSME, 1977, 20: 1291-1298.

[212] YADIGAROGLU G, CHAN K C. Analysis of flow instabilities[M]// BERGLES A E, ISHIGAI S. Two-Phase Flow Dynamics. London: Hemisphere, 1981: 365-377.

[213] 阮养强. 两相流密度波不稳定性分析[D]. 西安: 西安交通大学: 1986.

[214] HE W, EDWARDS R M. Stability analysis of a two-phase test loop[J]. Annals of Nuclear Energy, 2008, 35(3): 525-533.

[215] FURUTERA M. Validity of homogeneous flow model for instability analysis[J]. Nuclear Engineering and Design, 1986, 95: 65-77.

[216] RAMOS E, SEN M, TREVINO C. A steady-state analysis for variable area one- and two-phase thermosyphon loops[J]. International Journal of Heat and Mass Transfer, 1985, 28(9): 1711-1719.

[217] KNAANI A, ZVIRIN Y. Bifurcation phenomena in two-phase natural circulation[J]. International Journal of Multiphase Flow, 1993, 19(6): 1129-1151.

[218] JI S, SHIRAHAMA H, KOSHIZUKA S, et al. Stability analysis of supercritical-pressure light water-cooled reactor in constant pressure operation[C]//Proc. of the Ninth International Conference on Nuclear Engineering(ICONE9), Acropolis France, April 8-12, 2001. Paris: Societe Francaise d'Energie Nucleaire, 2001: 8-12.

[219] 王建军, 姜胜耀, 杨星团. 核耦合自然循环系统密度波不稳定性分析[C]//第十届全国反应堆热工流体力学会议论文集. 北京: 中国核学会核能动力学会, 2007: 368-372.

[220] SHARMA M, PILKHWAL D, VIJAYAN P, et al. Steady state and linear stability analysis of a supercritical water natural circulation loop[J]. Nuclear Engineering and Design, 2010, 240(3): 588-597.

[221] SHARMA M, VIJAYAN P K, PILKHWAL D S, et al. Linear and nonlinear stability analysis of a supercritical natural circulation loop[J]. Journal of Engineering for Gas Turbines and Power, 2010, 132

(10): 102904.

[222] ISHII M, ZUBER N. Thermal induced flow instabilities in two-phase mixtures[C]//4th Int. Heat Transfer Conf. New York: ASME, 1970: 1-12.

[223] AKYUZLU K M, VEZIROGLU T N, DOGAN T, et al. Finite difference andlysis of two-phase flow pressure drop and density wave oscillantions[J]. Wäme-und Stoffübertragung, 1980, 14: 253-267.

[224] 杨瑞昌, 施德强, 鲁钟琪, 等. 并联螺旋蒸发管内汽液两相流动不稳定性的试验研究[J]. 工程热物理学报, 1993, 14(1): 84-87.

[225] 周云龙, 陈听宽, 陈学俊. 高温气冷堆蒸汽发生器两相流不稳定性预报[J]. 核科学与工程, 1994, 14(2): 97-103.

[226] WALLIS G B. One dimensional two-phase flow[M]. New York: McGraw Hill, 1969.

[227] 张文超, 谭思超, 高璞珍, 等. 摇摆条件下自然循环流动不稳定性的混沌特性研究[J]. 原子能科学技术, 2012, 46(6): 705-709.

>>> 第 2 章
低温供热堆热工水力学不稳定性

2.1 概述

低温供热堆本质上是一种纯供热轻水堆，它采用低温、低压参数，输出 100 ℃以下的热水。它区别于高温堆，也不同于中小型核热电站那样既发电又供热。由于该堆参数低，故其特点是技术简单、投资小、建设周期短且安全，供热经济效益较中小型核电站好。

20 世纪 80 年代清华大学自主设计建造的 5 MW 低温供热试验堆[1]，采用一体化布置、全功率自然循环、非能动余热排出等设计方案，具有技术成熟、固有安全性高等诸多特点。在 5 MW 试验堆建成和连续安全运行基础上，清华大学核能与新能源技术研究院于"九五"期间完成了 200 MW 壳式供热堆Ⅰ型(NHR200-Ⅰ)的研发和工程验证试验。NHR200-Ⅱ低温供热堆[2]如图 2-1 所示，反应堆本体总体方案与 5 MW 试验堆相似，采用一体化布置、全功率自然循环、自稳压方案。在反应堆压力容器内布置有反应堆堆芯、主换热器、堆内构件、内置式控制棒驱动机构等。燃料组件位于压力容器下部，主换热器布置在压力容器上部筒体与堆内构件吊篮之间的环形空间内。压力容器上部液面以上有一定气相空间，由水蒸气分压及氮气分

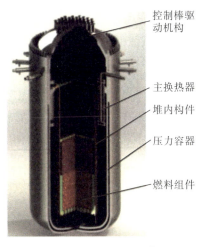

图 2-1 NHR200-Ⅱ堆本体示意图

压构成反应堆冷却剂系统的运行压力。压力容器筒体为双层结构，在内部筒体出现破口的极端情况下，外部二次包容壳体依然能够承受内压所产生的载荷，从而避免堆芯失水事故的发生。

在低温供热堆的热工安全分析设计中，系统关键设备流动通道内的两相流动不稳定性分析至关重要。在所有的两相流动不稳定性中，密度波不稳定性是最重要和最常见的，在自然循环两相流动中也是如此。

在大量的试验研究和理论分析的基础上，密度波不稳定性又被分为两类[3]。

(1)由重力压头变化支配的密度波不稳定性，称为第一类密度波不稳定性（TYPE Ⅰ）。由于低温供热堆在低压下运行并且是自然循环回路，两相密度差较大，在流动波动时，可能较易激发重力压头的较大变化，从而导致自持不稳定现象。

(2)由两相摩擦压降变化支配的密度波不稳定性，称为第二类密度波不稳定性（TYPE Ⅱ）。这种不稳定性常出现在质量含汽率较高的情况下，如沸水堆回路、蒸汽发生器等设备中。

2.2 试验研究

为了能够模拟低温堆的工况，同时为了适应自然循环两相流动不稳定性的试验要求，设计、建造了"自然循环热工水力试验回路"（简称 NC 回路）。整个回路包括一回路、二回路、给水系统、加压稳压系统、高点排汽装置及瞬态参数在线测量系统。

2.2.1 试验装置

1. 一回路系统设计

为了能够模拟低温堆的工况，设计回路时的原始参数都是根据低温堆的参数，经相似原理计算出来的，同时还考虑了以下因素：为了增大自然循环能力，回路中尽量减少局部阻力件，尽量减少水平段，有足够长的"烟囱"段，预热段和试验段的热负荷要满足要求等。

一回路的设计参数如表 2-1 所示，一回路系统示意图如图 2-2 所示，所有材料均为 1Cr18Ni9Ti 不锈钢，整个回路均由石棉保温材料包敷。

第2章 低温供热堆热工水力学不稳定性

表 2-1 一回路的设计参数

序号	项　目	数　值
1	总高度/m	12.0
2	冷热源中心高度差/m	9.5
3	上升段主管尺寸/(mm×mm)	$\Phi 34\times 2.5$
4	下降段主管尺寸/(mm×mm)	$\Phi 40\times 4$
5	冷却器设计冷却能力/kW	250
6	系统流量范围/(kg·s^{-1})	0～5
7	工作段最大加热功率/kW	180
8	预热段最大加热功率/kW	50
9	最大工作压力/MPa	4.0
10	上升段高度/m	7.5
11	下降段高度/m	10.9
12	冷却器一次侧压降/Pa	80

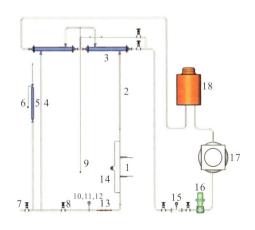

1—试验段；2—上升段；3—冷却器；4—下降段；5—稳压器；6—加压系统；7—工质注入系统；8—阀门；9—高点排气；10—流量测量段；11—三组阀；12—差压变送器；13—预热段；14—差压变送器；15—二次侧涡轮流量计；16—泵；17—储水箱；18—冷却塔。

图 2-2 自然循环水回路系统示意图

在一回路中，冷却器是一个重要设备，它安装在试验回路上部水平段，是上升段与下降段的分界线，也是连接一回路和二回路的设备。该冷却器采用壳管逆流方式布置，材料是 1Cr18Ni9Ti 不锈钢，参数列于表 2-2 中，考虑到实际运行需要，可以投入一台运行，也可以投入两台串联运行。

表 2-2 冷却器设计参数

序号	项 目	规格或数值
1	型式	直壳管式
2	流动方式	逆流
3	数量/台	2
4	连接方式	串联
5	布管方式	正三角形
6	有效换热长度/m	1.95
7	设计换热长度/m	2.0
8	壳管尺寸/(mm×mm)	$\Phi 160 \times 4.5$
9	换热管尺寸/(mm×mm)	$\Phi 12 \times 1$
10	一次侧进/出口温度/℃	250/60
11	二次侧进/出口温度/℃	30/50
12	一次侧流量/(kg·s^{-1})	0～5.0
13	二次侧流量/(kg·s^{-1})	0～10.0
14	总换热功率/kW	250
15	一次侧流动压降/Pa	80.0
16	换热管根数	47
17	折流板数	2
18	折流板形式	大半圆形
19	折流板间距/mm	626.0
20	加工方式	氩弧焊
21	封头长度/mm	100.0
22	管板厚度/mm	15.0
23	端板厚度/mm	10.0

试验段采用 $\Phi 16\ mm \times 2\ mm$ 的 1Cr18Ni9Ti 不锈钢管，总长 3000 mm，其中电加热部分 670 mm，在试验段的轴线方向上布置了 11 根 $\Phi 0.2\ mm$ 的 NiCr-NiSi 表面式热电偶、2 支 $\Phi 1\ mm$ 的 NiCr-NiSi 铠装热电偶分别插入试验

段进、出口处的测温套管内。同时在进、出口位置设有引压管和取压孔，用于测量试验段的压差和进、出口压力，试验段采用直接通电加热方式。试验段的法兰与回路联接处，使用了绝缘套管和绝缘垫片。试验段的结构如图2-3所示。图中 T_{w1} 至 T_{w11} 为壁面测点温度。

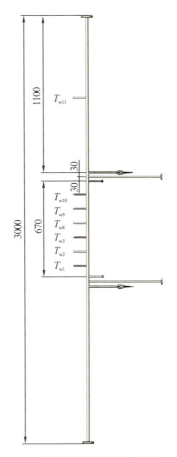

图2-3 试验段结构示意图(单位：mm)

2. 二回路系统设计

二回路是冷却回路，原有的开式循环回路无法克服供水紧张的困难。因此又重新建造了一个闭式循环冷却回路，它由冷却塔、储水箱、回水低位水箱、回水泵、两台并联冷却水循环泵及相应的管线组成。

3. 瞬态参数测量系统

试验涉及温度、压力、压差、电流、电压、流量等参数的测量，各参数测量方法如下。

1) 温度的测量

温度分布在自然循环的研究中至关重要，温度测量包括工质温度的测量、管壁温度的测量及环境温度的测量。工质温度的测量使用安装在套管内的 $\Phi 1$ mm 的铠装 NiCr-NiSi 热电偶，1Cr18Ni9Ti 不锈钢套管顶部的热电偶安装在试验段轴线位置。管壁温度的测量采用 $\Phi 0.2$ mm 的热偶丝，用电容冲击焊机点焊在管壁上。环境温度的测量使用 $\Phi 1$ mm 的 NiCr-NiSi 铠装热电偶。在试验中共测量了试验段进口和出口的工质温度及 11 个试验段壁温，所有热电偶均使用 HP 热电偶自动标定仪进行标定。

2) 流量的测量

试验中需要测量的流量有：一回路自然循环的流量和二回路冷却水的流量。一回路自然循环的流量是试验中的主要参数之一，但测量自然循环的流量比较困难，一是因为自然循环流量较小，属小流量测量；二是因为自然循环流量是瞬态变化的。为了提高测量精度，自行设计制造并安装了用于小流量的非标准孔板，二次侧仪表采用动态响应时间为 0.1 s 的日产 KDI-1122EDR 电容式差压变送器。

孔板流量计安装在下降段之后、预热段之前的水平段，通过孔板的工质为单相蒸馏水，压力的变化量与压力的比值较小，可忽略压力变化影响，只考虑温度变化引起的流量变化，校正系数 ξ 可由下式求得：

$$\xi = \sqrt{\frac{\rho_s}{\rho_b}} \qquad (2-1)$$

式中，ρ_s 为实际条件下即当地进口温度下的工质密度，$kg \cdot m^{-3}$；ρ_b 为标定条件下（即 20 ℃）的工质密度，$kg \cdot m^{-3}$。于是实际流量值为

$$W_s = \xi \cdot W_b \qquad (2-2)$$

式中，W_b 为在标定曲线上得到的流量值。

3) 压力及压差的测量

在试验段进、出口安装 CY-B 型标准信号压力传感器来测量试验段进、出口的压力，传感器的精度为 0.25 级，另外，在下降段的下部装有一只精度为 0.4 级的标准压力表，来直观地反映系统压力。

试验段压差的测量是在试验段的进、出口分别安装垂直取压孔引入 1151DR 变送器，其输出电流经 $250\ \Omega \pm 0.5\%$ 的标准电阻变换为电压信号，一路输入到函数记录仪，一路输入到数据采集系统。所有测点在回路中的布置如图 2-4 所示。

第2章 低温供热堆热工水力学不稳定性

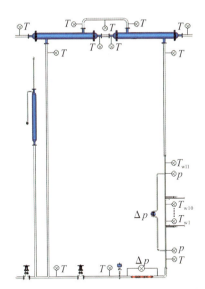

图 2-4 自然循环试验系统测点布置总图

4) 加热功率的测量

预热段和试验段都采用低电压、大电流均匀电加热方式,分别测出电流、电压后计算得出功率的测量值。预热段和试验段的电流都是由电流互感器将数千安培的电流转化为 5 A 以下的电流输入电流表中(精度 0.2 级),电压是用电压表(精度 0.2 级)测得的,由电压与电流计算出的是毛功率。在试验过程中,预热段与试验段虽有隔热层与外界隔热,但是仍有一定的热损失,这一损失可由热效率反映出来。热效率由热平衡试验得出(对每一工况都进行了热平衡试验),按下式计算:

$$\eta = \frac{W(h_{out} - h_{in})}{P} \qquad (2-3)$$

式中,η 为热效率;W 为质量流量,kg·s^{-1};h_{out} 为试验段或预热段的出口比焓,由压力与温度决定,kJ·kg^{-1};h_{in} 为试验段或预热段的进口比焓,kJ·kg^{-1};P 为加热毛功率,$P = U \cdot I$,kW(U 为电压,kV;I 为电流,A)。一般热效率在 95% 左右。

5) 数据采集系统

数据采集系统由两块进口 IMP-3595C 测量模块和 MS-1215 采集板及 IBM 286 处理器组成,其中采集板安装在计算机中,每个测量模块有 20 个通道,采集精度为 0.02%,信号进入计算机后可以对其进行常规的采集、显示、记录和预处理,只需运行采集程序即可。

核动力系统的流动不稳定性

6) 脉动曲线的记录

试验过程中记录了6个变量的实时曲线，分别对自然循环流量，试验段压差，试验段进、出口压力，进口工质温度及特定点壁温的实时脉动曲线进行了记录，利用实时脉动曲线可以研究脉动量的振幅、周期、相位等。

4. 其他辅助系统

1) 给水系统

给水系统为一回路提供必需的工质——蒸馏水，由贮藏箱、给水泵、阀门和管线组成。

2) 加压稳压系统

加压稳压系统为一回路加压，使之达到预定压力范围。在试验过程中起稳压器的作用，由氮气瓶、稳压器和阀门等组成。

3) 高点排气系统

高点排气系统用于排出管道中的空气及工质中的不凝性气体，由阀门和管线等组成。

4) 电加热系统

电加热系统分为预热段电加热系统和试验段电加热系统，由变压器、铝排和铜板等组成。

5. 一回路的流程

自然循环与强迫循环不同，它不是以外界动力源作为驱动压头，而是以热段(试验段)与冷段(下降段)之间的密度差所产生的重位压降差为驱动力维持循环流动。

主回路的工质使用去离子蒸馏水，由加压系统加压，使回路建立起预定的压力；试验段通电后，其中的工质被加热，温度升高、密度变小，从而产生了浮升力，浮升力驱动工质向上流动，经上升段进入冷却器，在冷却器中被冷却；被冷却后的工质密度变大，工质因而向下流动，经下降段进入预热段，经预热段的加热达到一定的过冷度后进入试验段，完成一个自然循环。

2.2.2 试验参数范围

5 MW低温供热堆在压水微沸腾运行时，主回路系统是低压低含汽率两相自然循环流动，自然循环能力较强，但可能出现两相密度波振荡。因此，在试验时，试验中热工参数范围要能包含低温堆的工况参数，表2-3给出了5 MW和200 MW核供热堆额定功率下主要热工参数。

第2章 低温供热堆热工水力学不稳定性

表 2-3 5 MW 和 200 MW 核供热堆压水微沸腾工况下主要热工参数

参数名称	单位	数值	
反应堆热功率	MW	5	200
主回路压力	MPa	1.47	2.5
堆芯流量	kg·s^{-1}	75.3	650.5
堆进口水温	℃	186.2	140
堆出口水温	℃	198	210
堆芯出口含汽率		0.007	0.007
烟囱出口含汽率		0.008	0.008
堆芯进口过冷度	℃	11.8	84
堆芯进口阻力系数		25	16

为了能模拟低温堆的工况,试验段的结构在几何上尽可能模拟低温堆的流道。若将一个燃料元件盒作为一个流道,经计算这一流道的当量直径 $D = 12.33$ mm,加热段长度 0.69 m,因此,试验段的内径取 12 mm,由几何相似知,试验段的加热段长度 0.67 m。为了模拟流动情况,流动相似需满足雷诺数相等原则。经计算,堆芯进口处雷诺数 Re 为 4745,对应试验段进口流速为 0.502 m·s^{-1},质量流速为 442.1 kg·m^{-2}·s^{-1}。

在自然循环中,重位压降尤为重要,因此要考虑弗劳德(Froude)数 Fr 相等的原则。经计算,堆芯进口弗劳德数 $Fr = 0.053$,则试验段进口流速为 0.59 m·s^{-1},质量流速为 519.53 kg·m^{-2}·s^{-1}。根据上述原则,试验段进口流速为 0.59 m·s^{-1} 且质量流速为 519.53 kg·m^{-2}·s^{-1},就能模拟低温堆的流动工况。

试验工况具体参数如表 2-4 所示,包含了低温堆的工况。

表 2-4 试验参数范围

序号	项目	数值范围
1	系统压力/MPa	0.2~2
2	进口过冷度/℃	5~40
3	流量/(kg·s^{-1})	0~0.4
4	质量流速/(kg·m^{-2}·s^{-1})	0~3538
5	加热功率/kW	2~30

2.2.3 试验步骤

在一定的工况下,采用步进式加热的方法,具体步骤如下:

(1)通过给水系统将一回路充满蒸馏水,在充水的过程中排尽系统的残余气体,这一步骤要重复充水 3~4 次才能完成。

(2)通过给系统加压,使系统达到预定的压力,同时使稳压器中的水位保持适中。

(3)启动冷却系统,即启动二回路。

(4)打开各个测量仪表的电源,同时开启数采系统,使其处于监控状态。

(5)调整差压变送器的零点。

(6)投入试验段的加热系统,加热试验段,使回路建立起稳定的自然循环,在运行的过程中,不断地排气,这样运行约 1~2 h,确保回路中的气体及工质中的不凝性气体全部排出。

(7)投入预热段的电加热系统,使试验段的进口温度在预定值内,即保证一定的过冷度。

(8)在回路达到预定工况后逐渐增加试验段的功率,由于增加功率就是给回路一个扰动,因此每次增加的功率必须是个小量,约 0.1~0.5 kW。增加一次功率后,应达到平衡后才能再增加功率,每次的平衡时间一般为 1~2 h,由于达到平衡所需的时间很长,完成一个工况一般需要十几个小时。

(9)达到平衡后,进行一次稳态采集。

(10)当系统在增加小量热功率后,不能平衡到某一稳态,而是发生流量、压差等参数的自维持振荡,说明系统已出现了不稳定现象,随即采集瞬态试验数据,同时开启函数记录仪,记录自然循环流量,试验段压差,试验段进、出口压力,试验段进口工质温度,特定点(9 号)壁温脉动的实时曲线。发生脉动前最后记录的稳态值即为两相自然循环流动从稳定工况向不稳定工况转变的临界热工参数值,或称极限热工参数值。

(11)记录、采集完成后,断开加热系统,关闭所有仪表,关闭二回路,一次试验结束。

2.2.4 自然循环瞬态试验结果

密度波型脉动是两相流动设备中常见的一种两相流动不稳定现象,它发生在水动力静态特性曲线的正斜率段。在试验中,给定某一工况参数,当热负荷达到某一水平时,工质达到饱和,微沸腾产生了少许蒸汽,此时系统仍运行在稳定状态,但系统对外界微小扰动(如热负荷的扰动)非常敏感。如果

第2章 低温供热堆热工水力学不稳定性

此时给系统施加一个小的热负荷扰动,便会引起试验段进口流量、压差、工质及管壁温度、进口压力、出口压力等参数的自持脉动。脉动起始前系统所能维持的稳定流动的转折点称为极限状态或临界状态,这一状态所对应的参数称为极限参数或临界参数。因此,这一状态所对应的热负荷为极限热负荷或临界热负荷。系统一旦超越极限状态就会发生自持脉动。

试验得到了大量流动不稳定性的数据。图 2-5 是其中一部分典型脉动曲线。从试验中我们发现,脉动的周期较小,一般为 2~40 s,脉动的形状规则,振幅基本相同。在密度波型脉动发生的时候,流量和压差的脉动是很大的,有些工况流量脉动达到最小值时为负值,说明此时出现了倒流。流量和

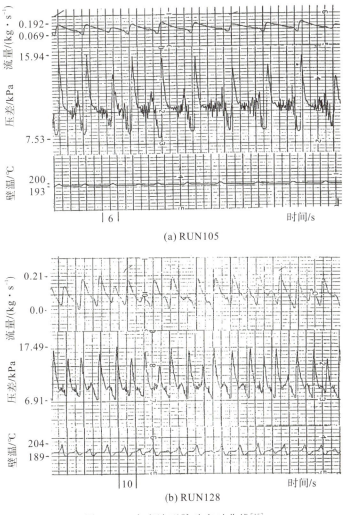

图 2-5 密度波型脉动实时曲线[15]

核动力系统的流动不稳定性

压差的脉动基本上是同相位的，由于流量发生了脉动，管壁的温度也发生一定的波动，特定点壁温脉动和流量相位相反，壁温脉动的振幅一般小于 15 ℃，但试验段出口的壁温脉动振幅较大，高达 40~50 ℃。试验段进、出口压力的脉动及工质温度的脉动与流量脉动也成反相，压力脉动振幅最大达 0.5 MPa，工质温度脉动幅值一般在 3~5 ℃ 范围内。

试验中所出现的倒流现象可作如下解释：当上升段内的汽泡足够多时，汽泡随主流流至冷却器，而冷却器又不能够将主流冷却为单相流体时，汽泡就进入了下降段。此时，正向驱动力减小，流量减小。当下降段内的汽泡形成的反向驱动大于正向驱动力时，就发生了倒流。一般发生倒流时，反向流量峰值的绝对值小于正向流动流量峰值的绝对值。显而易见，正向流动，流量达最大时，上升段内的空泡份额大于反向流动且流量达最大时的下降段内的空泡份额，因此，正向流动流量达最大时的驱动力大于反向流动流量绝对值最大时的驱动力。

试验中发现，系统压力对自然循环两相流密度波型脉动有一定的影响。压力 p 增加，极限加热功率 Q 也增加，系统压力升高有助于系统的稳定性。一方面，因为压力升高，气液两相的密度差减小，在相同的条件下，增加相同的热负荷，在较高压力下引起的重位压差扰动小于低压下引起的扰动，系统不足以产生持续的流量脉动，从而系统趋于稳定。另一方面，系统压力升高，脉动的振幅减小，但对周期没有明显的影响。

进口过冷度对两相自然循环密度波不稳定性有较大的影响，且进口过冷度的影响比较复杂，出现了非单值性。进口过冷度的影响表现为两个方面：一方面，进口过冷度增大，试验段中单相区的长度必然增加，单相区液体具有较好的稳定性，此时相当于增加了进口阻力，从而增强了系统的稳定性。若这一影响占主导地位，则进口过冷度的影响将是单值的。另一方面，进口过冷度增加，试验段内的平均含汽量下降，汽泡形成周期增大，蒸发时间增长，这又有助于脉动的发生。若这一方面的影响占主导地位，则进口过冷度的增大使系统的稳定性减弱。上述两方面叠加，形成了进口过冷度非单值性的影响。一般地，在某一极限值内增加进口过冷度会降低系统的稳定性，超过此极限值继续增大进口过冷度，系统的稳定性反而增加。

图 2-6 表示了质量流速对密度波不稳定性的影响规律。由图可知，质量流速 G 增加，则达到流动不稳定所需的加热功率 Q（即极限热负荷）增大，因而系统的稳定性增加。因为质量流速增加，汽泡不易聚积，对试验段管壁的冷却作用加强。图 2-6 中，p 为余流压力，ΔT_{sub} 为进口过冷度。

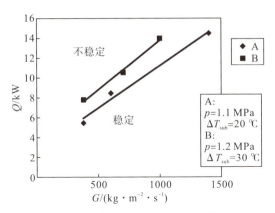

图 2-6 质量流速对稳定性的影响

上述各因素对系统稳定性影响的分析是在固定其他参数不变的前提下进行的。若其他参数也在改变,分析起来就存在一定的困难。为此,使用包含各个影响因素的无量纲量以给出一个综合各因素的稳定边界是非常困难的,我们采用的是目前广泛使用的相变数 N_{pch} 和过冷度数 N_{sub}。相变数 N_{pch} 表示单位质量流量的功率输入(Q/W),同时也考虑了压力对物性的影响,定义:

$$N_{pch} = \frac{Q}{W} \cdot \frac{v_{fg}}{v_f h_{fg}} \tag{2-4}$$

式中,W 为质量流量,$kg \cdot s^{-1}$;Q 为功率输入,kW;$v_{fg} = v_g - v_f$;v_g 为气相比容,$m^3 \cdot kg^{-1}$;v_f 为液相比容,$m^3 \cdot kg^{-1}$;$h_{fg} = h_g - h_f$;h_g 为气相的饱和比焓,$kJ \cdot kg^{-1}$;h_f 为液相的饱和比焓,$kJ \cdot kg^{-1}$。

过冷度数 N_{sub} 表示单位质量流体的进口焓与饱和焓的差,同时也考虑了压力对物性的影响,定义:

$$N_{sub} = (h_f - h_i) \frac{v_{fg}}{h_{fg} v_f} \tag{2-5}$$

式中,h_i 为进口比焓,$kJ \cdot kg^{-1}$;其余符号含义同式(2-4)。

由图 2-7 可见,在一定参数范围内,N_{sub} 一般与 N_{pch} 成正比。当 $N_{pch} > N_{sub}$ 时,说明通道内有净蒸汽产生,$N_{pch} - N_{sub}$ 越大,系统内汽泡产生越多,系统越不稳定。

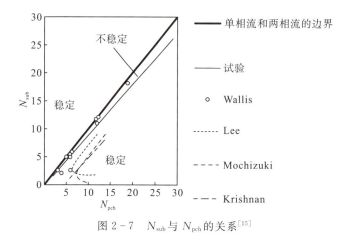

图 2-7 N_{sub} 与 N_{pch} 的关系[15]

2.3 稳定性判别准则的理论分析

将如图 2-8 所示的加热通道划分为两个控制容积，下面的代表单相区域，上面的代表两相区域，随工况的变化，单相区及两相区的界面是变化的，因此，这两个控制容积的长度是变化的。图 2-8 中，Q 为加热通道的热负荷；K_{in} 和 K_{out} 分别为进口和出口的热导率；W_{in} 和 W_{out} 分别为进口和出口的质量流量；Z_{sp} 和 Z_{tp} 分别为单相区和两相区控制容积的长度；Z 为整个加热通道的长度；h_{sp} 为单相比焓；h_{sat} 为饱和状态比焓；h_{in} 为进口比焓。

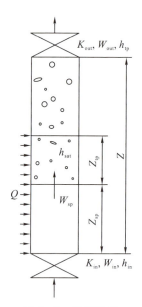

假设：

(1) 忽略过冷沸腾；

(2) 通道受均匀恒热流密度的加热；

(3) 将单相区的摩擦压降集中在通道进口，将两相区的摩擦压降集中在通道出口；

(4) 两相流模型采用均相流；

(5) 单相区的温度线性分布。

单相区的质量、能量守恒方程分别为

$$A\rho_s \frac{dZ_{sp}}{dt} = W_{in} - W_{sp} \tag{2-6}$$

图 2-8 沸腾通道

第2章 低温供热堆热工水力学不稳定性

$$A\rho_s \frac{d}{dt}(Z_{sp}h_{sp}) = W_{in}h_{in} - W_{sp}h_{sat} + Q\frac{Z_{sp}}{Z} \quad (2-7)$$

两相区的质量、能量守恒方程分别为

$$A\frac{d}{dt}(\rho_{tp}Z_{tp}) = W_{sp} - W_{out} \quad (2-8)$$

$$A\frac{d}{dt}(\rho_{tp}Z_{tp}h_{tp}) = W_{sp}h_{sat} - W_{out}h_{tp} + Q\frac{Z_{tp}}{Z} \quad (2-9)$$

在自然循环中,重力的作用不能忽略,动量方程可写为

$$(K_{in}-2)v_s W_{in}^2 + (K_{out}+2)v_{tp}^2 W_{out}^2 + 2\bar{\rho}gZA^2 = 2A^2\Delta P \quad (2-10)$$

当系统压力不变时,比焓和密度满足下列关系[4]:

$$\rho = \left[v_s + \left(\frac{h-h_{sat}}{h_{fg}}\right)v_{fg}\right]^{-1}, \quad h > h_{sat} \quad (2-11)$$

$$\rho = \rho_s, \quad h < h_{sat} \quad (2-12)$$

引入以下参量用以无量纲化:

$$Z_d = Z \quad (2-13)$$

$$t_d = \frac{\rho_s ZA}{W_0} \quad (2-14)$$

$$W_d = W_0 \quad (2-15)$$

$$H_d = \frac{Q}{W_0} \quad (2-16)$$

对式(2-6)进行无量纲化得

$$A\rho_s \frac{dZ_{sp}}{dt} = A\rho_s \frac{dZ_{sp}}{d(t/t_d)} \cdot \frac{1}{t_d} = W_0 \frac{d\overline{Z}_{tp}}{d\bar{t}} = W_{in} - W_{sp} \quad (2-17)$$

$$\frac{d\overline{Z}_{sp}}{d\bar{t}} = \overline{W}_{in} - \overline{W}_{sp} \quad (2-18)$$

同样,对式(2-7)和式(2-10)进行无量纲化得

$$\frac{d}{d\bar{t}}(\overline{Z}_{sp}\bar{h}_{sp}) = \overline{W}_{in}\bar{h}_{in} - \overline{W}_{sp}\bar{h}_{sat} + \overline{Q}\,\overline{Z}_{sp} \quad (2-19)$$

$$\frac{d}{d\bar{t}}(\bar{\rho}_{tp}\overline{Z}_{tp}) = \overline{W}_{sp} - \overline{W}_{out} \quad (2-20)$$

$$\frac{d}{d\bar{t}}(\bar{\rho}_{tp}\overline{Z}_{tp}\bar{h}_{tp}) = \overline{W}_{sp}\bar{h}_{sat} - \overline{W}_{out}\bar{h}_{tp} + \overline{Q}\,\overline{Z}_{tp} \quad (2-21)$$

为了书写方便,将式(2-18)到式(2-21)中变量头部的"—"省去,即

$$\frac{dZ_{sp}}{dt} = W_{in} - W_{sp} \quad (2-22)$$

$$\frac{\mathrm{d}}{\mathrm{d}t}(Z_{sp}h_{sp}) = W_{in}h_{in} - W_{sp}h_{sat} + QZ_{sp} \quad (2-23)$$

$$\frac{\mathrm{d}}{\mathrm{d}t}(\rho_{tp}Z_{tp}) = W_{sp} - W_{out} \quad (2-24)$$

$$\frac{\mathrm{d}}{\mathrm{d}t}(\rho_{tp}Z_{tp}h_{tp}) = W_{sp}h_{sat} - W_{out}h_{tp} + QZ_{tp} \quad (2-25)$$

消去 W_{sp}，得

$$\frac{\mathrm{d}Z_{sp}}{\mathrm{d}t} + \frac{\mathrm{d}}{\mathrm{d}t}(\rho_{tp}Z_{tp}) = W_{in} - W_{out} \quad (2-26)$$

$$\frac{\mathrm{d}}{\mathrm{d}t}(Z_{sp}h_{sp}) + \frac{\mathrm{d}}{\mathrm{d}t}(\rho_{tp}Z_{tp}h_{tp}) = W_{in}h_{in} - W_{out}h_{tp} + Q(Z_{sp} + Z_{tp}) \quad (2-27)$$

$$h_{sat}\frac{\mathrm{d}Z_{sp}}{\mathrm{d}t} - \frac{\mathrm{d}}{\mathrm{d}t}(Z_{sp}h_{sp}) = W_{in}h_{sat} - W_{in}h_{in} - QZ_{sp} \quad (2-28)$$

消去 W_{out}，得

$$\left[\frac{1}{2}(h_{sat} + h_{in}) - h_{tp}\right]\frac{\mathrm{d}Z_{sp}}{\mathrm{d}t} + \rho_{tp}Z_{tp}\frac{\mathrm{d}h_{tp}}{\mathrm{d}t} = W_{in}(h_{in} - h_{tp}) + Q \quad (2-29)$$

$$\left[h_{sat} - \frac{1}{2}(h_{sat} + h_{in})\right]\frac{\mathrm{d}Z_{sp}}{\mathrm{d}t} = W_{in}(h_{sat} - h_{in}) - QZ_{sp} \quad (2-30)$$

对式(2-28)和式(2-10)进行微扰动，得

$$\frac{\mathrm{d}}{\mathrm{d}t}\delta Z_{sp} + \rho_{tp,0}\frac{\mathrm{d}}{\mathrm{d}t}\delta Z_{tp} + Z_{tp,0}\frac{\mathrm{d}}{\mathrm{d}t}\delta\rho_{tp} = \delta W_{in} - \delta W_{out} \quad (2-31)$$

$$\frac{1}{v_{tp,0}}\frac{K_{in} - 2}{K_{out} + 2}\delta W_{in} + \frac{W_{out,0}}{2v_{tp,0}}\delta v_{tp} + \delta W_{out} + \frac{gZA^2\delta v_{tp}}{2v_s^2 v_{tp,0}^2 W_{in}^2(K_{out} + 2)} = 0 \quad (2-32)$$

合并式(2-31)和式(2-32)，得

$$(1 - \rho_{tp,0})\frac{\mathrm{d}}{\mathrm{d}t}\delta Z_{sp} + Z_{tp,0}\frac{\mathrm{d}}{\mathrm{d}t}\delta\rho_{tp} = \delta\Omega_{in}\left[1 - \frac{1}{v_{tp,0}}\frac{K_{in} - 2}{K_{out} + 2}\right] + \frac{W_{out,0}}{2v_{tp,0}}\delta V_{tp} + \frac{gLA^2\delta v_{tp}}{2v_s^2 v_{tp,0}^2 W_{in,0}(K_{out} + 2)} \quad (2-33)$$

引入以下无量纲量：

①相变数，见式(2-4)；

②过冷度数，见式(2-5)；

③摩擦参数：

$$\tau = \frac{2(K_{in} + K_{out})}{K_{out} + 2} \quad (2-34)$$

④弗劳德数：

$$Fr = \frac{u^2}{gL} \quad (2-35)$$

式(2-33)化为

$$(N_{pch} - N_{sub})\frac{d}{dt}\delta Z_{sp} - \frac{N_{pch} - N_{sub}}{1 + N_{pch} - N_{sub}}\frac{d}{dt}\delta h_{tp} = \left(N_{pch} - N_{sub} + \frac{1}{2}\tau\right)\delta W_{in} + \frac{N_{pch}}{2}\delta h_{tp} + \frac{N_{pch}\delta h_{tp}}{2(1 + N_{pch} - N_{sub})Fr(K_{out} + 2)} \quad (2-36)$$

由式(2-31)得

$$\left(-N_{pch} + \frac{1}{2}N_{sub}\right)\frac{d}{dt}\delta Z_{sp} + \frac{N_{pch} - N_{sub}}{1 + N_{pch} - N_{sub}}\frac{d}{dt}\delta h_{tp} = -N_{pch}\delta h_{tp} - N_{pch}\delta W_{in} \quad (2-37)$$

由式(2-32)得

$$\frac{1}{2}N_{sub}\frac{d}{dt}\delta Z_{sp} = -N_{pch}\delta Z_{sp} + N_{sub}\delta W_{in} \quad (2-38)$$

$$\frac{d}{dt}\delta Z_{sp} = \frac{4}{\tau}\left[\frac{N_{pch}}{2} - \frac{N_{pch}}{2(1 + N_{pch} - N_{sub})Fr(K_{out} + 2)}\right]\delta h_{tp} + \left(\frac{4N_{pch}}{\tau} - 2\frac{N_{pch}}{N_{sub}}\right)\delta Z_{sp} \quad (2-39)$$

$$\frac{d}{dt}\delta h_{tp} = \frac{N_{pch}(1 + N_{pch} - N_{sub})}{N_{pch} - N_{sub}}\left[\frac{2}{\tau} - \frac{2}{\tau(1 + N_{pch} - N_{sub})Fr(K_{out} + 2)}\right]\delta h_{tp} + \frac{N_{pch}(1 + N_{pch} - N_{sub})}{N_{pch} - N_{sub}}\left[\frac{2(N_{pch} - N_{sub})}{\tau} - \frac{2(N_{pch} - N_{sub})}{N_{sub}} - 1\right]\delta Z_{tp} \quad (2-40)$$

式(2-39)和式(2-40)的解的一般形式为

$$X = X_0 \exp(\lambda t) \quad (2-41)$$

式(2-41)可转化为

$$(\lambda \boldsymbol{I} - \boldsymbol{A})\boldsymbol{X} = \boldsymbol{O} \quad (2-42)$$

式(2-42)中，$\boldsymbol{I}$ 为单位矩阵。

$$\boldsymbol{X} = \begin{bmatrix} \delta Z_{sp} \\ \delta h_{tp} \end{bmatrix} \quad (2-43)$$

$$\boldsymbol{A} = \begin{bmatrix} A_{11} & A_{12} \\ A_{21} & A_{22} \end{bmatrix} \quad (2-44)$$

式中：

$$A_{11} = -2\frac{N_{pch}}{N_{sub}} + 4\frac{N_{pch}}{\tau} \quad (2-45)$$

$$A_{12} = \frac{4}{\tau}\left[\frac{N_{pch}}{2} - \frac{N_{pch}}{2(1+N_{pch}-N_{sub})Fr(K_{out}+2)}\right] \quad (2-46)$$

$$A_{21} = \frac{N_{pch}(1+N_{pch}-N_{sub})}{N_{pch}-N_{sub}}\left[\frac{2(N_{pch}-N_{sub})}{\tau} - \frac{2(N_{pch}-N_{sub})}{N_{sub}} - 1\right] \quad (2-47)$$

$$A_{22} = \frac{N_{pch}(1+N_{pch}-N_{sub})}{N_{pch}-N_{sub}}\left[\frac{2}{\tau} - \frac{2}{\tau(1+N_{pch}-N_{sub})Fr(K_{out}+2)}\right] \quad (2-48)$$

式(2-42)的特征方程为

$$B\lambda^2 + C\lambda + D = 0 \quad (2-49)$$

式中：

$$B = \frac{N_{pch}-N_{sub}}{1+N_{pch}-N_{sub}} \quad (2-50)$$

$$C = \frac{2N_{pch}}{1+N_{pch}-N_{sub}}\left\{\frac{1}{\tau}\left[\frac{1}{Fr(K_{out}+2)} - (1+N_{pch}-N_{sub})\right] - \left(\frac{2}{\tau}-\frac{1}{N_{sub}}\right)(N_{pch}-N_{sub})\right\} \quad (2-51)$$

$$D = \frac{4N_{pch}^2}{\tau}\left[1 - \frac{1}{(1+N_{pch}-N_{sub})Fr(K_{out}+2)}\right] \cdot \left[\frac{2}{\tau}+\frac{1}{2}+(N_{pch}-N_{sub})\left(\frac{1}{N_{sub}}-\frac{1}{\tau}\right)\right] \quad (2-52)$$

因为 $B>0$，由文献[5]可知，密度波不稳定性发生的条件是 $C>0$ 且 $D<0$，即

$$\left[1-\frac{1}{(1+N_{pch}-N_{sub})Fr(K_{out}+2)}\right] \cdot \left[\frac{2}{\tau}+\frac{1}{2}+(N_{pch}-N_{sub})\left(\frac{1}{N_{sub}}-\frac{1}{\tau}\right)\right] < 0 \quad (2-53)$$

$$\frac{1}{Fr(K_{out}+2)} - (N_{pch}-N_{sub})\left(3-\frac{\tau}{N_{sub}}\right) - 1 > 0 \quad (2-54)$$

时，发生密度波不稳定性。式(2-53)与式(2-54)即为自然循环两相流动发生密度波不稳定性的判别准则式。

由本试验得到的发生密度波不稳定性的界限曲线分别绘于图2-9(a)至(c)中，由式(2-53)与式(2-54)计算得到的发生密度波不稳定性的界限曲线也绘于图2-9中。由图可知，准则式的预测值与试验值符合得很好。图2-9(d)还给出了式(2-53)及式(2-54)(计算值)与文献[6](试验值)的对比，由此可见，二者符合良好，说明建立的准则式是合理可靠的。

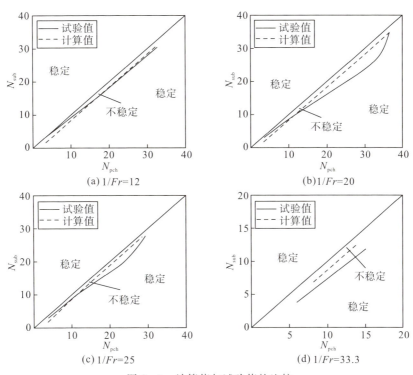

图 2-9 计算值与试验值的比较

此外,还得到了另外两个准则式:

(1) 根据自然循环的特点,氟劳德数 Fr 的影响不能忽略,Fr 主要反映重力的影响,在针对强迫循环的 Ishii 公式[7]的基础上,经多元回归,得到:

$$N_{pch} - N_{sub} \leqslant \frac{2[K_{in} + f/2D^* + K_{out}]}{[1 + 0.5(f/2D^* + 2K_{out})]} + \tag{2-55}$$
$$0.01974 - 11.4789Fr + 30.6064Fr^2 - 24.867Fr^3$$

式中,K_{in}、K_{out} 为试验段进、出口的阻力系数;f 为两相混合物的摩擦系数;$D^* = \frac{D}{L}$,D、L 分别为试验段管径与管长,m。

(2) 任何热工水力系统的动态特性受着许多参数控制,流体的动态行为由系统的基本守恒方程组(质量、动量、能量方程)、流体结构方程及边界条件决定。边界条件包括热力边界条件(加热流道进出口热力特性、壁面加热热流密度及与外界的传热特性)、压力边界条件(即系统压力),以及水动力边界条件(即流体流动的驱动压头)。就单根沸腾流道系统来说,描述沸腾通道动态行为的参数间的函数关系为

$$Q = f(p, D, z, G, \Delta T_{\text{sub}}) \qquad (2-56)$$

式中，z 表示流道坐标长度；G 为质量流速；ΔT_{sub} 表示流道进口过冷度；p 为系统压力；D 为流道直径。

在强制循环流动中，流道质量流速主要受外加泵的驱动压头控制，因此，质量流速是个独立变量，可以在流道中调节。在自然循环流动中，由于是靠回路下部的热源和回路上部的冷源之间的温度差引起的密度差而产生的压头驱动流体循环，循环流量由驱动压头与整个回路的局部阻力、沿程摩擦阻力的平衡求得，它必须由动量方程和能量方程耦合求解，因此质量流速不再是独立的变量。在自然循环两相流动不稳定性研究中，当讨论系统压力、进口过冷度、热负荷等参数对脉动影响的时候，应该考虑自然循环质量流速与它们耦合的因素。

对气液两相混合物的非稳态一维均相流动模型的基本守恒方程进行无量纲化分析，并定义无因次量进行无因次化。用最小二乘法原理，经过多元线性回归程序对试验数据的拟合，得到了确定极限状态下各热工参数之间函数关系的系统极限状态方程式：

$$\frac{Q}{\rho_{\text{f}} v_0 h_{\text{fg}}} = 0.002269 \left(\frac{\Delta p}{\rho_{\text{f}} g L}\right)^{-0.3195} \left(\frac{\Delta h_{\text{in}}}{h_{\text{fg}}}\right)^{0.6804} \left(\frac{\rho_{\text{g}}}{\rho_{\text{f}}}\right)^{0.0649} \qquad (2-57)$$

2.4 低温供热堆自然循环两相流动不稳定性时域分析

如前所述，理论分析中常用的方法有两类，即时域分析法和频域分析法。本研究利用时域方法对低温供热堆系统自然循环两相流动不稳定性进行分析研究，首先建立相应的数学物理模型。

2.4.1 两相流体的基本热工水力微分方程

在两相流动中，由于存在着相间的质量、动量和能量的交换，因此，方程的形式要比单相流动复杂得多。流体进行两相流动时，同一通道截面上既有液体又有气体，这就使问题变得复杂化。在两相流中，不仅常见的物性参数(如密度、黏度等)的数目增加了一倍，而且还加入了一些同相变有关的物性参数(如表面张力、潜热、含汽率等)。首先，每附加一个物性参数，独立的无量纲参数就要增加一个，因而两相流较单相流的热工水力方程数目多得多。其次，液体和气体可能采取的拓扑构形十分多，对于最简单的形式，可以用流型来判别，然而许多两相流的解析模型还需要有关于穿过各种气-液界面的动量传递率、热量传递率和质量传递率的数据。最后，两相流动会牵涉

第2章 低温供热堆热工水力学不稳定性

到不平衡态效应。对于两相流，我们不仅要像在单相流中那样，考虑偏离流体力学平衡态(即没有"充展"的流动)，而且还必须考虑偏离热力平衡态(即气相和液相处于不同的温度下)。

由于两相流动具有高度复杂性，因而产生了各种各样描述两相流的模型，已经发表的气液两相流的解析模型可分为下列四种。

(1) 均相流模型。其中假定流动的特性像一个具有赝物性的等效单相流。

(2) 分相流模型。将气液两个相人为地分开进行研究，这个模型要求模化两个相之间的相互作用。

(3) 漂移流模型。这是一种特殊的分相流模型，它把注意力集中在两个相之间的相对运动上。

(4) 流型模型。根据对两相的布局的观测，明确规定三种或四种几何结构即流型模型，认为两相的排列属于其中的一种。

对于我们所分析研究的低温供热堆系统，流体经受由过冷水到气液两相混合物的转变，此时考虑到气液两相间存在的相对滑移，采用漂移流模型描述沸腾区域内的两相流特性。漂移流模型是由 Zuber 和 Wallis 提出，由 Ishii 等人扩展而成的[7]，下面给出漂移流模型的基本方程。

质量守恒方程：

$$\frac{\partial}{\partial t}[\alpha\rho_g+(1-\alpha)\rho_f]+\frac{\partial}{\partial z}[\alpha\rho_g v_g+(1-\alpha)\rho_f v_f]=0 \quad (2-58)$$

动量守恒方程：

$$\frac{\partial W}{\partial t}+\frac{\partial}{\partial z}\left(\frac{W^2}{A}\right)=-A\frac{\partial p}{\partial z}-\frac{fW|W|\varphi_{tp}^2}{2D_e\rho A^2}-\frac{\partial}{\partial z}S_{DG} \quad (2-59)$$

能量守恒方程：

$$\frac{\partial}{\partial t}[(1-\alpha)\rho_f h_f+\alpha\rho_g h_g]+\frac{\partial}{\partial z}[(1-\alpha)\rho_f v_f h_f+\alpha\rho_g v_g h_g]=\frac{qU_h}{A}+\frac{\partial p}{\partial t} \quad (2-60)$$

式中：

$$\rho=(1-\alpha)\rho_f+\alpha\rho_g \quad (2-61)$$

$\frac{\partial}{\partial z}S_{DG}$ 为漂移流压降梯度，其中：

$$\frac{\partial}{\partial z}S_{DG}=\frac{(\rho_f-\rho)}{(\rho-\rho_g)}\cdot\frac{\rho_f\rho_g}{\rho}v_{gj}'^2 \quad (2-62)$$

$$v_{gj}'=v_{gj}+(C_0-1)v_j \quad (2-63)$$

$$v_{gj}=\frac{9.0C_0 v_{flim}[(1+C_{SD})^{1/2}-1]}{32C_{SD}^2} \quad (2-64)$$

$$C_0 = \min(C_{01}, C_{02}, C_{03}) \tag{2-65}$$

$$C_{01} = 1 + 0.32\left[1 - \left(\frac{\rho_f}{\rho_g}\right)\right][1 - \exp(-18\alpha)] \tag{2-66}$$

$$C_{02} = \frac{1 + (1-\alpha)\alpha^{1/4}(1-E_d)}{\{\alpha^{3/4} + [1 + 75(1-\alpha)\rho_f/\rho_g]^{1/2}\}} \tag{2-67}$$

$$C_{03} = \frac{1}{(1 - \rho_g/\rho_f)\alpha} \tag{2-68}$$

$$E_d = 1 - \exp\left(0.138\frac{\rho_f}{\rho_g} - \frac{0.23\alpha}{\mu_g}\right) \tag{2-69}$$

$$v_{\text{glim}} = \left[1 + \tanh\left(\frac{\pi}{80}\frac{D_e}{D_{\text{LPL}}}\right)\right]^2 \left[gD_{\text{LPL}}\left(\frac{\rho_f}{\rho_g} - 1\right)\right]^{1/2} \tag{2-70}$$

$$v_{\text{flim}} = 1.5\left(\frac{\mu_g}{\mu_f}\right)^{0.5}\left[gD_{\text{LPL}}\left(\frac{\rho_f}{\rho_g} - 1\right)\right]^{0.5} \tag{2-71}$$

$$D_{\text{LPL}} = \left(\frac{\sigma}{\rho_f - \rho_g}\right)^{0.5} \tag{2-72}$$

式中，α 为空泡份额；ρ_f 为液相的密度，$kg \cdot m^{-3}$；ρ_g 为气相的密度，$kg \cdot m^{-3}$；φ_{tp}^2 为两相摩擦压降倍增因子；v_j 为混合物速度，$m \cdot s^{-1}$；v_{gj} 为漂移速度，$m \cdot s^{-1}$；v_f 为液相速度，$m \cdot s^{-1}$；W 为质量流量，$kg \cdot s^{-1}$；A 为流通面积，m^2；U_h 为加热周长，m；C_0 为分布参数；C_{SD} 为系数；v_{flim} 为液相极限速度，$m \cdot s^{-1}$；v_{glim} 为气相极限速度，$m \cdot s^{-1}$；μ_g 为气相动力黏性系数，$kg \cdot m^{-1} \cdot s^{-1}$；$\mu_f$ 为液相动力黏性系数，$kg \cdot m^{-1} \cdot s^{-1}$；$D_{\text{LPL}}$ 为拉普拉斯（Laplace）直径；D_e 为通道的直径，m；σ 为表面张力，$N \cdot m^{-1}$；g 为重力加速度，$m \cdot s^{-2}$；p 为压力，Pa；E_d 为中间变量。

2.4.2 传热模型

1. 热传导模型

对于燃料元件，作如下假设：

(1) 忽略轴向热传导；

(2) 所有燃料元件具有相同的传热特性。

其热传导方程为

$$\frac{1}{r}\frac{\partial}{\partial r}\left(K_f \cdot r \cdot \frac{\partial T_f}{\partial r}\right) + q_V = 0 \tag{2-73}$$

边界条件：

$$-K_f\frac{\partial T_f}{\partial r} = 0 \mid_{r=0} \tag{2-74}$$

第2章 低温供热堆热工水力学不稳定性

$$-K_{\rm f}\frac{\partial T_{\rm f}}{\partial r}=q_{\rm fcd}\mid_{r=r_{\rm f}} \tag{2-75}$$

对于包壳，忽略其中产生的热量，并取其导数系数 $K_{\rm cd}$ 为常数，则其热传导方程为

$$\frac{1}{r}\frac{\partial}{\partial r}\left(r\frac{\partial T_{\rm cd}}{\partial r}\right)=0 \tag{2-76}$$

边界条件：

$$-K_{\rm cd}\frac{\partial T_{\rm cd}}{\partial r}=q_{\rm fcd}\mid_{r=r_{\rm f}} \tag{2-77}$$

$$-K_{\rm cd}\frac{\partial T_{\rm cd}}{\partial r}=q_{\rm cdc} \tag{2-78}$$

式中，q_V 为燃料元件的体积释热率，$kW \cdot m^{-3}$；$q_{\rm fcd}$ 为燃料元件与包壳之间单位面积的传热量，$kW \cdot m^{-2}$；$q_{\rm cdc}$ 为包壳与流体之间单位面积的传热量，$kW \cdot m^{-2}$；r 为半径变量，m；$r_{\rm f}$ 为燃料元件半径，m；$r_{\rm cd}$ 为包壳的外半径，m；$K_{\rm f}$ 为燃料元件的热导率，$kW \cdot m^{-1} \cdot ℃^{-1}$；$K_{\rm cd}$ 为包壳的热导率，$kW \cdot m^{-1} \cdot ℃^{-1}$；$T_{\rm f}$ 为燃料元件的温度，℃；$T_{\rm cd}$ 为包壳的温度，℃。

2. 间隙导热

研究燃料芯块与包壳之间的传热对于计算燃料芯块的温度和它的储热有重要意义。在燃料元件的寿期中，芯块与包壳间的传热有两种机制，一种是在芯块与包壳之间存在间隙时，通过间隙中的气体传导热量；另一种是在芯块与包壳之间发生接触时，通过两表面之间的接触点及未接触部分残存的间隙中填充的气体来传导热量。

通常新的燃料元件在芯块与包壳之间存在一个小间隙，充有 2～4 MPa 的氦气，以改善传热和减小包壳的蠕变。随着燃耗的加深，释放的裂变气体使间隙中的气体成分不断改变。一方面，由于重原子气体的热导率比较低，因而混合气体的热导率减少。另一方面，由于采用二氧化铀为燃料芯块，而二氧化铀是脆性材料，在反应堆初次提升功率后燃料芯块会发生龟裂，从而使芯块与包壳间隙减小。随着燃耗的加深，肿胀、蠕变等效应最终使芯块和包壳发生接触。影响间隙传热的因素还有燃料和包壳的热膨胀、温度分布和机械特性等。

芯块和包壳之间的间隙可以看作是一个没有内热源的薄层空间，传热特性可用下式表示：

$$q=\alpha_{\rm g}(T_{\rm u}-T_{\rm ci}) \tag{2-79}$$

式中，$\alpha_{\rm g}$ 为间隙等效传热系数，$kW \cdot m^{-2} \cdot ℃^{-1}$；$T_{\rm u}$ 和 $T_{\rm ci}$ 分别为芯块外表

面和包壳内表面的温度，℃。

虽然包壳与芯块之间的气隙层很薄，但它引起的温度降落却很可观，一般可以达到几十乃至几百摄氏度。要对间隙热导进行精确的计算是很困难的，尽管已经提出了各种不同的模型，如气隙导热模型、接触导热模型等，发展了用于计算间隙热导的专门程序，还以图线的形式给出了典型轻水堆的间隙等效传热系数的数值[9]，但迄今为止，计算方法仍然是不完善的。研究者往往借助试验（尽量模拟堆的实际工况）测定充气间隙温降的精确数据。对于用二氧化铀作燃料、锆合金作包壳的压水堆，在热态下，二氧化铀芯块常呈破裂状态，产生径向和周向的开裂和中心小孔，从而迫使燃料芯块与包壳内壁发生接触。若在热态下燃料芯块与包壳恰好接触，且其接触压力为零，那么接触导热的等效传热系数约为 5678 $W \cdot m^{-2} \cdot ℃^{-1}$。目前在轻水动力堆设计中，一般取这个数值为计算的依据，在本研究中也采用 5678 $W \cdot m^{-2} \cdot ℃^{-1}$ 作为间隙的等效传热系数进行计算。

3. 对流换热模型

这里的对流换热指的是固体壁面与流体之间直接接触时的热交换。一般来说，在这种热交换过程中起主要作用的是由流体位移所产生的对流。对流换热过程中传递的热量可用牛顿冷却定律求得，即

$$q = h_{sp} \cdot \Delta T \tag{2-80}$$

式中，q 为热流密度，$kW \cdot m^{-2}$；h_{sp} 为对流换热系数，$kW \cdot m^{-2} \cdot ℃^{-1}$；$\Delta T$ 为壁面与流体间的温差，℃。

要求出换热量 q 或已知换热量求壁面温度 T_w 或流体温度 T_c，关键在于求出对流换热系数 h_{sp}。对于不同性质的流体及不同的流动工况，有不同的换热系数。其计算公式也有很多，本研究所使用的关系式，其大部分在 RELAP、RETRAN 和 TRAC 等大型程序中已应用，具体的关系式在后面给出。

2.4.3 压降关系式

1. 单相压降的计算

对于单相流动，根据雷诺数的大小，可将其流型划分为层流、过渡区和紊流三种情况，分别计算出其摩擦系数，压降就能求得。

层流：

$$f = \frac{16}{Re} \tag{2-81}$$

适用范围：$Re < 2000$。式中，Re 为雷诺数，$Re = \dfrac{GD_e}{\mu_f}$；D_e 为通道当量直径，

m；G 为质量流速，kg·m^{-2}·s^{-1}；μ_f 为液体的动力黏性系数，Pa·s^{-1}；f 为范宁(Fanning)摩擦系数。

过渡区：
$$f = 0.012 \tag{2-82}$$

紊流：
$$f = \frac{0.079}{Re^{0.25}} \tag{2-83}$$

适用范围：$2300 < Re \leqslant 10^5$。

对于非等温流动，应用以下修正公式[8]：
$$f_{no} = f_{iso} \left(\frac{\mu_w}{\mu_f}\right)^n \tag{2-84}$$

式中，f_{no} 为非等温流动的摩擦系数；f_{iso} 为用主流平均温度计算的等温流动摩擦系数；μ_f 为按主流平均温度取值的流体黏度，Pa·s；以水为介质时，n 取 0.6。

2. 两相压降

计算两相压降比单相压降复杂得多，两相摩擦压降沿倍增因子 ϕ_{tp}^2 的计算一般为经验性的。下面给出了植田辰洋归纳的马蒂内利-纳尔逊(Martinelli-Nelson)关系式，又称 M-N 关系式[9]：

$$\phi_{tp}^2 = 1 + 1.2 x^n \left[\left(\frac{\rho_f}{\rho_g}\right)^{0.8} - 1\right] \tag{2-85}$$

$$n = \frac{3}{4}\left(1 + 0.01\sqrt{\frac{\rho_f}{\rho_g}}\right) \tag{2-86}$$

当压力 $p > 6.86$ bar(1 bar=100 kPa)时，还可按下式近似：

$$x = 0 \sim 0.5, \quad \phi_{tp}^2 = 1 + 1.3 x \left[\left(\frac{\rho_f}{\rho_g}\right)^{0.85} - 1\right] \tag{2-87}$$

$$x = 0.52 \sim 1.0, \quad \phi_{tp}^2 = 1 + x \left[\left(\frac{\rho_f}{\rho_g}\right)^{0.9} - 1\right] \tag{2-88}$$

式中，x 为质量含汽率。

3. 局部阻力

对于弯管、突扩、突缩、渐扩、渐缩、阀门、三通等不同结构形式的局部阻力件，其局部阻力系数按有关手册的公式计算[10]。

2.4.4 滑速比

在压降计算中，需要计算空泡份额 α 和质量含汽率 x，α 和 x 之间的关系

可由滑速比 S 联系起来。

$$S=\frac{x}{1-x} \cdot \frac{\rho_f}{\rho_g} \cdot \frac{1-\alpha}{\alpha} \tag{2-89}$$

Bankoff[11]给出了 S 的计算式：

$$S=\frac{1-\alpha}{K-\alpha} \tag{2-90}$$

$$K=0.71+1.45\times 10^{-8} p \tag{2-91}$$

式中：p 为流体压力，Pa。

2.4.5 过冷沸腾区的空泡份额

1. 汽泡脱离起始点的计算

采用鲍林(Bowring)关系式[12]：

$$(\Delta T_{sub})_{FDB}=\frac{\eta q}{(v_f)_{in}} \tag{2-92}$$

式中，$(\Delta T_{sub})_{FDB}$ 为汽泡脱离壁面起始点处的主流液体的过冷度；$(v_f)_{in}$ 为液体在通道进口处的速度，m·s^{-1}；q 为热力密度，W·m^{-2}；η 为经验系数，对于水，其计算公式为

$$\eta=(14+0.987p)\times 10^{-6} \tag{2-93}$$

式中，p 为压力，MPa。

汽泡脱离壁面起始点处的空泡份额 α_{FDB} 为

$$\alpha_{FDB}=\frac{U_h \delta}{A} \tag{2-94}$$

式中，U_h 为通道的加热周长，m；A 为通道流通横截面积，m^2；δ 为汽泡层平均厚度，用下列二式计算，取其较小值：

$$\delta_1=0.066 R_d \tag{2-95}$$

$$R_d=1.373\times 10^{-3} p^{-0.237} \tag{2-96}$$

式中，p 为压力，MPa。

格里菲斯(Griffith)导出的关系式[15]为

$$\delta_2=\frac{q K_f Pr}{1.07 h_{spl}^2 (\Delta T_{sub})_{FDB}} \tag{2-97}$$

将式(2-92)代入则有：

$$\delta_2=\frac{(V_f)_{in} K_f Pr}{1.07 h_{spl}^2 \eta} \tag{2-98}$$

式中，K_f 为液体的导热率，kW·m^{-1}·℃$^{-1}$；h_{spl} 为单相液体的对流换热系数，kW·m^{-2}·℃$^{-1}$。

2. 充分发展过冷沸腾区的空泡份额计算

充分发展过冷沸腾区的空泡份额计算关系式是与汽泡脱离点的计算关系式配套使用的。

采用鲍林关系式[12]：

$$\alpha = \alpha_{FDB} + \alpha_a \tag{2-99}$$

式中，α_{FDB} 为用鲍林公式求出的汽泡脱离点处的空泡份额。

α_a 由下式求出：

$$\frac{\alpha_a}{1-\alpha} = \frac{\rho_f}{\rho_g} \cdot \frac{1}{S} \cdot \frac{x_a}{1-x_a} \tag{2-100}$$

式中，S 为滑速比，取 1.5~4.1；x_a 为对于 α_a 的质量含汽率：

$$x_a = \frac{U_h}{\rho_f A (v_f)_{in} h_{fg}} \bar{q}_{sub}(z - z_{FDB}) \tag{2-101}$$

式中，z_{FDB} 为汽泡脱离壁面起始点处的通道长度；$\bar{q}_{sub}$ 为

$$\bar{q}_{sub} = \frac{1}{z - z_{FDB}} \int_{z_{FDB}}^{z} \frac{q - q_{spl}}{1+\varepsilon} dz \tag{2-102}$$

式中，q 为总的对流换热热流密度，$q = q_e + q_a + q_c + q_{spl}$，$q_e$ 为脱离汽泡的潜热所带走的热量，q_a 为在温度边界内汽泡扰动而引起的传热，q_c 为附在壁面上的汽泡顶部的凝结传热，q_{spl} 为单相液体的对流换热的热流密度，ε 是在考虑计算 q_e、q_a 和 q_c 时一些难以确定因素后引入的一个经验系数：

$$\varepsilon = \begin{cases} 3.2 \dfrac{\rho_f C_{pf}}{\rho_g h_{fg}}, & 0.1 \leqslant p \leqslant 0.95 \\ 1.3, & 0.95 \leqslant p \leqslant 5 \end{cases} \tag{2-103}$$

q_{spl} 的计算公式为

$$q_{spl} = \begin{cases} h_{spl} \Delta T_{sub}, & \Delta T_{sub} > (\Delta T_{sub})_{spl} \\ 0, & \Delta T_{sub} < (\Delta T_{sub})_{spl} \end{cases} \tag{2-104}$$

而 $(\Delta T_{sub})_{spl}$ 根据 Forster 的试验结果[12]取为

$$\Delta T_{sub} < (\Delta T_{sub})_{spl} = \frac{0.7q}{h_{spl}} - 25 \left(\frac{0.7q}{10^6}\right)^{0.25} \exp\left(-\frac{p}{6.2}\right) \tag{2-105}$$

2.4.6 传热系数关系式

根据自然循环的特点，给出了一套可分别适用于大流量和小流量的传热系数关系式。大、小流量的判断方法如下：

两相区：以质量流速 G 作为判据，分界点为 $G = 271.24 \text{ kg} \cdot \text{m}^{-2} \cdot \text{s}^{-1}$；但涉及詹斯-洛特斯(Jens-Lottes)公式的地方例外，具体 G 的分界数值见对此

公式的说明[12]。

单相区：以雷诺数 Re 作为判据，分界值取 $Re=2500$。

传热区域的划分方法如下：

$T_w \leqslant T_{sat}$：单相水的对流换热。T_w 为壁面温度，T_{sat} 为对应于流体压力下的饱和温度。

$T_w > T_{sat}$，且 $x<0$：分别计算过冷沸腾和单相对流换热的换热系数，进行比较，若过冷沸腾换热系数大于单相对流换热系数，则认为发生过冷沸腾；反之，认为是单相对流换热，x 为流体质量含汽率。

$T_w < T_{w,CHF}$，且 $x \geqslant 0$：饱和沸腾，$T_{w,CHF}$ 为在临界热流密度下对应的壁面温度。

1. 单相传热

1) 大流量区

对大流量区的单相传热选用了西德尔-塔特（Sieder-Tate）公式[12]：

$$h = 0.023 \frac{K}{D_e} \cdot Re^{0.8} Pr^{0.33} \left(\frac{\mu}{\mu_w}\right)^{0.14} \quad (2-106)$$

式中，μ_w 为取壁面温度时流体动力黏度，Pa·s；h 为传热系数，W·m^{-2}·℃$^{-1}$；D_e 为通道当量直径，m；K 为热导率，W·m^{-1}·℃$^{-1}$；$Re = \frac{GD_e}{\mu}$，雷诺数；G 为质量流速，kg·m^{-2}·s^{-1}；μ 为流体动力黏度，Pa·s；$Pr = \frac{\mu \cdot C_p}{K}$，普朗特数；$C_p$ 为定压比热，J·kg^{-1}·℃$^{-1}$。

式（2-106）适用范围：单相流体的紊流。

2) 小流量区

在小流量区，选用了 J.G. 科利尔（J.G. Colier）推荐的科利尔公式[12]：

$$Nu = 0.17 Re^{0.33} Pr^{0.43} \left(\frac{Pr}{Pr_w}\right)^{0.25} Gr^{0.1} \quad (2-107)$$

式中，Nu 为努塞尔数；Gr 为格拉晓夫数：

$$Gr = \frac{D_e^3 \rho_f^2 g \beta \Delta T}{\mu_f^2} \quad (2-108)$$

式中，ρ_f 为液体密度，kg·m^{-3}；β 为液体体积热膨胀系数，℃$^{-1}$；ΔT 为壁面与流体温度之差，℃；μ_f 为流体动力黏度，Pa·s；Pr_w 为壁面温度下的流体普朗特数。

其余符号的意义及单位同上述各式。式（2-107）适用范围：层流，$Re<2000$，$\frac{l}{d}>50$（l 为流动管道长度，d 为流动管道内径），垂直上升流动的加热管及垂直下降流动的冷却管。

2. 过冷沸腾区

1) 大流量区

在大流量区选用反应堆热工设计中最常用的公式之一的詹斯-洛特斯公式[12]。此公式形式简单、适用范围广，表达式如下：

$$\Delta T_{sat} = 25 q^{0.25} \exp\left(\frac{-p}{6.2}\right) \tag{2-109}$$

式中，ΔT_{sat} 为壁面过热度，℃；q 为热流密度，$W \cdot m^{-2}$；p 为流体压力，MPa。

式（2-109）适用范围：$p = 7 \sim 172$ bar（1 bar = 0.1 MPa），水温 $115 \sim 340$ ℃，$G = 11 \sim 1.05 \times 10^4$ kg $\cdot$ m^{-2} $\cdot$ s^{-1}。

在使用詹斯-洛特斯公式时大小流量分界不同于其他公式，詹斯-洛特斯公式可适用于质量流速为 11 kg $\cdot$ m^{-2} $\cdot$ s^{-1} 的情况，因此将此时的质量流速 11 kg $\cdot$ m^{-2} $\cdot$ s^{-1} 定为分界点。

2) 小流量区

在小流量区选择使用广泛的罗斯瑙（Rohsenow）公式[12]：

$$\frac{C_p(t_w - t_s)}{h_{fg}} = C_{sf}\left[\frac{q}{\mu h_{fg}}\sqrt{\frac{g_c \sigma}{g(\rho_f - \rho_g)}}\right]^{0.33}\left(\frac{C_p \mu}{\lambda}\right)^{1.7} \tag{2-110}$$

或

$$h = \frac{\mu h_{fg}}{\sqrt{\frac{g_c \sigma}{g(\rho_f - \rho_g)}}}\left[\frac{C_p}{C_{sf} h_{fg}\left(\frac{C_p \mu}{\lambda}\right)^{1.7}}\right]^3 (t_w - t_s)^2 \tag{2-111}$$

式中，t_w 为放热面温度，℉，33.8 ℉ = 1 ℃ × 1.8 + 32；t_s 为流体饱和温度，℉；C_p 为饱和液体比热，Btu $\cdot$ bm^{-1} $\cdot$ ℉$^{-1}$；h_{fg} 为汽化潜热，Btu $\cdot$ lbm^{-1}；C_{sf} 为与放热面-液体组合有关的系数，对不锈钢和水，取 0.0132；q 为热负荷，Btu $\cdot$ ft^{-2} $\cdot$ h^{-1}；h 为换热系数，Btu $\cdot$ ft^{-2} $\cdot$ h^{-1} $\cdot$ ℉$^{-1}$；ρ_f 为饱和液体的密度，lbm $\cdot$ ft^{-3}；ρ_g 为饱和蒸汽的密度，lbm $\cdot$ ft^{-3}；λ 为饱和液体的传热系数，Btu $\cdot$ ft^{-1} $\cdot$ h^{-1} $\cdot$ ℉$^{-1}$；σ 为在液、气分界面上液体的表面张力，lbm $\cdot$ ft^{-1}；μ 为饱和液体的动力黏度，lbm $\cdot$ ft^{-1} $\cdot$ h^{-1}；g 为重力加速度，取为 4.17×10^8 ft $\cdot$ h^{-2}；g_c 为换算系数，4.17×10^8 lbm $\cdot$ ft $\cdot$ lbf^{-1} $\cdot$ h^{-2}。1 Btu = 1055.056 J，1 lbm = 453.592 g，1 ft = 3048 mm，1 lbf = 4.448 N，1 in = 25.4 mm。

式（2-110）及式（2-111）适用范围：压力为 $14.7 \sim 2465$ lbf $\cdot$ in^{-2}。

3. 饱和泡核沸腾

采用陈氏(Chen)公式[13]计算低温供热堆流动沸腾换热系数。下面给出陈氏公式的表达式：

$$h = 0.023F \frac{K_f^{0.6} G^{0.8} (1-x)^{0.8} C_{pf}^{0.4}}{\mu_f^{0.4} \cdot D_e^{0.2}} + 0.00122S \cdot$$

$$\frac{K_f^{0.79} C_{rf}^{0.45} \rho_f^{0.49}}{\sigma^{0.5} \mu_f^{0.29} h_{fg}^{0.24} \rho_g^{0.24}} (T_w - T_{sat})^{0.24} (p_w - p)^{0.75} \quad (2-112)$$

式中，F 为雷诺数因子，定义为

$$F = \begin{cases} 1.0, & X_{tt}^{-1} \leq 0.1 \\ 2.35(X_{tt}^{-1} + 0.123)^{0.736}, & X_{tt}^{-1} > 0.10 \end{cases} \quad (2-113)$$

X_{tt} 为洛克哈特-马蒂内利(Lockhart-Martinelli)参数，其倒数为

$$X_{tt}^{-1} = \left(\frac{x}{1-x}\right)^{0.9} \left(\frac{\rho_f}{\rho_g}\right)^{0.5} \left(\frac{\mu_f}{\mu_g}\right)^{0.1} \quad (2-114)$$

S 为泡核沸腾抑制因子，定义为

$$S = \begin{cases} [1 + 0.12(Re_{TP})^{0.14}]^{-1}, & Re_{TP} < 32.5 \\ [1 + 0.42(Re_{TP})^{0.78}]^{-1}, & 32.5 \leq Re_{TP} < 70.0 \\ 0.1, & Re_{TP} \geq 70.0 \end{cases} \quad (2-115)$$

$$Re_{TP} = \frac{G(1-x)D_e}{\mu_f} F^{1.25} \times 10^{-4} \quad (2-116)$$

式中，K_f 为饱和液体热导率，W·m^{-1}·℃$^{-1}$；C_{pf} 为饱和液体动黏度，J·kg^{-1}·℃$^{-1}$；ρ_f 为饱和液体密度，kg·m^{-3}；ρ_g 为饱和蒸汽密度，kg·m^{-3}；σ 为汽水表面张力，N·m^{-1}；h_{fg} 为汽化潜热，J·kg^{-1}；p_w 为对应于壁面温度 T_w 的饱和压力。

其余符号的意义及单位同上述各式。

2.4.7 点堆动力学方程

点堆模型假设反应堆的功率可以分离为时间和空间的函数，并假定不同时刻中子密度在空间的分布形状是相同的，且每个区域任何反应性反馈效应的分布遵循同样的时间规律。对于功率的空间分布几乎是不变的或变化非常缓慢的情况，这种近似能够满足。若忽略外中子源项，点堆动力学方程为

$$\frac{dn(t)}{dt} = \frac{\rho(t) - \beta}{\Lambda} n(t) + \sum_i \lambda_i C_i(t) \quad (i = 1, \cdots, 6) \quad (2-117)$$

$$\frac{dC_i(t)}{dt} = \frac{\beta_i}{\Lambda} n(t) - \lambda_i C_i(t) \quad (i = 1, \cdots, 6) \quad (2-118)$$

式中，$n(t)$ 为反应堆功率；$\rho(t)$ 为反应性函数；β 为总的有效缓发中子份额；Λ 为瞬发中子每代时间；$C_i(t)$ 为缓发中子 i 组的有效份额；λ_i 为缓发中子 i 组的衰变常数。

点堆方程中，裂变所产生的功率由反应性项 $\rho(t)$ 控制，$\rho(t)$ 包括反应性的显函数（即模拟了控制棒和加硼等调节控制机构的作用）和燃料及慢化剂的反应性反馈效应。任一时刻系统的反应性函数可表示为

$$\rho(t) = \rho_0 + [\rho(t) - \rho_0]_{\exp} + \sum_i [\rho_i(t) - \rho_i(0)] \quad (2-119)$$

式中，ρ_0 为初始反应性（稳态时为零）；$[\rho(t) - \rho_0]_{\exp}$ 为反应性显函数；$\rho_i(t)$ 为第 i 区内的反馈反应性。

2.4.8 反应性反馈

式(2-119)中反应性显函数由两项组成，一项为控制机构动作引入的反应性，一般可通过时间表给出，另一项为调节系统动作引入的反应性，由调节系统的特性给出。在偏离稳态较远的事故工况下，为了保护调节系统，可使调节系统解列，此时，反应性显函数只由控制机构动作引入的反应性决定。

式(2-119)中的反馈反应性产生于堆内温度、压力和流量的变化。一般情况下，温度变化所引起的反馈反应性远较压力及流量变化引起的反馈反应性大，如压力变化 3.32×10^5 Pa 所引起的反应性变化仅相当于慢化剂温度变化 0.5 ℃ 所引起的变化，且压水堆允许压力波动的范围又较小。因而，主要考虑因温度变化引起的燃料多普勒反馈和冷却剂密度反馈，在第 i 区，有以下各式：

$$\rho_{Fi}(t) = \zeta_{Fi} R_F T_F(t) \quad (2-120)$$

式中，ρ_{Fi} 为 t 时刻燃料的多普勒反馈反应性，\$；ζ_{Fi} 为燃料多普勒反馈反应性的加权因子；R_F 为燃料多普勒反馈反应性函数；$T_F(t)$ 为 t 时刻燃料温度，℃。

$$\rho_{Wi}(t) = \zeta_{Wi} R_W T_W(t) \quad (2-121)$$

式中，$\rho_{Wi}(t)$ 为 t 时刻冷却剂温度的反馈反应性，\$；ζ_{Wi} 为冷却剂温度反馈反应性的加权因子；R_W 为冷却剂温度反馈反应性函数；$T_W(t)$ 为 t 时刻冷却剂温度，℃。

$$\rho_{ai}(t) = \zeta_{ai} R_\alpha \alpha(t) \quad (2-122)$$

式中，$\rho_{ai}(t)$ 为 t 时刻空泡份额的反馈反应性，\$；ζ_{ai} 为空泡份额反馈反应性加权因子；R_α 为空泡份额反馈反应性函数；$\alpha(t)$ 为 t 时刻空泡份额。

2.4.9 管道与腔室模型

低温供热堆的一回路各段可以等效为一定当量直径的管道。对于管道，反应堆上下腔室有如下能量方程：

$$M \frac{\mathrm{d}h}{\mathrm{d}t} = W(h_{\mathrm{in}} - h_{\mathrm{out}}) \tag{2-123}$$

式中，h_{in} 为进口流体比焓，kJ/kg；h_{out} 为出口流体比焓，kJ/kg。

2.4.10 冷凝传热模型

低温供热堆的主换热器的二次侧和一次侧的一部分为单相传热，传热公式采用前述有关的单相传热公式。一次侧流体中的质量含汽率大于零的部分的传热工况为冷凝传热。下面给出 Rohsenow 的冷凝传热公式[12]：

$$h_{\mathrm{stag}} = 0.728 \left[\frac{\rho_{\mathrm{ls}}(\rho_{\mathrm{ls}} - \rho_{\mathrm{gs}})gh'_{\mathrm{fg}}k_1^3}{DN\mu_1(T_{\mathrm{sat}} - T_{\mathrm{W}})} \right]^{0.25} \tag{2-124}$$

式中，h_{stag} 为冷凝传热系数；D 为管子的外径，m；N 为管数；ρ_{ls} 和 ρ_{gs} 分别为饱和液体和饱和蒸汽的密度，kg·m^{-3}；h'_{fg} 为修改前的汽化潜热：

$$h'_{\mathrm{fg}} = h_{\mathrm{fg}} \left[1 + \frac{0.375(T_{\mathrm{sat}} - T_{\mathrm{W}})C_{pl}}{h_{\mathrm{fg}}} + \frac{(T_{\mathrm{g}} - T_{\mathrm{sat}})C_{pg}}{h_{\mathrm{fg}}} \right] \tag{2-125}$$

式中，h_{fg} 为汽化潜热，kJ/kg；T_{sat}、T_{W}、T_{g} 分别是饱和温度、液相温度和气相温度，K；C_{pl} 和 C_{pg} 分别是液相和气相的定压比热，J·kg^{-1}·K^{-1}；μ_1 是液相黏度，Pa·s；k_1 是液相导热率，W·m^{-1}·℃。

2.4.11 模型方程解法

将上述各个模型编为独立的程序模块，各模块相对独立，并可对每个模块单独求解，主程序可以调用每个模块程序。

上述各模型构成的整个方程组的求解，在数学上最终可归结为求解如下形式的以时间 t 为基本变量的变系数非线性常微分方程组初值问题：

$$\frac{\mathrm{d}\boldsymbol{y}}{\mathrm{d}t} = \boldsymbol{f}(t, \boldsymbol{y}, \boldsymbol{y}') \tag{2-126}$$

$$\boldsymbol{y}(t_0) = \boldsymbol{y}_0 \tag{2-127}$$

对于一个给定的物理系统的非线性常微分方程组的初值问题求解，不但要分析数值算法本身的精度、稳定性等，还要对该常微分方程组所反映的过程本身的基本特性有所了解，只有这样才能选择合适的数值算法，成功地进行求解计算。式(2-126)给出的变系数非线性常微分方程组所表示的系统物

理特性可通过其雅可比矩阵 $\boldsymbol{J}=\left[\dfrac{f}{\partial y}\right]$ 的特征值 $[\boldsymbol{\mu}(t)]$ 来表示。特征值的实部 ($\mathrm{Re}\mu_j$) 对应于振幅的增减,虚部 ($\mathrm{Im}\mu_j$) 对应于振动的角频率。当特征值的实部 $\mathrm{Re}\mu_1,\cdots,\mathrm{Re}\mu_m$ 均小于 0 时,系统是稳定的,即任何初始扰动都随时间 t 的增长而衰退。如果令:$\tau_j=\dfrac{1}{|\mathrm{Re}\mu_j|}$,$j=1,2,\cdots,m$,则称 τ_j 为时间常数。若系统是由若干个"成分"组合而成,不同的"成分"可以有不同的时间常数。其中最大的时间常数 $\tau_{\max}=\max\tau_j$ 则表达了全过程的活跃时间,而最小的时间常数 $\tau_{\min}=\min\tau_j$ 则表达了系统最"敏感"环节的反应速度,即过渡时间。如果最大时间常数与最小时间常数相差悬殊,即 $\dfrac{\tau_{\max}}{\tau_{\min}}\gg 1$,这样的系统或微分方程组便为刚性的或病态的。

在工程实践中,常常会出现同一系统内有相差悬殊的时间常数。如在控制系统中,控制线路常常是反应灵敏的,能够迅速完成状态过渡,即有小的时间常数;而受控制体本身的运动由于惯性较大等问题,状态过渡较慢,即有较大的时间常数。在多组分化学反应中,可能有些反应速度很快,有些很慢;在由扩散、传热过程对空间变量离散化而得的常微分方程组中也常常出现量级悬殊的时间常数。在整个低温供热堆的仿真过程中,既有动态过程较短的传质过程,也有动态过程较长的传热过程;在反应性引入事故中,核功率对反应性的引入反应较灵敏,而热功率、燃料芯块温度等则反应较慢,这些都足以表明由前面各小节建立的核动力系统的数学模型形成的初值问题的常微分方程组也存在时间常数悬殊的问题,该方程组亦是病态的或刚性的。

常微分方程初值问题数值解法的主要手段是差分法,它的优点是通用性强,即应用面广且方法简单,便于掌握。解初值问题的差分法的特点是步进式,即算法从初始值出发,每一步根据 y_n 或及之前的 $y_{n-1}\cdots$ 来计算新的 y_{n+1},这样逐步推进。但在每步的算法执行上根据其差分格式(向前差、向后差、平均(梯形)差和中心差等)不同而又有所不同,如有显式、隐式、单步、多步等。选用一种算法或差分格式不仅要求其有较小的截断误差,即有较高的精度,而且要求差分方程具有对于扰动的稳定性,即数值稳定性。因为在数值不稳定的情况下,计算误差将恶性发展以致计算失败。文献[15]给出,向前差公式为条件稳定,其稳定条件为积分步长要取相当于最小时间常数的量级;向后差公式为恒稳或无条件稳,即不论步长如何,差分格式总是稳定的;平均(梯形)公式也是恒稳的,但当微分方程组本身为临界稳定时($\mathrm{Re}\mu_j=0$),其差分格式也是临界稳定的;而中心差分对任何 $\mathrm{Re}\mu_j<0$,不论步长如何差分

格式都不稳定。对于前面所述的病态方程组，其 $\frac{\tau_{max}}{\tau_{min}}$ 可达 10^4、10^5 乃至更高的量级。我们知道，最大的时间常数 τ_{max} 表达了全过程的活跃时间，因此积分求解的时段只须取 τ_{max} 或其倍数，即与 τ_{max} 相当或稍大半个量级，而对一些经典的显式方法如亚当斯（Adams）法，龙格-库塔（Runge-Kutta）方法等，其满足数值算法稳定性条件的步长均与欧拉向前差分相当，即步长为最小时间常数的量级。因此，积分的总步数将达 $\frac{\tau_{max}}{\tau_{min}}$ 或略高的量级，这样即使方程组本身很简单，但刚性很强时，计算工作量可能很沉重而成为难以容忍的负担，甚至会出现步长小到一定程度时，每步内系统中那些时间常数较大的状态变量变化值小于运行中的舍入误差，系统运行状态难于变动，使得计算无法进行下去而导致求解失败。因此一般经典的显式方法不适用于病态微分方程的求解。

相反的，恒稳格式如欧拉向后差及平均（梯形）公式等，由于它们的步长只受截断误差的制约而摆脱了稳定性的制约，因此对于解病态方程特别有利。吉尔（Gear）在这方面进行了较深入全面的研究[18]。他采用向后差分的隐式方法，设计了一种病态稳定策略，可做到步长与特征值乘积大时是精确的，从而很好地跟踪解的快变部分；而步长与特征值乘积小时又是稳定的，即当特征值十分小时也不会失真，这就是著名的吉尔方法。在隐式求解时吉尔方法采用牛顿迭代法，并相应地利用矩阵的稀疏结构的特点用直接法解线性方程组。吉尔方法能够自启动，且容易实现变阶和变步长。吉尔方法是一个求解刚性问题和非刚性问题的一阶常微分方程组初值问题的通用方法。因此本研究选用吉尔方法求解由对低温堆系统建模得到的常微分方程组的初值问题。从后面的计算结果证明吉尔方法用于低温堆系统的热工水力瞬态特性分析是成功的、有效的。本研究应用的数值求解方法中配备了亚当斯方法和吉尔刚性方法（向后微分法），它把相同的雅可比（Jacobi）矩阵用于若干个时间步长，该方法具有好的稳定性，允许处于解的缓变部分时选取大的步长。同其他方法相比，每前进一个步长解隐式方程组所需的工作量比较小，这加快了计算速度，且精度好。本方法可根据给定的精度和不同的方式自动变阶、变步长积分，并且可以方便地根据给定的输出节点进行输出。

2.4.12 程序 NOTINACI 的开发

将前述的各个模型编制为程序，该程序命名为 NOTINACI（nonlinear time domain computer code of natural circulation of heating reactor）[14-17]。

NOTINACI 的编制指导思想是程序要通用性强，便于移植和扩充，使用

第2章 低温供热堆热工水力学不稳定性

方便等。因此,在具体的编制过程中做到了以下几点,这也是NOTINACI的特点:①NOTINACI使用标准的FORTRAN 77语言,并且高度模块化;②NOTINACI中的系统模块是根据系统的设备或部件划分的,因此,模块中的计算可独立进行,程序的移植、扩充很方便;③程序实现了结构化;④NOTINACI中考虑了热的不平衡和力的不平衡;⑤程序中有足够的说明语句,可读性强。

NOTINACI的主要程序模块有:主程序模块,数学物理模型模块,初值计算模块,数值方法模块,物性模块,辅助模块(包括阻力、换热系数模块等)。

NOTINACI的纳西-施奈德曼(Nasci-Shneiderman,N-S)图见图2-10。在不同工况下运行NOTINACI,可以得到不同的结果。若某一工况的结果出现了波动,就证明了该工况为不稳定工况。因此,这种方法实际上是时域法,NOTINACI是一个时域分析程序。

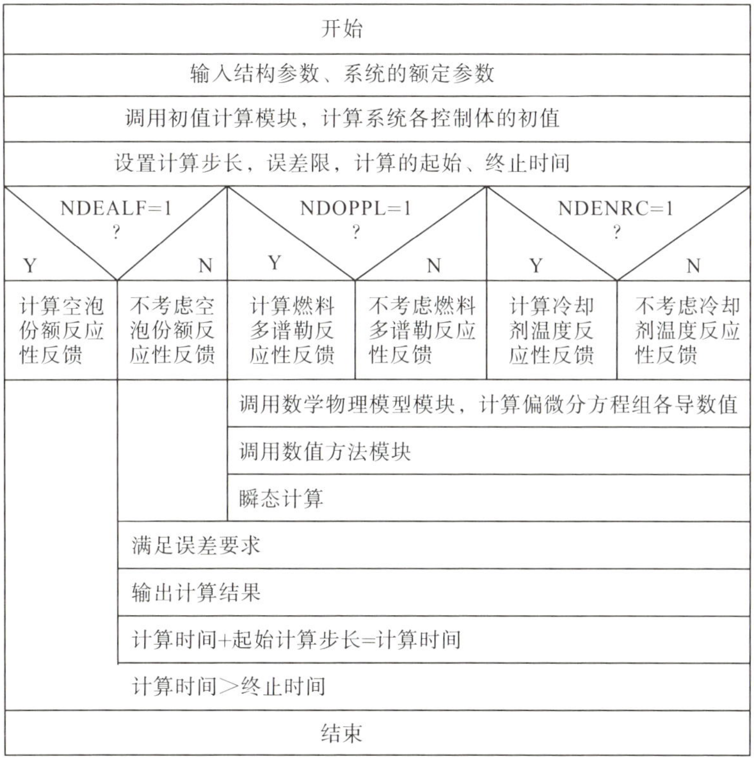

图2-10 NOTINACI程序N-S图

2.4.13 程序 NOTINACI 的验证

将 NOTINACI 应用于试验工况的计算,并将计算结果与试验结果进行比较验证。对图 2-2 所示的试验回路进行控制体划分,如图 2-11 所示。对于给定的某一试验工况(如工况 RUN169、RUN138)执行程序进行计算,得出了相应工况下的自然循环两相流动不稳定性的脉动曲线,如图 2-12 和图 2-13 所示。为了进行比较,图中同时给出了试验曲线。由图可知,程序计算结果与试验结果符合得相当好。对于图中脉动曲线可作如下解释:当流量增大时,换热性能改善,壁温降低,沸腾被抑制,汽泡减少甚至消失,作为驱动力的浮升力

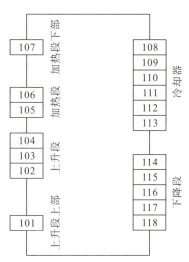

图 2-11 试验回路控制体的划分

也减小,流量随之减小,由此引起传热性能降低,壁温升高,沸腾重新出现,在加热区域产生蒸汽,流量又增大,形成一个波动周期。随上升段和加热段的空泡份额的增加,流量会增大,但是,每个周期的流量的最大值有可能不相同。因为,流量的增加,不可能使沸腾完全消失,此时,许多汽泡会聚积起来,这又导致驱动力增大,从而形成了一个大的流量峰值。

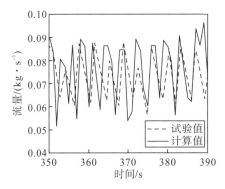

图 2-12 RUN169 计算值与试验值比较
($Q=16.9$ kW, $p=1.25$ MPa;
$\Delta T_{sub,in}=31.5$ ℃)

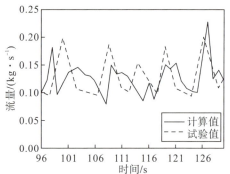

图 2-13 RUN138 计算值与试验值比较
($Q=6.6$ kW, $p=1.3$ MPa;
$\Delta T_{sub,in}=19.7$ ℃)

第2章 低温供热堆热工水力学不稳定性

若一个工况运行的结果是稳定的,则可增加扰动(如增加功率等),再进行计算,直到结果中发生脉动,则这一工况即为由稳定工况向不稳定工况转变的边界点。图 2-14 是试验工况 RUN135 由稳定向不稳定转变的理论计算曲线,这一曲线与试验过程相一致。通过运行 NOTINACI,得出许多边界点,这些边界点组成了自然循环两相流动不稳定性的不稳定边界,如图 2-15 和图 2-16 所示。图中还给出了试验结果,由图可知,理论计算的边界与试验所得到的边界是一致的。图 2-17 给出了脉动周期的试验值与计算值的对比情况。

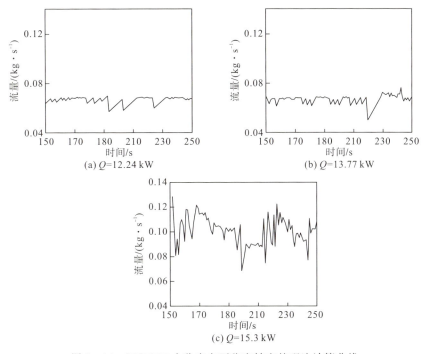

图 2-14 RUN135 由稳定向不稳定转变的理论计算曲线

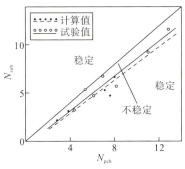

图 2-15 自然循环两相流动不稳定性的不稳定边界(一)

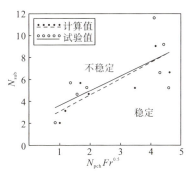

图 2-16 自然循环两相流动不稳定性的不稳定边界(二)

核动力系统的流动不稳定性

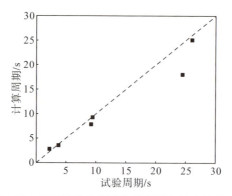

图 2-17　密度波脉动周期的计算值与试验值的对比

2.4.14　5 MW 和 200 MW 低温供热堆不稳定性的计算

将 5 MW 和 200 MW 低温堆的一回路划分为如图 2-18 所示的控制体。采用 NOTINACI 对 5 MW 和 200 MW 低温供热堆不稳定性进行理论计算，在多参数匹配条件下计算得到了低温供热堆发生脉动时的脉动曲线。5 MW 低温供热堆典型脉动曲线如图 2-19 所示，其中包括流量脉动曲线，压力脉动曲线，各个控制体比焓、温度的脉动曲线，燃料多普勒反应性反馈曲线，冷却剂温度反应性反馈曲线，空泡份额反应性反馈曲线等。由图可知，这种脉动为典型的密度波脉动。200 MW 低温供热堆典型流量脉动曲线如图 2-20 所示。

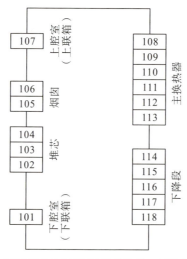

图 2-18　5 MW 和 200 MW 低温供热堆一回路控制体的划分

第2章 低温供热堆热工水力学不稳定性

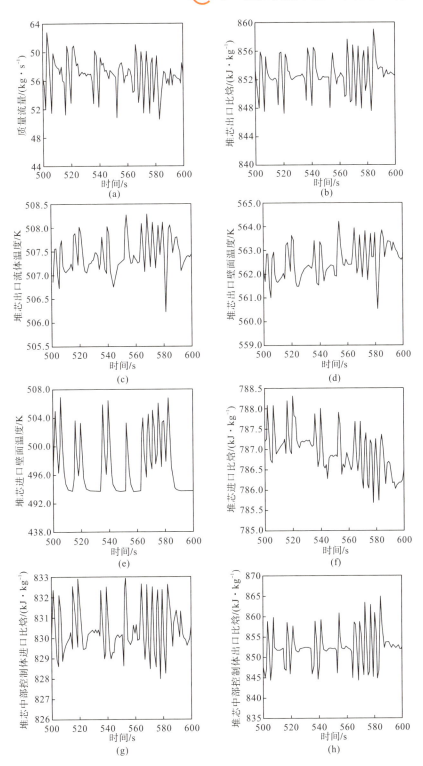

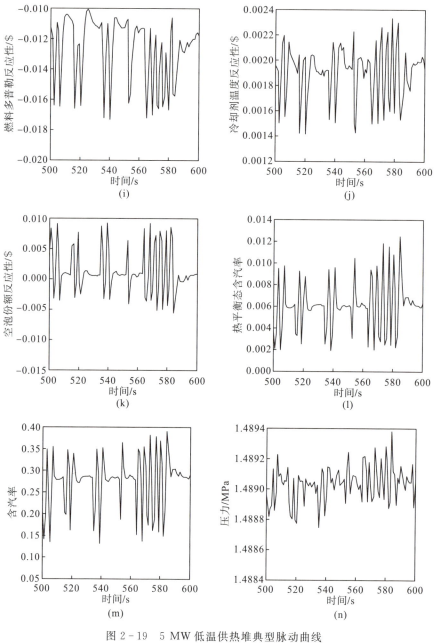

图 2-19 5 MW 低温供热堆典型脉动曲线

($N_{pch}=4.874$, $N_{sub}=4.18$, $Fr=0.0372$)

第2章 低温供热堆热工水力学不稳定性

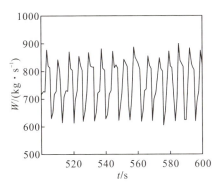

图 2-20 200 MW 低温供热堆典型流量脉动曲线
($N_{pch}=9.167$,$N_{sub}=8.68$,$Fr=0.01665$)

图 2-21 给出了 5 MW 低温供热堆不同进口阻力系数对密度波不稳定性的影响。从图中可以看出，随着进口阻力系数的增大，不稳定性逐渐减小，系统将变得更加稳定，这与 Boure 等[18]，Jia 等[19]的试验结论相同。如图 2-21(a)和图 2-21(b)所示，当进口阻力系数由 27.5 增大到 30.0，密度波不稳定性发生的时间延后。图 2-21(c)表明，进口阻力系数继续增大至 31 时，发生声波不稳定性。当进口阻力系数增大至 32.5 时，声波振荡现象消失，如图 2-21(d)所示。此外，密度波不稳定性的周期随进口阻力系数的增大而增大，如图 2-21(e)和图 2-21(f)所示。事实上，随着进口阻力系数增大，单相换热区域扩大，不稳定区域变窄，系统会更加稳定。

通过大量计算，得到了 5 MW 和 200 MW 低温供热堆发生不稳定性的边界，如图 2-22 和图 2-23 所示。图 2-22 中两相流动不稳定性边界与清华大学的研究结果(见图 2-24)类似。图 2-24 中还给出了 5 MW 低温供热堆的额定运行工况，由图可知，5 MW 低温供热堆的额定运行工况处于稳定区域内。

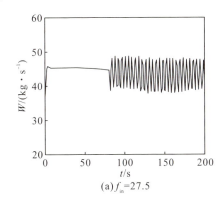

(a) $f_{in}=27.5$

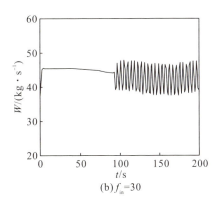

(b) $f_{in}=30$

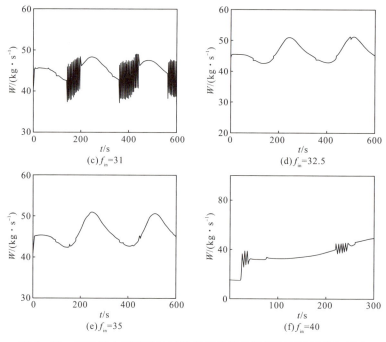

图 2-21 进口阻力系数对 5 MW 低温供热堆密度波不稳定性的影响

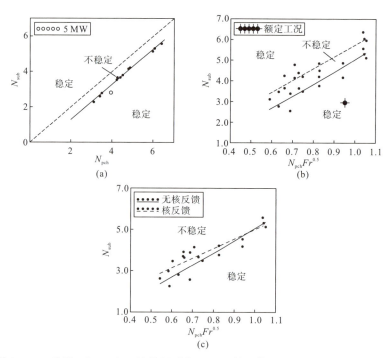

图 2-22 采用 NOTINACI 计算得到的 5 MW 低温供热堆发生不稳定性的边界

第2章 低温供热堆热工水力学不稳定性

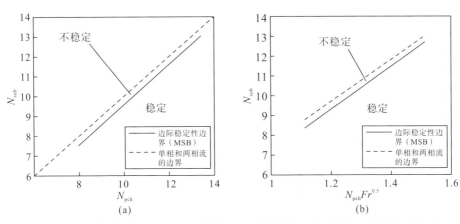

图 2-23 采用 NOTINACI 计算得到的 200 MW 低温供热堆发生不稳定性的边界

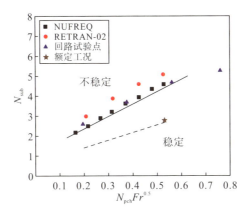

图 2-24 清华大学的 5 MW 低温供热堆发生不稳定性的边界[15]

2.4.15 低温供热堆热工水力学稳定性安全审评验收准则

如前所述,我们用理论分析的方法得到了低温供热堆热工水力学稳定性安全审评验收准则:

$$\left[1-\frac{1}{(1+N_{pch}-N_{sub})Fr(K_{out}+2)}\right] \cdot$$

$$\left[\frac{2}{\tau}+\frac{1}{2}+(N_{pch}-N_{sub})\left(\frac{1}{N_{sub}}-\frac{1}{\tau}\right)\right]<0 \qquad (2-128)$$

$$\frac{1}{Fr(K_{out}+2)}-(N_{pch}-N_{sub})\left(3-\frac{\tau}{N_{sub}}\right)-1>0 \qquad (2-129)$$

式中,N_{pch} 为相变数;N_{sub} 为过冷度数;Fr 为弗劳德数;K_{out} 为出口导热率;

τ 为摩擦参数。

该式计算结果与试验结果对比，二者符合很好。用该准则式验证 NOTI-NACI 的计算结果，符合也很好。用 NOTINACI 计算时，是由稳定工况向不稳定工况逼近的，当某一工况的状态接近不稳定性边界时，有可能出现用准则式判别的稳定性状态与 NOTINACI 计算结果的状态不一致的情况。但是，再向不稳定区域逼近，二者就完全一致。

2.5 本章小结

本章从试验和理论两方面对低温供热堆自然循环回路系统的两相流动不稳定性进行了研究。

自主设计搭建了模拟低温供热堆工况的中压自然循环试验回路，包括一、二回路，冷却器和辅助系统。建立了一套适用于瞬态热工参数的测试系统，分别测量了工质温度，试验段管壁温度，环境温度，循环流量，试验段进、出口压力及压差，加热功率等，对单通道自然循环条件两相流动不稳定性进行了研究。试验段尺寸模拟了低温供热堆的当量直径尺寸，试验工况参数覆盖了低温供热堆运行的热工参数(压力、流量、进口过冷度、单根元件的功率和出口含汽率等)。共进行了 79 个工况试验，取得了相应的试验数据、瞬态实时脉动曲线，还分析了试验段进口过冷度、质量流速和压力对密度波不稳定性的影响，从理论和试验两方面得到了发生不稳定性的边界。

针对低温供热堆的工况，建立了一套完善、准确的数学物理模型，还包括堆芯的点堆动力学模型，空泡份额、燃料多普勒、冷却剂温度等反应性反馈模型，一维堆芯热传导模型，对流换热模型，冷凝传热模型，过冷沸腾模型，饱和沸腾模型及相应的水力学模型、物性模型等，其中两相流模型采用漂移流模型，在传热模型中，还区分了大、小流量的情况，并将这些模型编制成了计算机程序。该程序经过与试验结果的验证符合较好，证明了该程序是精确、可靠、正确的。通过理论计算得到了低温供热堆发生不稳定性时的脉动曲线及相应的边界，还得到了低温供热堆水力学稳定性审评的验收准则，可用于分析低温供热堆在自然循环工况下的两相流动不稳定性，供安全审评使用。

参考文献

[1] 郝文涛, 张亚军. 低温供热堆研究进展[J]. 中国核电, 2019, 12(5): 518-521.

[2] 吕应中，王大中. 低温核供热堆的发展前景[J]. 核动力工程，1984(06)：43-51.

[3] LAHEY R T，YADIGAROGLU G. NUFREQ，a computer program to investigate thermo-hydrodynameic stability[R]. Boston：General Electric Co.，1973.

[4] 于平安，喻真烷. 核反应堆热工分析[M]. 北京：原子能出版社，1986.

[5] ACHARD J L，DREW D A，LAHEY R T. The effect of gravity and friction on the stability of boiling flow in a channel[J]. Chem. Engrg. Commun.，1981，11：59-79.

[6] KENJI F，TETSUO K. Classification of two-phase flow instability by density wave oscillation model[J]. J. Nuclear Science and Technology，1979，16(2)：95-108.

[7] ISHII M，ZUBER N. Thermally induced flow instabilities in two phase mixtures[C]//4th Int. Heat Transfer Conf.，August 31 – September 5，1970，Paris. Paris：Elsevier，1970：1-12.

[8] 杨世铭，陶文铨. 传热学[M]. 4版. 北京：高等教育出版社，2006.

[9] LOCKHART R，MARTINELLI R. Proposed correlation of data for isothermal two-phase, two-component flow in pipes[J]. Chem. Eng. Prog.，1949，45：39-48.

[10] 华绍曾，杨学宁，李世铎，等. 实用流体阻力手册[M]. 北京：国防工业出版社，1985.

[11] BANKOFF S G. A variable density single-fluid model for two-phase flow with particular reference to steam-water flow[J]. J. Heat. Transf.，1960，82(4)：265.

[12] 徐济鋆. 沸腾传热和气液两相流[M]. 2版. 北京：原子能出版社，2001.

[13] CHEN J C. Correlation for boiling heat transfer to saturated fluids in convective flow[J]. Industrial & Engineering Chemistry Process Design and Development，1966，5：322-329.

[14] SU G H，JIA D N，FUKUDA K. Theoretical and experimental study on density wave oscillation of two-phase natural circulation of low equilibrium quality[J]. Nuclear Engineering and Design，2002，215(3)：187-198.

[15] 苏光辉. 低温供热堆工况下第一类密度波不稳定研究[D]. 西安：西安交通大学，1997.

[16] SU G H, ZHANG Y J, J. L. Steady and transient analysis and calculation of passive residual heat removed system[C]//Proc. 3rd Int. Sym. of Multiphase Flow and Heat Transfer. Xi'an: Xi'an Jiaotong Univercity, 1994: 1025-1031.

[17] SU G H, JIA D N, FUKUDA K, et al. Theoretical study on density wave oscillation of two-phase natural circulation under low quality condition[J]. J. Nucl. Sci. Technol., 2001, 38: 607-613.

[18] BOURE J A, BERGLES A E, TONG L S, et al. Review of two-phase flow instability[J]. Nucl. Eng. Des., 1973, 25: 165-192.

[19] JIA H, WU S R, LI H X, et al. Thermalhydraulic investigation using a test facility simulating 200 MW intergral heating reactor[J]. J. Nucl. Sci. Technol., 2000, 37(2): 202-208.

>>> **第 3 章**
# 中国先进研究堆自然循环不稳定性分析

3.1 概述

中国先进研究堆(CARR)[1-3]是中国原子能科学研究院自主研发、设计和建造的一座高功率、高性能、多用途研究堆。CARR 于 2010 年 5 月实现首次临界,2012 年 3 月成功实现满功率运行。CARR 由反应堆及其辅助系统和实验设施组成,包括反应堆本体、22 个主工艺系统、14 个辅助工艺系统,额定功率 60 MW,采用 U3Si2 - Al 弥散体板状元件,轻水冷却、重水慢化,重水反射层最大未扰热中子注量率 8×10^{14} n·cm^{-2}·s^{-1},建有 25 个垂直孔道和 9 个水平孔道,既能引出高品质中子束流,满足国民经济建设至关重要的能源、材料、信息、生命等学科发展中发挥重要作用的中子散射试验技术的要求,同时有适度的功率水平和足够的辐照空间。作为国内中转应用多学科交叉的综合性大型平台,CARR 主要应用领域有中子散射实验研究、核燃料元件考验、材料辐照试验、中子活化分析、中子照相、单晶硅中子嬗变参杂和放射性核素辐照生产等,为我国核科学技术研究、开发与应用提供了一个重要的具有先进性、综合性的科学实验研究平台[4-6]。

针对 CARR 的正常运行工况和事故工况下热工水力安全分析及系统优化设计等研究[7-20]已开展较多,其中对 CARR 的两相流动不稳定性研究是 CARR 安全和事故分析的重中之重。本章主要介绍 CARR 的基本几何结构(侧重自然循环)及程序 INAC 开发的背景和目的。

3.2 数学模型推导及数值方法

CARR 本体结构示意图如图 3 - 1 所示,堆本体包括以下主要部件:反应堆水池，导流箱，堆芯容器及填充，下栅格板，膨胀节，衰变箱等。堆本体外冷却剂分为4个环路，正常工况下冷却剂通过板式换热器与二回路冷却水进行逆流冷却换热后，被主循环泵重新注入堆芯。

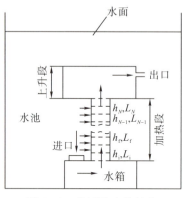

图 3-1 CARR 本体结构

3.2.1 热工水力方程

1. 基本守恒方程

本试验采用一维的热工水力学方程。

质量守恒方程：

$$\frac{\partial}{\partial t}\left(\int_A \rho \mathrm{d}A\right) + \frac{\partial}{\partial z}\left(\int_A \rho v \mathrm{d}A\right) = 0 \tag{3-1}$$

式中，ρ 为流体密度，kg/m^3；v 为流体流速，m/s，A 为流体截面积，m^2。

动量守恒方程：

$$\frac{\partial}{\partial t}\left(\int_A \rho v \mathrm{d}A\right) + \frac{\partial}{\partial z}\left(\int_A \rho v^2 \mathrm{d}A\right) = -A\frac{\partial p}{\partial z} - \int_U \tau_f \mathrm{d}l - \int_A \rho g \mathrm{d}A \tag{3-2}$$

式中，p 为系统压力，Pa；τ_f 为边界切应力，Pa；U 为边界长度，m；g 为重力加速度，m/s^2。

能量守恒方程：

$$\frac{\partial}{\partial t}\left[\int_A \rho\left(u+\frac{v^2}{2}\right)\mathrm{d}A\right] + \frac{\partial}{\partial z}\left[\int_A \rho\left(u+\frac{v^2}{2}\right)v\mathrm{d}A\right] =$$
$$\int_{U_k} q \mathrm{d}l + \int_A q_V \mathrm{d}A - \frac{\partial}{\partial z}\int_A pv \mathrm{d}A - \int_A \rho g v \mathrm{d}A \tag{3-3}$$

式中，u 为单位质量流体内能，J/kg；q 为面热流密度，W/m^2；q_V 为体热流密度，W/m^3；U_k 为边界周长，m。

第3章 中国先进研究堆自然循环不稳定性分析

单位质量流体内能 u 与比焓 h 有如下关系：

$$h = u + \frac{p}{\rho} \tag{3-4}$$

转化为焓的能量方程：

$$\frac{\partial}{\partial t}\left(\int_A \rho h \, dA\right) + \frac{\partial}{\partial z}\left(\int_A \rho h v \, dA\right) = \int_{U_k} q \, dl + \int_A q_V \, dA - \frac{\partial(pA)}{\partial t} - \int_A \rho g v \, dA - \left[\frac{\partial}{\partial t}\left(\int_A \rho \frac{v^2}{2} dA\right) + \frac{\partial}{\partial z}\left(\int_A \rho \frac{v^3}{2} dA\right)\right] \tag{3-5}$$

如果忽略重力做的功及动能变化，并将质量守恒方程代入能量方程，得到

$$\frac{\partial}{\partial t}\left(\int_A \rho h \, dA\right) + \frac{\partial}{\partial z}\left(\int_A \rho h v \, dA\right) = \int_{U_k} q \, dl + \int_A q_V \, dA \tag{3-6}$$

2. 单相水热工水力微分方程

质量守恒方程：

$$\frac{\partial \rho_l}{\partial t} + \frac{\partial(\rho_l v_l)}{\partial z} = 0 \tag{3-7}$$

动量守恒方程：

$$\frac{\partial(\rho_l v_l)}{\partial t} + \frac{\partial(\rho_l v_l^2)}{\partial z} + \frac{f_l}{2 D_e}\rho_l v_l^2 + \rho_l g + \frac{\partial p}{\partial z} = 0 \tag{3-8}$$

能量守恒方程：

$$\frac{\partial(\rho_l h_l)}{\partial t} + \frac{\partial(\rho_l v_l h_l)}{\partial z} = \frac{q_l}{A} \tag{3-9}$$

式中：ρ_l 为流体密度，kg/m^3；v_l 为流体速度，m/s；f_l 为摩擦因子；D_e 为等效直径，m；h_l 为比焓，J/kg；q_l 为线热流密度，W/m。

3. 两相热工水力微分方程

基于均相模型的两相流体控制方程如下。

质量守恒方程：

$$\frac{\partial \rho_H}{\partial t} + \frac{\partial}{\partial z}(\rho_H v_H) = 0 \tag{3-10}$$

动量守恒方程：

$$\frac{\partial(\rho_H v_H)}{\partial t} + \frac{\partial}{\partial z}(\rho_H v_H^2) + \frac{f_{TP}}{2 D_e}\rho_H v_H^2 + \rho_H g + \frac{\partial p}{\partial z} = 0 \tag{3-11}$$

能量守恒方程：

$$\frac{\partial(\rho_H h_H)}{\partial t}+\frac{\partial}{\partial z}(\rho_H v_H h_H)=\frac{q_l}{A} \qquad (3-12)$$

式中，ρ_H 为均相流体密度，kg/m^3；v_H 为均相流体速度，m/s；f_{TP} 为两相摩擦因子；h_H 为均相比焓，J/kg。

3.2.2 传热模型

1. 热传导模型

对于燃料板，作如下假设：
(1) 忽略轴向导热；
(2) 燃料芯块的发热只沿轴向变化，而沿径向均匀；
(3) 所有燃料元件具有相同的传热特性；
(4) 采用平均物性，忽略燃料和包壳差别。

其热传导方程为

$$C_p\rho\frac{\partial T(x,t)}{\partial t}=\frac{\partial}{\partial x}\left[k(T)\frac{\partial T(x,t)}{\partial x}\right]+q_V(x,t) \qquad (3-13)$$

式中，C_p 为燃料板材料的定容比热，$J/(kg \cdot K)$；$T(x,t)$ 为燃料板内温度，K；$k(T)$ 为燃料板的传热系数，$W/(m \cdot K)$；$q_V(x,t)$ 为燃料板的体热流密度，W/m^3。

热传导模型主要用于加热段壁温的求解，根据能量守恒得到简化的壁温偏微分方程：

$$\frac{dT_w}{dt}=\frac{q_V-q_f}{\rho \cdot C_p} \qquad (3-14)$$

式中，T_w 为燃料板壁面温度，K；q_V 为单位面积燃料板释放的热通量，W/m^2；q_f 为单位面积壁面散失的热通量，W/m^2。

2. 对流换热模型

这里的对流换热指的是固体壁面与流体之间直接接触时的热交换。对流换热过程中传递的热量可用牛顿冷却定律求得：

$$Q=h_{sp} \cdot \Delta T \qquad (3-15)$$

要求出换热量 Q 或已知换热量求壁面温度 T_w 关键在于求出对流换热系数 h_{sp}，对于不同性质的流体及不同的流动工况，有不同的对流换热系数。其计算公式很多，本研究中所使用的关系式，其中大部分在 RELAP、RETRAN 等大型程序中已经得到应用，具体的关系式在后面给出。

3.2.3 压降关系式

1. 单相压降计算

对于单相区,根据雷诺数的大小,分别采用下面的公式求解摩擦系数:
层流区壁面摩擦阻力系数为

$$f_{\text{laminar},\varphi} = \frac{64}{Re}, \quad Re < 1000 \tag{3-16}$$

过渡区壁面摩擦阻力系数为

$$f_{\text{transition},\varphi} = 0.048, \quad 1000 < Re < 2000 \tag{3-17}$$

紊流区壁面摩擦阻力系数为

$$f_{\text{turbulent},\varphi} = \frac{0.316}{Re^{0.25}}, \quad Re \geqslant 2000 \tag{3-18}$$

2. 两相压降计算

两相摩擦压降计算基于均相流模型:

$$\Delta p_{\text{tf}} = \varphi_{\text{tp}}^2 \Delta p_{\text{lf}} \tag{3-19}$$

其中,Δp_{lf} 由单相公式计算;倍增因子 φ_{tp}^2 由以下公式计算。

(1) 采用苏联科学家在 1950 年推导的关系式:

$$\varphi_{\text{tp}}^2 = 1 + x\left(\frac{\rho_{\text{f}}}{\rho_{\text{g}}} - 1\right) \tag{3-20}$$

(2) 采用麦克亚当斯(McAdams)推导的关系式:

$$\varphi_{\text{tp}}^2 = \left[1 + x\left(\frac{\rho_{\text{s}}}{\rho_{\text{g}}} - 1\right)\right]\left[1 + x\left(\frac{\mu_{\text{s}}}{\mu_{\text{g}}} - 1\right)\right]^{-0.25} \tag{3-21}$$

本研究计算时采用式(3-21),式(3-20)可供选择。

3.2.4 对流换热系数关系式

在具体工况计算时,不仅单相区、两相区需要选取不同的换热公式,还要根据 Re 的变化选用合适的换热公式。

1. 单相流体对流换热系数

(1) 小流量区。
科利尔公式:

$$Nu = 0.17 Re^{0.33} Pr^{0.43}\left(\frac{Pr}{Pr_{\text{w}}}\right)^{0.25} Gr^{0.1}, \quad Re < 2000 \tag{3-22}$$

式中,格拉晓夫数 Gr 为

核动力系统的流动不稳定性

$$Gr = \frac{D_e^3 \rho_f^2 g \beta \Delta T}{v_f} \qquad (3-23)$$

式中，D_e 为当量直径，m；ρ_f 为流体密度，kg/m³；β 为体膨胀系数，1/K；ΔT 为冷热源温度，K；v_f 为流体运动黏度，m²/s。适用范围：层流，$Re<2000$，$\frac{l}{d}>50$，垂直上升流动的加热管及垂直下降流动的冷却管。

(2) 大流量区。

佩图霍夫（Petukhov）公式[20]：

$$Nu = \frac{f Re Pr}{8X}\left(\frac{\mu_b}{\mu_w}\right)^{0.11}, \quad Re \geqslant 3000 \qquad (3-24)$$

式中，μ_b 为流体在流体温度下的动力黏度，Pa·s；μ_w 为流体在壁面温度下的动力黏度，Pa·s。X 以下式计算：

$$X = 1 + 12.7\left(\frac{f}{8}\right)^{\frac{1}{2}}(P_r^{\frac{2}{3}} - 1)$$

2. 过冷沸腾对流换热系数

(1) 选择使用广泛的罗斯瑙公式。

$$h = \frac{\mu h_{fg}}{\sqrt{\frac{g\sigma}{g(\rho_f - \rho_g)}}} \cdot \left[\frac{C_p}{0.0132 h_{fg}\left(\frac{C_p\mu}{\kappa}\right)^{1.7}}\right]^3 \cdot (T_w - T_s)^2 \qquad (3-25)$$

式中，μ 为动力黏度，Pa·s；h_{fg} 为汽化潜热，kJ/(kg·K)；g 为重力加速度，m/s²；σ 为液体表面张力，N/m；ρ_f、ρ_g 为饱和液体、气体的密度，kg/m³；C_p 为液体定压比热，kJ/(kg·K)；κ 为液体传热系数，W/(m·K)；T_w 为壁面温度，K；T_s 为流体饱和温度，K。

该式适用的压力范围为 $1.01\times10^5 \sim 1.7\times10^7$ Pa，试验数据的分散度约为±20%。

(2) 可以选择陈氏公式，见式(2-112)：

过冷沸腾起始点的判定采用伯格尔斯-罗斯瑙（Bergles - Rohsenow）公式：

$$q_{onb} = 1.798\times10^{-3} p^{1.156}\left[\frac{9}{5}(T_w - T_s)\right]^{2.828/p^{0.0234}} \qquad (3-26)$$

$$q = h\{T_w - T_s + [T_s - T_f(z)]\} \qquad (3-27)$$

将上面两式联立求解即可得到过冷沸腾起始点。

3. 两相流体对流换热系数

陈氏公式适用于整个流量范围，具体表达式为

$$\alpha = 0.023F \frac{\lambda_f^{0.6} G^{0.8} (1-x)^{0.8} C_{pf}^{0.4}}{\mu_f^{0.4} D_e^{0.2}} +$$

$$0.00122S \frac{\lambda_f^{0.6} C_{pf}^{0.45} \rho_f^{0.49}}{\sigma^{0.5} \mu_f^{0.29} h_{fg}^{0.24} \rho_g^{0.24}} (T_w - T_s)^{0.24} (p_w - p)^{0.75} \quad (3-28)$$

式中，F 为雷诺数因子，它只与洛克哈特-马蒂内利参数有关，即 $F = f(1/X_{tt})$，具体的函数形式为

$$F = \begin{cases} 1.0, & X_{tt}^{-1} \leqslant 0.1 \\ 2.35(X_{tt}^{-1} + 0.213)^{0.736}, & X_{tt}^{-1} > 0.1 \end{cases} \quad (3-29)$$

式中：

$$X_{tt}^{-1} = \left(\frac{x}{1-x}\right)^{0.9} \left(\frac{\rho_f}{\rho_g}\right)^{0.5} \left(\frac{\mu_g}{\mu_f}\right)^{0.1} \quad (3-30)$$

式中，S 为泡核沸腾抑制因子，按 $S = f(F, Re_{TP})$ 关联，具体的函数形式为

$$S = \begin{cases} (1 + 0.12 Re_{TP}^{1.14})^{-1}, & Re_{TP} < 32.5 \\ (1 + 0.42 Re_{TP}^{0.78})^{-1}, & 32.5 \leqslant Re_{TP} < 70 \\ 0.1, & Re_{TP} \geqslant 70 \end{cases} \quad (3-31)$$

式中：

$$Re_{TP} = \frac{GD_e(1-x)}{\mu_f} F^{1.25} \times 10^{-4} \quad (3-32)$$

3.2.5 管道与腔室模型

将 CARR 堆的自然循环回路等效为一定当量直径的管道，对于管道、上下腔室有如下的能量方程：

$$M \frac{dh}{dt} = W(h_{in} - h_{out}) \quad (3-33)$$

式中，M 为系统内流体总质量，kg；W 为流体质量流速，kg/s；h_{in} 为流体进入管道的比焓，J/kg；h_{out} 为流体离开管道的比焓，J/kg。

3.2.6 数值方法

整个核动力系统的动态仿真的数值方法与 2.4.11 小节的模型方程解法相同。

3.3 分析程序开发及验证

作者团队在自然循环热工水力试验回路上进行了自然循环两相流动低压低含汽率密度波不稳定性的试验研究，其回路结构如图 2-2 所示。

核动力系统的流动不稳定性

该回路所有材料均为不锈钢,整个回路由石棉保温材料包敷。加热段内径 12 mm,加热长度 3 m;上升段内径 29 mm,总长度 7.5 m。加热段采用均匀电加热方式,使用 TYPE-3061 型六笔函数记录仪对试验参数进行记录,可以直接得到脉动曲线。试验的具体参数范围列于表 3-1 中。

表 3-1 试验工况参数范围

序号	物理量	数值范围
1	系统压力	0.2 MPa~2 MPa
2	进口过冷度	5~40 ℃
3	流量	0~0.4 kg·s^{-1}
4	质量流速	0~3538 kg·m^{-2}·s^{-1}
5	加热功率	2 kW~30 kW

从该系统的结构和试验参数上可以看出其同 CARR 有一定程度的相似,所以可以使用该试验数据对前面的模型和程序进行验证。

基于以上模型编制了程序,使用程序计算了试验回路的自然循环两相流动不稳定性区间,并将计算结果同 21 个试验数据点进行了比较,其对比如图 3-2 所示。

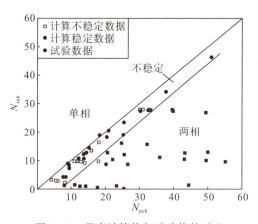

图 3-2 程序计算值与试验值的对比

从图中可以看出,21 个试验数据点有 20 个落在了计算所得的不稳定区域内,因此,该模型和程序可以用来分析 CARR 自然循环两相流动不稳定性,其分析结果是可信的。

第3章 中国先进研究堆自然循环不稳定性分析

3.4 计算结果及分析

本节采用较为直观的时域法对CARR自然循环回路进行两相流动不稳定性分析,基于前面的自然循环两相流动不稳定性分析的数学模型,编制程序并对大量工况进行计算,得到了自然循环两相流动不稳定性边界。以下计算分析基于CARR自然循环回路。自然循环运行时水从下部水箱进入反应堆内,然后通过加热段,再经过上升段流入水池,水池被视为下降段,水池内为常压常温,对于其中的摩擦压降和局部阻力损失均忽略不计。以上结构构成了CARR自然循环回路。

将整个自然循环回路划分为54个控制体:衰变箱外、中、内筒各划分为1个控制体;滤网被视为外筒进口局部阻力部件,为1个控制体;堆芯进口段、下插头段、燃料板下部不发热段(20 mm)各划分为1个控制体;燃料板发热段划分为17个控制体,每段5 mm;燃料板上部不发热段划分为1个控制体,堆芯上段有填充体段划分为2个控制体,无填充体段划分为4个控制体;导流箱段划分为20个控制体;分配腔、瓣阀、接管各划分为1个控制体。

基于以下步骤设定所需计算工况的水池温度、堆芯功率、进口阻力系数等,并进行数值计算:

(1) 寻找合适的匹配的流量;
(2) 设定计算的精度、输出时间步长、计算总时间等参数;
(3) 开始计算,可通过屏幕输出观察计算工况中参数的变化;
(4) 在同一进口温度下,改变功率(同时流量也随之改变),重复(1)、(2)、(3)、(4)步骤;
(5) 改变进口过冷度,重复(1)、(2)、(3)、(4)、(5)步骤;
(6) 改变进口阻力系数,重复(1)、(2)、(3)、(4)、(5)、(6)步骤。

采用上面的计算步骤,在以下参数范围内本研究对200余例工况进行了计算分析,进口过冷度15~85 ℃,流量10~100 kg·s^{-1},压力0.2 MPa~0.3 MPa。部分工况具体初值如表3-2和表3-3所示,其中压降一栏表示加热段压降;稳定一栏中的数字1表示该工况为不稳定工况,数字0表示该工况为稳定工况;衰变箱比焓一栏可以反映不同的进口过冷度。

核动力系统的流动不稳定性

表 3-2 计算工况记录表 1

工况编号	堆芯功率/MW	含汽率/%	流量/(kg·s⁻¹)	进口比焓/(kJ·kg⁻¹)	出口比焓/(kJ·kg⁻¹)	出口温度/K	衰变箱比焓/(kJ·kg⁻¹)	进口压力/MPa	压降/MPa	稳定
33	13	37.7	14.6904	422.3	1322.4	391.67	355.5	0.2186	0.03143	0
34	4	0.126	32.323	365.3	490.7	387.17	355.5	0.21676	0.00904	1
35	5	0.167	40.1575	364.9	491.57	386.97	355.5	0.2155	0.00953	1
36	5	0.108	30.816	325.69	490.76	387.08	313.4	0.2178	0.00898	1
37	6	0.094	29.898	286.6	490.79	387.14	271.47	0.2186	0.00895	1
38	7	0.082	29.288	247.6	490.8	387.2	229.6	0.2193	0.00894	1
39	16.5	9.531	32.55	184.4	700.1	392.4	146.1	0.2195	0.0284	0
40	12	3.974	49.922	331.59	576.1	392.4	313.4	0.21308	0.02195	0
41	10	0.092	31.6601	169.97	491.3	387.5	146.1	0.21963	0.00913	1
42	9	0.066	28.5392	169.9	490.7	387.4	146.1	0.22004	0.00895	1
43	8	0.028	25.428	169.8	489.9	387.28	146.1	0.22041	0.00879	1
44	11	0.113	34.7807	170.0	491.7	387.6	146.1	0.21918	0.00932	1
45	12	0.133	37.8983	170.0	492.1	387.7	146.1	0.21868	0.00952	1

注：进口局部阻力系数 9.52，进口温度 298～358 K。

表 3-3 计算工况记录表 2

工况编号	堆芯功率/MW	含汽率/%	流量/(kg·s⁻¹)	进口比焓/(kJ·kg⁻¹)	出口比焓/(kJ·kg⁻¹)	出口温度/K	衰变箱比焓/(kJ·kg⁻¹)	进口压力/MPa	压降/MPa	稳定
141	4	0.055	32.7044	364.7	489.17	389.7	355.5	0.21859	0.00906	1
142	3.5	0.027	28.7385	364.7	488.6	389.6	355.5	0.2187	0.00884	1
143	5	0.088	40.6834	364.78	489.8	389.9	355.5	0.21833	0.00957	1
144	7	0.14	56.5366	364.8	490.8	390.1	355.5	0.21766	0.01082	1
145	12.5	0.26	99.644	364.98	492.6	390.5	355.5	0.21481	0.01564	0
146	15	1.5	98.96	366.9	521.1	392.7	355.5	0.21237	0.0194	0
147	11.5	3.1	62.653	369.3	556.1	392.5	355.5	0.2172	0.0236	0
148	9.7	6.95	37.03	375.28	641.78	392.0	355.5	0.21844	0.0289	0
149	9.7	10.9	28.41	381.29	728.6	391.0	355.5	0.2187	0.03041	0

第3章 中国先进研究堆自然循环不稳定性分析

续表

工况编号	堆芯功率/MW	含汽率/%	流量/(kg·s^{-1})	进口比焓/(kJ·kg^{-1})	出口比焓/(kJ·kg^{-1})	出口温度/K	衰变箱比焓/(kJ·kg^{-1})	进口压力/MPa	压降/MPa	稳定
150	10.2	15.9	23.021	388.96	839.7	391.7	355.5	0.21883	0.03112	0
151	11	22	19.385	398.35	975.6	391.7	355.5	0.21891	0.03145	0
152	12.1	30	16.5735	410.6	1153.38	391.7	355.5	0.21895	0.03158	0
153	13.5	41.1	14.1455	427.5	1398.49	391.6	355.5	0.21899	0.03171	0
154	14.6	49.7	12.9574	440.59	1586.9	391.7	355.5	0.21901	0.03163	0
155	16	61.9	11.6418	459.28	1857.48	391.7	355.5	0.21902	0.03163	0

注：进口局部阻力系数0，进口温度298～358 K。

任何热工水力系统的动态特性均受很多参数控制，流体的动态行为由系统的基本守恒方程组（质量、动量、能量方程）和边界条件决定。一般在强制循环流动中，流道质量流速主要受泵的驱动压头控制，而在自然循环流动中，是靠回路下部的加热段和上升段同外部流体之间的温度差引起的密度差而产生的压头驱动流体循环。因此，循环流量由驱动压头与整个回路的局部阻力、沿程摩擦阻力的平衡求得，它必须由动量方程和能量方程耦合求解。于是对于一定的进口比焓和加热功率，回路的几何结构便确定了质量流速。所以质量流速是加热功率和进口过冷度相耦合的函数，在自然循环两相流动不稳定性研究中，当讨论系统压力、进口过冷度、加热功率等参数对脉动影响的时候，应该考虑自然循环质量流速与它们耦合的因素。本研究采用通用的无量纲的过冷度数 N_{sub} 和相变数 N_{pch} 来综合分析加热功率和进口过冷度对自然循环两相流动不稳定性的影响，其中相变数中的功率采用堆芯总功率，流量采用总流量，相变数和过冷度数中其他参数采用堆芯平均压降计算。

图3-3和图3-4分别表示了不同进口阻力系数下的CARR自然循环不稳定区域。从图上可以看出CARR自然循环不稳定区间为一狭长的区域，其含汽率(X_e)从0到0.2%，而系统在更高含汽率的广泛空间中均为稳定。这一特点同CARR的结构及其接近于常压的自然循环工况是紧密相关的。从图3-3和图3-4的比较中可以看出不同的进口阻力系数对不稳定区间没有影响，这一结论同Fukuda等得到的试验结果是一致的，进口节流对于高含汽率的不稳定性有抑止作用，但是在低含汽率范围内没有明显的作用。

核动力系统的流动不稳定性

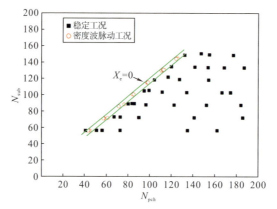

图 3-3 CARR 不稳定区域(堆芯进口阻力系数 9.52)

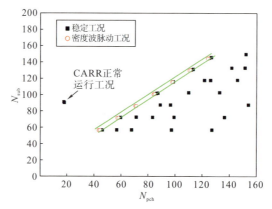

图 3-4 CARR 不稳定区域(堆芯进口阻力系数 0)

图 3-5 是根据进口阻力系数为 0 的不同的进口过冷度的工况绘制的流量随功率变化图,其中的不稳定区域处于中小流量低功率区域。图 3-6、图 3-10、图 3-11 等是进口阻力系数 9.52、进口温度 298 K 时不同加热功率下的自然循环流动不稳定流量脉动曲线,图 3-7、图 3-8 是发生流量漂移的工况,图 3-9 为稳定的工况。图 3-12、图 3-13、图 3-14、图 3-20 为进口阻力系数 0、进口温度 298 K 时不同加热功率下的自然循环流动不稳定流量脉动曲线,图 3-15、图 3-16、图 3-17、图 3-18、图 3-21 为流量漂移工况,图 3-19 为稳定工况。图 3-22、图 3-23、图 3-24、图 3-25 是进口阻力系数 0、进口温度 358 K 时不同加热功率下的自然循环流动不稳定流量脉动曲线,图 3-26 为流量漂移工况,图 3-27 为稳定工况。

第3章 中国先进研究堆自然循环不稳定性分析

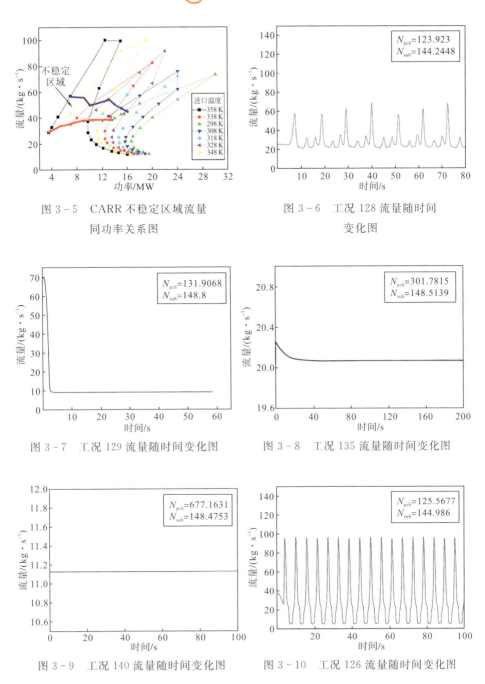

图 3-5 CARR 不稳定区域流量同功率关系图

图 3-6 工况 128 流量随时间变化图

图 3-7 工况 129 流量随时间变化图

图 3-8 工况 135 流量随时间变化图

图 3-9 工况 140 流量随时间变化图

图 3-10 工况 126 流量随时间变化图

核动力系统的流动不稳定性

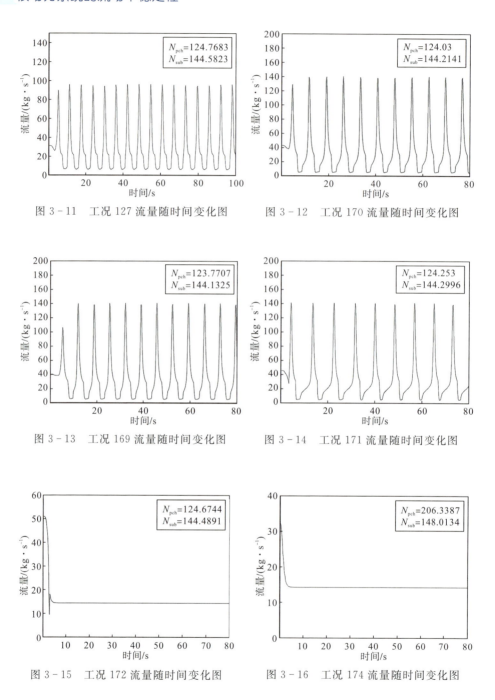

图3-11 工况127流量随时间变化图

图3-12 工况170流量随时间变化图

图3-13 工况169流量随时间变化图

图3-14 工况171流量随时间变化图

图3-15 工况172流量随时间变化图

图3-16 工况174流量随时间变化图

第3章 中国先进研究堆自然循环不稳定性分析

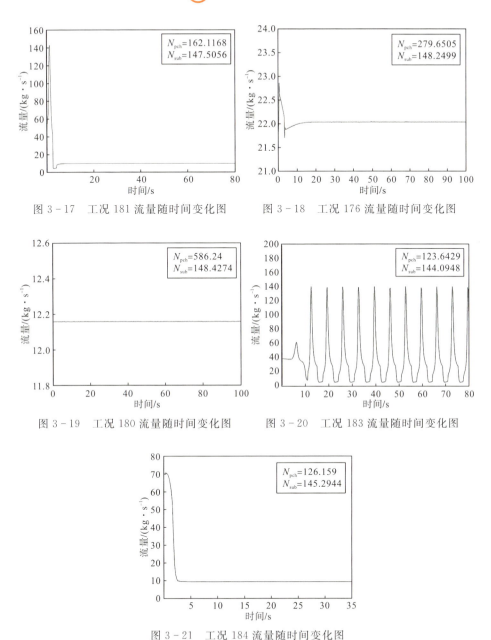

图 3-17 工况 181 流量随时间变化图

图 3-18 工况 176 流量随时间变化图

图 3-19 工况 180 流量随时间变化图

图 3-20 工况 183 流量随时间变化图

图 3-21 工况 184 流量随时间变化图

核动力系统的流动不稳定性

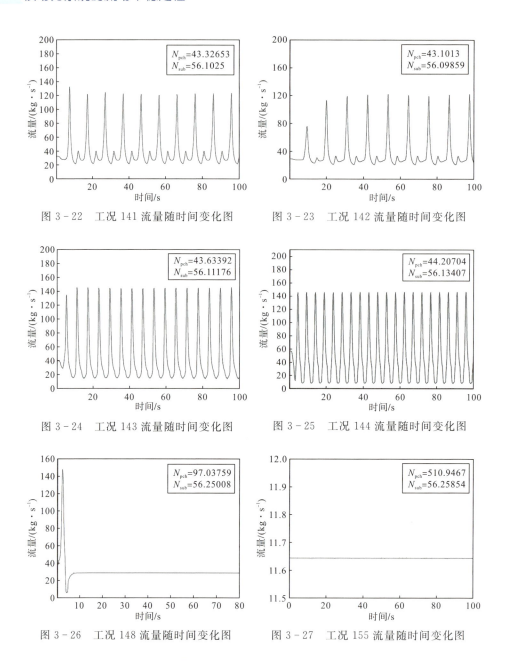

图 3-22　工况 141 流量随时间变化图

图 3-23　工况 142 流量随时间变化图

图 3-24　工况 143 流量随时间变化图

图 3-25　工况 144 流量随时间变化图

图 3-26　工况 148 流量随时间变化图

图 3-27　工况 155 流量随时间变化图

从以上的流量脉动工况的特点(在后面有具体论述)可以看出这是低压低含汽率下的第一类密度波脉动。Wang 等[21]认为这一脉动应属于沸腾起始点脉动(boiling onset oscillations),但因其特征同密度波极为类似,可以将沸腾起始点脉动作为密度波脉动的一个特例来处理。对于某一给定工况,加热功

第3章 中国先进研究堆自然循环不稳定性分析

率达到一定的水平,工质达到或接近饱和,在上升段压力降低,发生汽化,产生了少许蒸汽。但是由于是在低压工况,两相比容差别非常大,微量的蒸汽引起了密度的巨大变化(见图3-41),这时系统对外界的微小扰动极其敏感,如果此时给系统以微小的扰动(由程序提供),便会引起自然循环回路流量、压差、流体温度、壁面温度、进出口压力及沸腾边界等参数的脉动,如图3-28至图3-34等所示。图3-28至图3-30为进口阻力系数9.52、进口温度298 K时不同加热功率下的工况的主要参数脉动曲线,图3-31至图3-35为进口阻力系数0、进口温度298 K时不同加热功率下的工况的主要参数脉动曲线。从图中可以看出,自然循环不稳定工况的脉动周期较小,一般为4~13 s,脉动的形状比较规则,同一工况振幅基本相同。

为了清楚地表示出沸腾同密度波不稳定性的关系,我们对各脉动工况绘制了沸腾边界随时间的变化图,所谓的沸腾边界即堆内(包括上升段)沿高度方向上开始发生沸腾的那一点的位置,由当地比焓是否达到当地饱和比焓来判定,从图3-28至图3-35可以看出这一参数的变化。在图3-28至图3-35的分图(b)中可以发现沸腾边界的变化与流量的变化相比存在着一定的延迟,这主要是因为流量的变化同驱动压头相关,其变化迅速,而沸腾边界的变化不仅与流量有关系,还同流体加热到沸腾所需的时间有关。当堆内没有出现沸腾时,定义沸腾出现在堆外,即图中沸腾边界顶部平的一段。在图3-28至图3-34的分图(d)中绘制的是流量同沸腾边界的关系,以图3-28(d)的工况来说明这一脉动过程。沸腾开始出现在堆的导流箱内,有一微小扰动使流量减小,这时沸腾边界向出口移动,使驱动压头减小,流量进一步减小,加热段出口的流体焓值增加,进入上升段,使沸腾边界下移,驱动压头增大,流量飞速增大。这时加热段提供的热量已经不能使堆内出现两相,驱动压头很快减小,流量剧烈减小。流量的不断减小使加热段内也出现了两相,这时由于上升段空间巨大,加热段内两相流体进入上升段反而被冷却,所以在一段时间内两相段长度增加不多;同时由于两相摩擦压降增大,流量变化不大,在低流量区要停留一段时间,某些工况下有小幅振荡(见图3-6、图3-22、图3-24、图3-29)。随着上升段流体不断被加热,直至出现蒸汽,这时驱动压头急剧增加,流量也迅速增加,同时沸腾边界也由加热段向出口移动,直至消失。然后驱动压头再次降低,流量下降,开始新一轮的循环。

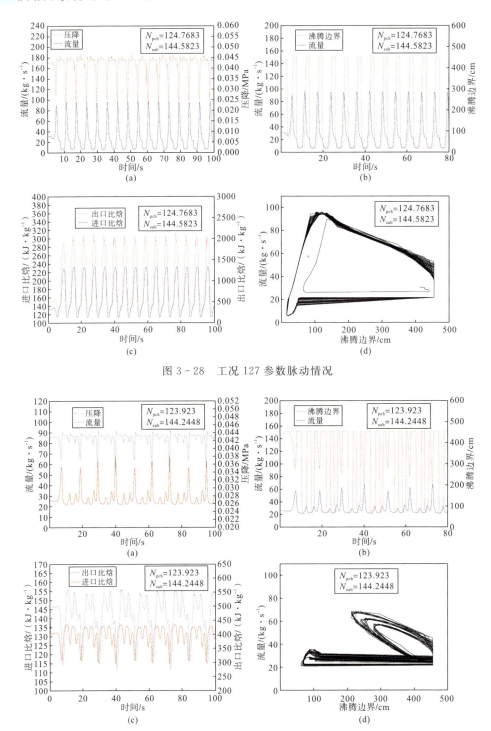

图 3-28 工况 127 参数脉动情况

第3章 中国先进研究堆自然循环不稳定性分析

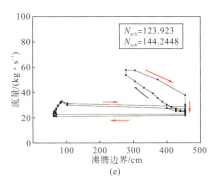

图 3-29 工况 128 参数脉动情况

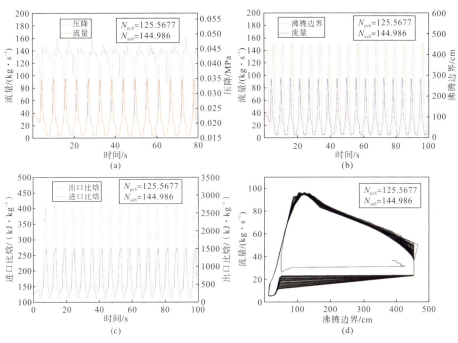

图 3-30 工况 126 参数脉动情况

核动力系统的流动不稳定性

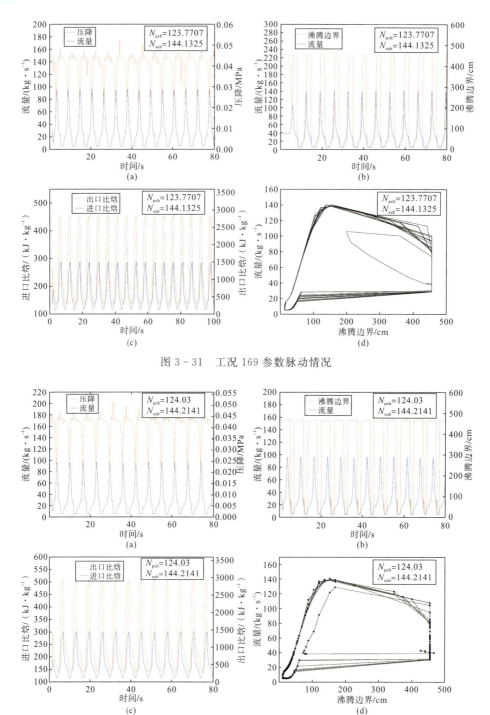

图 3-31 工况 169 参数脉动情况

图 3-32 工况 170 参数脉动情况

第3章 中国先进研究堆自然循环不稳定性分析

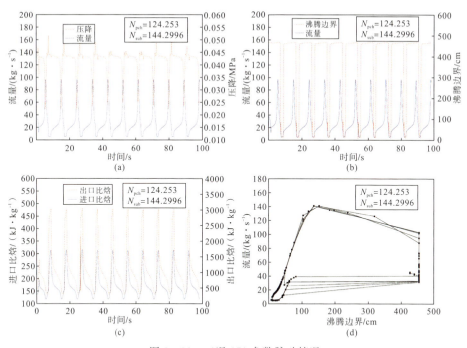

图 3-33 工况 171 参数脉动情况

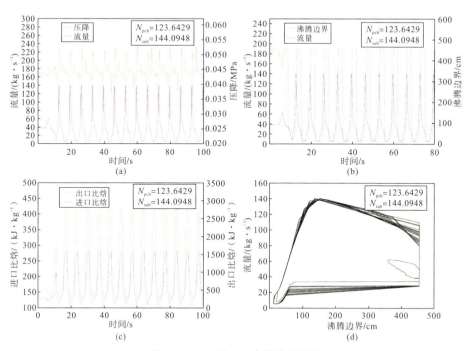

图 3-34 工况 183 参数脉动情况

核动力系统的流动不稳定性

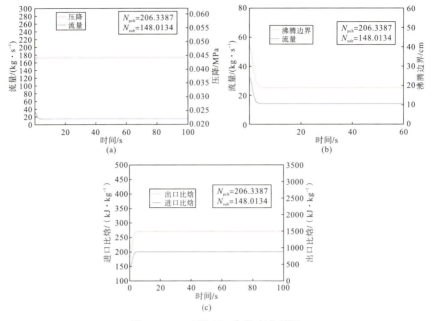

图 3-35　工况 174 参数变化情况

对于相同的工况(进口温度 298 K、堆芯进口阻力系数 0)，在考虑过冷沸腾的情况下进行了各主要参数的计算。图 3-36 至图 3-39 为进口阻力系数 0、进口温度 298 K 时不同加热功率下考虑过冷沸腾的自然循环不稳定工况各主要参数脉动曲线。从图 3-39 可以看出，脉动发生时，流量脉动同压差脉动基本上处于同一相位；流体温度脉动同流量脉动成 180°相位差，其振幅为 40 ℃左右；而壁面温度变化基本上与流量变化同相位，脉动的振幅为 20 ℃左右，这主要是由于板壁存在热惯性，壁温变化较缓慢。图 3-40 为一受到扰动又恢复稳定的工况，从这一工况可以清楚地看出各参数在受扰动情况下的变化情况。

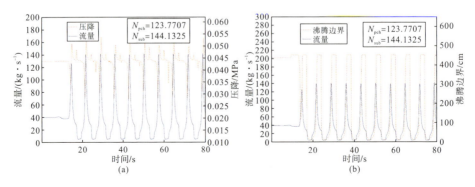

第3章 中国先进研究堆自然循环不稳定性分析

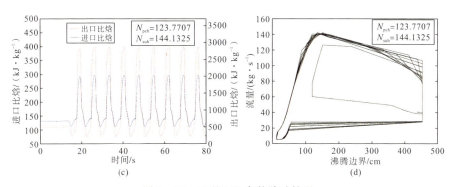

图 3-36 工况 169 参数脉动情况

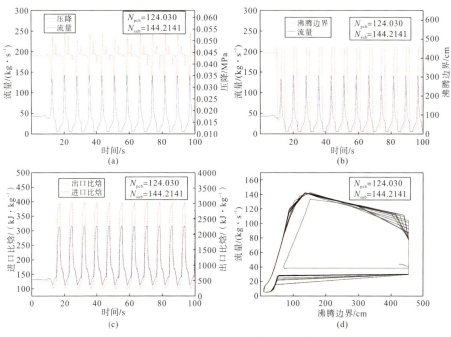

图 3-37 工况 170 参数脉动情况

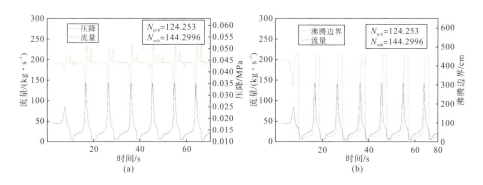

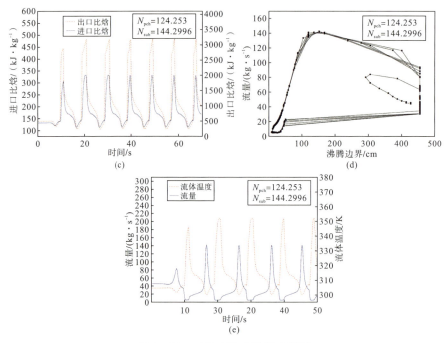

图 3-38 工况 171 参数脉动情况

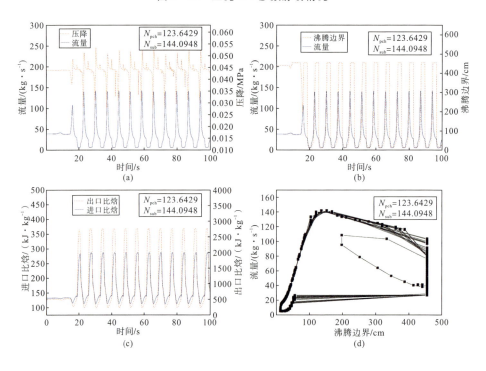

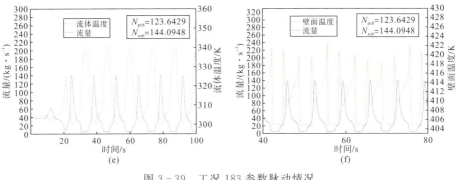

图3-39 工况183参数脉动情况

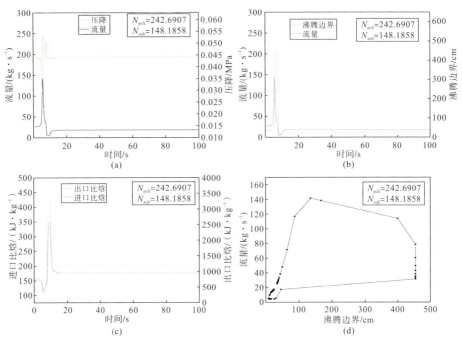

图3-40 工况175参数变化情况

图3-41显示了低压低含汽率下密度随含汽率变化的曲线。在图3-42至图3-53中研究了加热功率和流量对于脉动工况频率的影响,由于自然循环加热功率和流量是相互耦合的,所以二者对于同一进口过冷度的影响是一致的。从图3-42至图3-47中可以看出对于堆芯进口阻力系数为0、不同进口过冷度的情况下,加热功率对脉动的影响并不一致。在进口过冷度高时,频率随着加热功率增大而减小;在进口过冷度低时相反;而在中等的进口过冷度条件下,其影响出现了并不单调的情况。对于堆芯进口阻力系数为9.52的工况(见图3-48至图3-53),不同的进口过冷度条件对应的频率变化规律

核动力系统的流动不稳定性

均相同，频率随加热功率增加而增加。根据 Fukuda 试验结果，在功率低时，自然循环脉动频率增加很快，而当功率增加到一定程度以后，功率对频率则没什么影响了。流量对于频率的影响，在一般研究中都认为是随着流量增大频率降低。正是这两种作用的相互竞争，功率水平低时，功率起主导作用，随着功率水平增高，流量的作用逐渐显现，导致了上述现象。在进口阻力系数为 0 的工况中，过冷度高时，达到平衡工况需要的功率大，功率作用不明显，流量影响起主要作用；而当过冷度降低以后，所需功率降低，功率起主要作用。所以当进口阻力系数增大后，对于相同的过冷度，达到低含汽率的平衡工况所需的功率比进口阻力系数为 0 的情况下都要小，功率起主导作用，功率增加频率增加。值得注意的是，在同一进口过冷度条件下相对低功率的工况容易在小流量区出现波动，以上分析没有考虑这些小幅波动的频率。当然，目前的计算结果仅仅涉及这两个不同的进口阻力系数，以上规律还有待于进一步的研究。

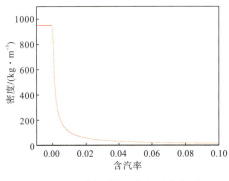

图 3-41　低压低含汽率下密度随含汽率的变化

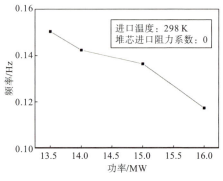

图 3-42　进口温度 298 K 时功率对频率的影响

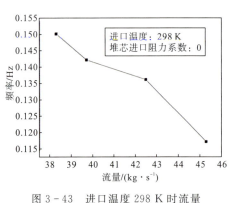

图 3-43　进口温度 298 K 时流量对频率的影响

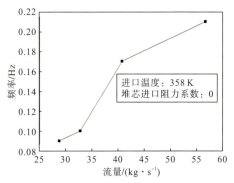

图 3-44　进口温度 358 K 时流量对频率的影响

第3章 中国先进研究堆自然循环不稳定性分析

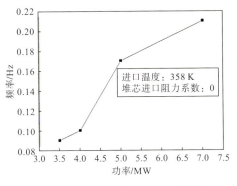

图3-45 进口温度358 K时功率对频率的影响

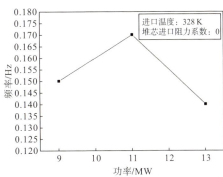

图3-46 进口温度328 K时功率对频率的影响

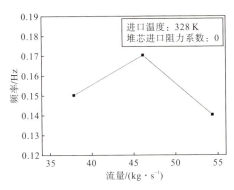

图3-47 进口温度328 K时流量对频率的影响

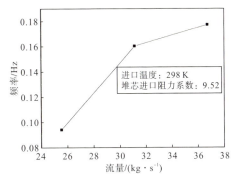

图3-48 进口温度298 K时流量对频率的影响

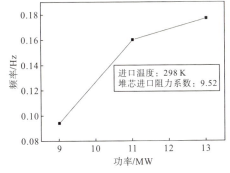

图3-49 进口温度298 K时功率对频率的影响

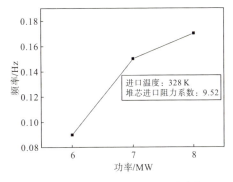

图3-50 进口温度328 K时功率对频率的影响

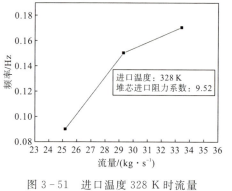

图 3-51 进口温度 328 K 时流量对频率的影响

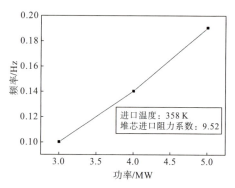

图 3-52 进口温度 358 K 时功率对频率的影响

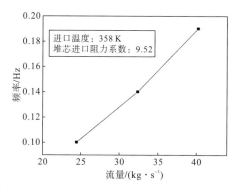

图 3-53 进口温度 358 K 时流量对频率的影响

3.5 本章小结

本章针对 CARR 自然循环不稳定性进行了理论建模和数值计算的研究，建立了一套完善的、准确的数学物理模型，包括一维堆芯热传导模型、对流换热模型、过冷沸腾模型、饱和沸腾模型及相应的水力学模型和物性模型等，其中两相流采用均相流模型。在模型基础上编制了程序，程序采用模块化结构，使用、移植都很方便，易于扩充和维护。

通过大量的计算分析得到了 CARR 自然循环发生不稳定时的脉动曲线及相应的不稳定性区间，CARR 的正常运行工况处于稳定区间。对于其他工况，如通过自然循环导出余热的工况，可以方便地通过该工况的参数进行过冷度数和相变数的计算，根据计算结果从工况参数关系图上可以方便地判别出该工况是否会发生不稳定性，当然也可以设定好工况参数利用程序 INAC 计算得到直观的结果。

第3章 中国先进研究堆自然循环不稳定性分析

参考文献

[1] 黄道立,孙振翩. 中国先进研究堆[J]. 中国原子能科学研究院年报,1994(1):114-121.

[2] 金华晋. 中国先进研究堆(CARR)[J]. 中国原子能科学研究院年报,1998(1):42-45.

[3] 柯国土,石磊,石永康,等. 中国先进研究堆(CARR)应用设计及其规划[J]. 核动力工程,2006(S2):6-10.

[4] 魏国海,韩松柏,陈东风,等. 中国先进研究堆间接中子照相方法的初步研究[J]. 原子能科学技术,48(2):201-207.

[5] 刘蕴韬,韩松柏,郝丽杰,等. 中国先进研究堆中子科学平台及其在核能相关材料中的应用[C]//第四届核电站材料与可靠性国际研讨会论文集. 北京:中国核能行业协会,2015:124.

[6] 余小玲,冯全科,田健,等. 中国先进研究堆(CARR)冷中子源装置设计[J]. 低温工程,2016(05):48-52,64.

[7] 田文喜,秋穗正,王甲强,等. 中国先进研究堆稳态自然循环能力分析[J]. 核动力工程,2007,28(2):13-18.

[8] 田文喜,秋穗正,苏光辉,等. 中国先进研究堆ATWS事故分析[C]//第十届全国反应堆热工流体力学会议. 北京:中国核学会核能动力学会,2015:410-415.

[9] 田文喜,秋穗正,苏光辉,等. 中国先进研究堆未能停堆的全厂断电事故分析[J]. 核动力工程,2008,029(003):59-63,103.

[10] 周涛,张记刚,王若苏,等. 中国先进研究堆矩形通道流场数值计算分析[J]. 原子能科学技术,2009,43(S2):73-76.

[11] 范月容,张占利,石辰蕾,等. 中国先进研究堆堆芯容器及堆内构件设计研究[J]. 原子能科学技术,2009,43(S2):309-311.

[12] 戴守通,汪军,韩治,等. 中国先进研究堆主回路进堆管系接管载荷优化[J]. 原子能科学技术,2009,43(S2):275-278.

[13] 庄毅,柯国土,刘天才,等. 中国先进研究堆停堆冷却措施及其主要特点[J]. 原子能科学技术,2009,43(S2):412-416.

[14] 吕征,沈峰,孙志勇,等. SRAC程序在中国先进研究堆上的应用研究[J]. 原子能科学技术,2009,43(S2):407-411.

[15] 吕征,孙志勇,沈峰,等. 中国先进研究堆首次临界实验模拟计算[J]. 原

子能科学技术，2010，44(S1)：337-339.

[16] 喻丹萍，蒋贤国，张建伟，等. 中国先进研究堆全堆芯流致振动及流量分配试验研究[J]. 原子能科学技术，2008，42(S2)：711-714.

[17] 刘天才，杨长江，刘兴民，等. 中国先进研究堆安全设计[J]. 核动力工程，2006(S2)：29-31.

[18] 刘天才，金华晋，袁履正. 中国先进研究堆堵流事故分析[J]. 核动力工程，2006(S2)：32-35.

[19] 张应超，刘燕，陈立霞，等. 中国先进研究堆标准燃料组件堆外水力稳定性试验[J]. 原子能科学技术，2009，43(7)：622-625.

[20] PETUKHOV B S. Heat transfer and friciton in turbulent pipe flow with variable physical properties[J]. Advances in Heat Transfer，1970，6：503-564.

[21] WANG Q，CHEN X J，KAKA S，et al. Boiling onset oscillation：a new type of dynamic instability in a forced-convection upflow boiling system[J]. International Journal of Heat and Fluid Flow，1996，17(4)：418-423.

>>> 第 4 章
海洋条件下并联多通道两相流动不稳定性

4.1 概述

海洋条件下，两相流动系统受到的非线性扰动很强烈，对核动力装置热工水力特性的影响是多方面的，在该类反应堆中堆芯和蒸汽发生器因存在大量的并行通道而有可能发生两相流动不稳定性，例如倾斜和摇摆会改变系统各个设备的相对高度，将直接影响到自然循环能力；蒸汽发生器的水位发生倾斜，影响传热特性；堆芯通道内空泡分布的改变会影响传热和空泡反应性反馈；船体的起伏、平动会改变系统所处的重力场；摇摆也会使流体对壁面产生冲刷作用，影响压降和换热特性[1-17]。这些都会对系统的不稳定性产生影响。

目前针对海洋条件下并联通道系统的流动不稳定性已开展大量研究，在 1.3.2 小节进行了简单的回顾，以下主要介绍海洋条件下并联多通道两相流动不稳定性研究内容。

4.2 数学物理模型

船用核动力反应堆堆芯冷却剂通道可以简化为由上、下两个联箱和中间多个并联通道所组成的系统，本章先以两个通道为例对并联通道系统的数学物理模型进行介绍。并联通道系统示意图如图 4-1 所示，管道从下至上依次分为入口段 L_E、加热段 L_H 和上升段 L_R，流体由下联箱入口进入系统，流经下联箱并通过并联通道，在上联箱处汇合流出系统。采用均匀流模型对系统内流体进行简化，并做了以下基本假设：

核动力系统的流动不稳定性

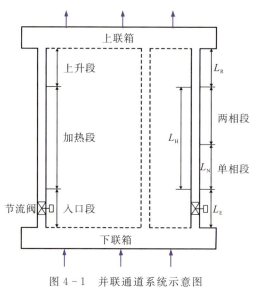

图 4-1 并联通道系统示意图

(1)通道内冷却剂流动为一维流动,流动截面积沿流动方向保持不变;
(2)加热功率沿轴向均匀分布;
(3)入口流体过冷;
(4)在给定系统压力下,单相区流体物性按饱和温度对应物性计算;
(5)气液两相流体处于热力学平衡状态。

1. 守恒方程

(1)单相区热工水力控制方程。

质量守恒方程:

$$A\frac{\partial \rho}{\partial t}+\frac{\partial (\rho j A)}{\partial z}=0 \qquad (4-1)$$

动量守恒方程:

$$\frac{\mathrm{D}_j(\rho j)}{\mathrm{D}t}+\frac{1}{A}\frac{\partial (G^2 A/\rho)}{\partial z}=-\frac{\partial p}{\partial z}-\rho g-\frac{\tau_\mathrm{w} P_\mathrm{f}}{A} \qquad (4-2)$$

能量守恒方程:

$$\rho \frac{\mathrm{D}_j h}{\mathrm{D}t}=q''\left(\frac{P_\mathrm{H}}{A}\right)+q'''+\frac{1}{J}\frac{\mathrm{D}_j p}{\partial t}+j\left(\frac{\tau_\mathrm{w} P_\mathrm{f}}{JA}\right) \qquad (4-3)$$

式中,ρ 为流体密度,$\mathrm{kg \cdot m^{-3}}$;t 为时间,s;j 为流速,$\mathrm{m \cdot s^{-1}}$;A 为流通面积,$\mathrm{m^2}$;z 为轴向坐标,m;G 为质量流速,$\mathrm{kg \cdot m^{-2} \cdot s^{-1}}$;$p$ 为压力,Pa;P_H 为通道截面加热周长,m;h 为比焓,$\mathrm{J \cdot kg^{-1}}$;τ_w 为壁面切应力,Pa;q'' 为热流密度,$\mathrm{W \cdot m^{-2}}$;q''' 为体积内热源,$\mathrm{W \cdot m^{-3}}$;P_f 为通道截面

第4章 海洋条件下并联多通道两相流动不稳定性

润湿周长，m；J 为通量密度，$W \cdot m^{-2}$。

（2）两相区热工水力控制方程。

基于均匀流模型，两相区的控制方程如下。

质量守恒方程：

$$A\frac{\partial \rho_H}{\partial t} + \frac{\partial(\rho_H j A)}{\partial z} = 0 \quad (4-4)$$

动量守恒方程：

$$\frac{D_j(\rho_H j)}{Dt} + \frac{1}{A}\frac{\partial(G^2 A/\rho_H)}{\partial z} = -\frac{\partial p}{\partial z} - \rho_H g - \frac{\tau_w P_f}{A} \quad (4-5)$$

能量守恒方程：

$$\rho_H \frac{D_j h}{Dt} = q''\left(\frac{P_H}{A}\right) + q''' + \frac{1}{J}\frac{D_j p}{\partial t} + j\left(\frac{\tau_w P_f}{JA}\right) \quad (4-6)$$

2. 进口流速模型

对式（4-4）求导并进行运算，得

$$\frac{\partial(\rho_H j A)}{\partial z} = j\frac{\partial(\rho_H A)}{\partial z} + \rho_H A \frac{\partial j}{\partial z} \quad (4-7)$$

假设通道截面沿流动方向保持不变，可得

$$\frac{\partial(\rho_H A)}{\partial z} = A\frac{\partial \rho_H}{\partial z} \quad (4-8)$$

则式（4-4）可变为

$$\frac{\partial(\rho_H A)}{\partial t} + \rho_H A \frac{\partial j}{\partial z} + j\frac{\partial(\rho_H A)}{\partial z} = 0 \quad (4-9)$$

由随体导数定义，可得

$$\frac{D_j(\rho_H A)}{Dt} = \frac{\partial(\rho_H A)}{\partial t} + j\frac{\partial(\rho_H A)}{\partial z} \quad (4-10)$$

联立式（4-9）和式（4-10），可得

$$\frac{D_j(\rho_H A)}{Dt} = -\rho_H A \frac{\partial j}{\partial z} \quad (4-11)$$

考虑能量守恒方程式（4-5），忽略能量耗散 $j\left(\frac{\tau_w P_f}{JA}\right) = 0$，系统压力保持不变 $\frac{D_j p}{Dt} = 0$，忽略冷却剂中内热源 $q''' = 0$，能量守恒方程可写为

$$\rho_H \frac{D_j h}{Dt} = q''\left(\frac{P_H}{A}\right) \quad (4-12)$$

在均相模型中，有如下关系式：

核动力系统的流动不稳定性

$$\rho_H = \frac{1}{V_f + x V_{fg}} \tag{4-13}$$

式中，V 为比体积，$m^3 \cdot kg^{-1}$；x 为含汽率。

$$h = h_f + x h_{fg} \tag{4-14}$$

对式(4-13)求导，可得

$$\frac{D_j \rho_H}{Dt} = -\frac{1}{(V_f + x V_{fg})^2} \left(\frac{D_j V_f}{Dt} + x \frac{D_j V_{fg}}{Dt} + V_{fg} \frac{D_j x}{Dt} \right) \tag{4-15}$$

由式(4-11)可得

$$\frac{\partial j}{\partial z} = -\frac{1}{\rho_H A} \frac{D_j (\rho_H A)}{Dt} = -\frac{1}{\rho_H} \frac{D_j \rho_H}{Dt} \tag{4-16}$$

联立式(4-15)和式(4-16)，可得

$$\frac{\partial j}{\partial z} = -\frac{1}{\rho_H} \frac{D_j \rho_H}{Dt} = \rho_H \left(\frac{D_j V_f}{Dt} + x \frac{D_j V_{fg}}{Dt} + V_{fg} \frac{D_j x}{Dt} \right) \tag{4-17}$$

假设系统压力保持恒定，则

$$\frac{D_j V_f}{Dt} = 0, \quad \frac{D_j V_{fg}}{Dt} = 0, \quad \frac{D_j h_{fg}}{\partial t} = 0, \quad \frac{D_j h_f}{\partial t} = 0$$

因此有：

$$\frac{\partial j}{\partial z} = \rho_H V_{fg} \frac{D_j x}{Dt} \tag{4-18}$$

对式(4-14)两端进行求导，可得

$$\frac{D_j h}{\partial t} = \frac{D_j}{\partial t}(h_f + x h_{fg}) = \frac{D_j h_f}{\partial t} + x \frac{D_j h_{fg}}{\partial t} + h_{fg} \frac{D_j x}{\partial t} \tag{4-19}$$

联立式(4-12)、(4-13)和式(4-19)，可得

$$\frac{D_j h_f}{\partial t} + x \frac{D_j h_{fg}}{\partial t} + h_{fg} \frac{D_j x}{\partial t} = (V_f + x V_{fg}) q'' \left(\frac{P_H}{A} \right) = \frac{V_f P_H q''}{A} + V_{fg} \frac{q'' P_H}{A} x \tag{4-20}$$

于是可得

$$\frac{D_j x}{\partial t} + \frac{x}{h_{fg}} \left(\frac{D_j h_{fg}}{\partial t} - V_{fg} \frac{q'' P_H}{A} \right) = \frac{1}{h_{fg}} \left(V_f \frac{q'' P_H}{A} - \frac{D_j h_f}{\partial t} \right) \tag{4-21}$$

因此有：

$$\frac{D_j x}{\partial t} - \frac{V_{fg}}{h_{fg}} \frac{q'' P_H}{A} x = \frac{V_f}{h_{fg}} \frac{q'' P_H}{A} \tag{4-22}$$

令 $\Omega = \frac{q'' P_H}{A} \frac{V_{fg}}{h_{fg}}$，可得

$$\frac{D_j x}{\partial t} = \frac{\Omega}{V_{fg}} (x V_{fg} + V_f) \tag{4-23}$$

第4章 海洋条件下并联多通道两相流动不稳定性

联立式(4-18)和(4-23),可得

$$\frac{\partial j}{\partial z} = \Omega = \frac{q''P_H}{A}\frac{V_{fg}}{h_{fg}} \quad (4-24)$$

根据 j 和质量流速间的关系:

$$j = \left(\frac{x}{\rho_g} + \frac{1-x}{\rho_f}\right)G_{2\phi}(z,t) \quad (4-25)$$

对式(4-24)两端从沸腾边界 $L_{N,j}(t)$ 到任意位置进行积分,并与式(4-25)联立可得两相区任意位置处质量流速表达式:

$$G_{2\phi,j}(z,t) = \frac{\Omega_j \cdot [z - L_{N,j}(t)] + V_f G_{in,j}(t)}{V_f + x_j(z,t) \cdot V_{fg}} \quad (4-26)$$

令 $z = L_H$,可得通道出口的质量流速 $G_{ex,j}(t)$:

$$G_{ex,j}(t) = \frac{\Omega_j [L_H - L_{N,j}(t)] + V_f G_{in,j}(t)}{V_f + x_{ex,j}(t) \cdot V_{fg}} \quad (4-27)$$

式(4-27)给出了通道 j 进口质量流速与出口质量流速的关系。

对均匀加热的通道,假设含汽率沿通道方向线性变化,即

$$x_j(z,t) = \frac{z - L_{N,j}(t)}{L_H - L_{N,j}(t)} x_{ex,j}(t) \quad (4-28)$$

对式(4-26)两端在两相区进行积分,可得

$$\int_{L_{N,j}(t)}^{L_H} G_{2\phi}(z,t) \mathrm{d}z = \frac{\Omega_j [L_H - L_{N,j}(t)]^2}{x_{ex,j}(t) \cdot V_{fg}} + \frac{V_f [L_H - L_{N,j}(t)]}{x_{ex,j}(t) \cdot V_{fg}} \cdot$$

$$\left\{G_{in,j}(t) - \frac{\Omega_j [L_H - L_{N,j}(t)]}{x_{ex,j}(t) V_{fg}}\right\} \ln\left[1 + \frac{V_{fg}}{V_f} x_{ex,j}(t)\right] \quad (4-29)$$

于是可得两相区平均质量流速为

$$\bar{G}_{2\phi,j} = \frac{1}{L_H - L_{N,j}(t)} \int_{L_{N,j}(t)}^{L_H} G_{2\phi,j}(z,t) \mathrm{d}t = \frac{\Omega_j [L_H - L_{N,j}(t)]}{x_{ex,j}(t) \cdot V_{fg}} +$$

$$\frac{V_f}{x_{ex,j}(t) V_{fg}} \cdot \left\{G_{in,j}(t) - \frac{\Omega_j [L_H - L_{N,j}(t)]}{x_{ex,j}(t) \cdot V_{fg}}\right\} \cdot \ln\left[1 + \frac{V_{fg}}{V_f} x_{ex,j}(t)\right]$$

$$(4-30)$$

对式(4-5)两端从通道进口积分至通道出口,可得

$$\int_0^{L_H} \frac{\partial G_j(z,t)}{\partial t} \mathrm{d}z = \Delta p_j(t) - \Delta p_{acc,j}(t) - \Delta p_{g,j}(t) - \Delta p_{f,j}(t) -$$

$$\Delta p_{E,j}(t) - \Delta p_{R,j}(t) \quad (4-31)$$

下面分别给出式(4-31)中各压降具体计算公式。

(1)加热段加速压降 $\Delta p_{acc,j}(t)$:

$$\Delta p_{acc,j}(t) = \left[\frac{G_{ex,j}^2 x_{ex,j}^2}{\rho_g \alpha_{ex,j}} + \frac{G_{ex,j}^2 (1-x_{ex,j})^2}{\rho_f (1-\alpha_{ex,j})}\right] - \frac{G_{in,j}^2}{\rho_f} \quad (4-32)$$

(2)加热段重位压降 $\Delta p_{g,j}(t)$：
$$\Delta p_{g,j}(t) = g\rho_f L_{N,j}(t) + g(1-\bar{\alpha}_j)\rho_f \cdot \\ [L_H - L_{N,j}(t)] + \bar{g}\alpha_j \rho_g \cdot [L_H - L_{N,j}(t)] \qquad (4-33)$$

(3)加热段摩擦压降 $\Delta p_{f,j}(t)$：
$$\Delta p_{f,j}(t) = f_{1j}\frac{L_{N,j}(t)}{D_e}\frac{G_{in,j}^2(t)}{2\rho_f} + f_{2j}\bar{\Phi}_{2\phi}^2\frac{L_H - L_{N,j}(t)}{D_e}\frac{\bar{G}_{2\phi,j}^2}{2\rho_f} + \\ K_{in,j}\frac{G_{in,j}^2(t)}{2\rho_f} + K_{out,j}\Phi_{ex,j}^2\frac{G_{ex,j}^2(t)}{2\rho_f} \qquad (4-34)$$

式中，$\bar{\Phi}_{2\phi}$ 为两相区平均摩擦倍增因子；Φ_{ex} 为出口两相摩擦倍增因子；K_{in} 为进口局部阻力系数；K_{out} 为出口局部阻力系数。

(4)入口段压降 $\Delta p_{E,j}(t)$：
$$\Delta p_{E,j}(t) = f_{E,j}\frac{L_{E,j}}{D_e}\frac{G_{in,j}^2}{2\rho_f} + g\rho_f L_E \qquad (4-35)$$

(5)上升段压降 $\Delta p_{R,j}(t)$：
$$\Delta p_{R,j}(t) = f_{R,j}\Phi_{R,j}^2\frac{L_R}{D_e}\frac{G_{ex,j}^2}{2\rho_f} + g(1-\alpha_{ex,j})\rho_f L_R + g\alpha_{ex,j}\rho_g L_R \qquad (4-36)$$

式(4-31)左端可改写为
$$\int_0^{L_H}\frac{\partial G_j(z,t)}{\partial t}dz = \int_0^{L_{N,j}(t)}\frac{\partial G_j(z,t)}{\partial t}dz + \int_{L_{N,j}(t)}^{L_H}\frac{\partial G_j(z,t)}{\partial t}dz \\ = \int_0^{L_{N,j}(t)}\frac{\partial G_{in,j}(t)}{\partial t}dz + \int_{L_{N,j}(t)}^{L_H}\frac{\partial G_j(z,t)}{\partial t}dz \qquad (4-37)$$

由牛顿-莱布尼茨公式可得
$$\int_0^{L_{N,j}}\frac{\partial G_{in,j}(t)}{\partial t}dz = L_{N,j}(t)\frac{dG_{in,j}(t)}{dt} \qquad (4-38)$$

$$\int_{L_{N,j}}^{L_H}\frac{\partial G_j(z,t)}{\partial t}dz = \frac{\partial}{\partial t}\int_{L_{N,j}}^{L_H}G_j(z,t)dz + G_{in,j}(t)\frac{dL_{N,j}(t)}{dt} \qquad (4-39)$$

故式(4-38)可改写为
$$\int_0^{L_H}\frac{\partial G_j(z,t)}{\partial t}dz = L_{N,j}(t)\frac{dG_{in,j}(t)}{dt} + \\ \frac{\partial}{\partial t}\int_{L_{N,j}}^{L_H}G_j(z,t)dz + G_{in,j}(t)\frac{dL_{N,j}(t)}{dt} \qquad (4-40)$$

由式(4-29)可得
$$\frac{\partial}{\partial t}\int_{L_{N,j}(t)}^{L_H}G_j(z,t)dz = b_{1,j}\frac{dL_{N,j}(t)}{dt} + b_{2,j}\frac{dx_{ex,j}(t)}{dt} + \\ b_{3,j}\frac{dG_{in,j}(t)}{dt} + b_{4,j}\frac{d\Omega_j}{dt} \qquad (4-41)$$

第4章 海洋条件下并联多通道两相流动不稳定性

式中：

$$b_{1,j} = -\frac{2\Omega_j[L_H - L_{N,j}(t)]}{x_{ex,j}(t) \cdot V_{fg}} + \frac{V_f}{x_{ex,j}(t) \cdot V_{fg}} \cdot \\ \left\{ \frac{2\Omega_j[L_H - L_{N,j}(t)]}{x_{ex,j}(t) \cdot V_{fg}} - G_{in,j}(t) \right\} \cdot \ln\left[1 + \frac{V_{fg}}{V_f} x_{ex,j}(t)\right] \quad (4-42)$$

$$b_{2,j} = \frac{-\Omega_j[L_H - L_{N,j}(t)]^2}{x_{ex,j}^2(t) \cdot V_{fg}} + \frac{[L_H - L_{N,j}(t)]V_f}{x_{ex,j}^2(t) \cdot V_{fg}} \cdot \\ \left\{ \frac{2\Omega_j[L_H - L_{N,j}(t)]}{x_{ex,j}(t) \cdot V_{fg}} - G_{in,j}(t) \right\} \cdot \ln\left[1 + \frac{V_{fg}}{V_f} \cdot x_{ex,j}(t)\right] + \\ \frac{V_f[L_H - L_{N,j}(t)]}{x_{ex,j}(t) \cdot [V_f + x_{ex,j}(t) \cdot V_{fg}]} \left\{ G_{in,j}(t) - \frac{\Omega_j[L_H - L_{N,j}(t)]}{x_{ex,j}(t) \cdot V_{fg}} \right\} \quad (4-43)$$

$$b_{3,j} = \frac{V_f[L_H - L_{N,j}(t)]}{x_{ex,j}(t) \cdot V_{fg}} \cdot \ln\left(1 + \frac{V_{fg}}{V_f} x_{ex,j}(t)\right) \quad (4-44)$$

$$b_{4,j} = \frac{[L_H - L_{N,j}(t)]^2}{x_{ex,j}(t) \cdot V_{fg}} \cdot \left\{ 1 - \frac{V_f}{x_{ex,j}(t) \cdot V_{fg}} \ln\left[1 + \frac{V_{fg}}{V_f} x_{ex,j}(t)\right] \right\} \quad (4-45)$$

将式(4-40)和式(4-41)代入式(4-31)，可得

$$[b_{3,j} + L_{N,j}(t)]\frac{dG_{in,j}(t)}{dt} = \Delta p_j(t) - \Delta p_{acc,j}(t) - \Delta p_{g,j}(t) - \\ \Delta p_{f,j}(t) - \Delta p_{E,j}(t) - \Delta p_{R,j}(t) - (G_{in,j}(t) + b_{1,j}) \cdot \\ \frac{dL_{N,j}(t)}{dt} - b_{2,j}\frac{dx_{ex,j}(t)}{dt} - b_{4,j}\frac{d\Omega_j}{dt} \quad (4-46)$$

从图4-1可以看出，由于并联通道由上下联箱相连，各个通道间保持压降相等，故：

$$\Delta p_1 = \Delta p_2 = \cdots = \Delta p_N \quad (4-47)$$

将式(4-32)至式(4-36)代入式(4-47)并经过代数运算，可得

$$\frac{dG_{in,j}(t)}{dt} = A_j \frac{dG_{in,1}(t)}{dt} + B_j \quad (4-48)$$

其中，$j = 2 \sim N$，

$$A_j = \frac{b_{3,1} + L_{N,1}}{b_{3,j} + L_{N,j}} \quad (4-49)$$

核动力系统的流动不稳定性

$$B_j = \left\{ [G_{\text{in},1}(t) + b_{1,1}] \frac{dL_{\text{N},j}(t)}{dt} + b_{2,1} \frac{dx_{\text{ex},1}(t)}{dt} + b_{4,1} \frac{d\Omega_1(t)}{dt} + \right.$$
$$\Delta p_{\text{acc},1} + \Delta p_{g,1} + \Delta p_{f,1} - \Delta p_{\text{acc},j} - \Delta p_{g,j} - \Delta p_{f,j} -$$
$$\left. [G_{\text{in},j}(t) + b_{1,j}] \cdot \frac{dL_{\text{N},j}(t)}{dt} - b_{2,j} \cdot \frac{dx_{\text{ex},j}(t)}{dt} - b_{4,j} \cdot \frac{d\Omega_j}{dt} \right\} / [b_{3,j} + L_{\text{N},j}(t)]$$
$$(4-50)$$

由总体质量守恒可得

$$W = W_1 + W_2 + \cdots + W_N \tag{4-51}$$

$$\frac{dW}{dt} = \frac{dW_1}{dt} + \frac{dW_2}{dt} + \cdots + \frac{dW_N}{dt} \tag{4-52}$$

$$\frac{dG_{\text{in},1}}{dt} = \frac{\dfrac{dW}{dt} - \sum_{j=2}^{N} B_j \cdot A_{p,j}}{A_{p,1} + \sum_{j=2}^{N} A_j \cdot A_{p,j}} \tag{4-53}$$

式中,W 为质量流量,$\text{kg} \cdot \text{s}^{-1}$;$A_{p,j}$ 为并联通道中第 j 个通道流通面积,m^2。

3. 沸腾边界模型

j 通道沸腾边界动态特性:

$$\frac{dL_{\text{N},j}(t)}{dt} = \frac{2G_{\text{in},j}(t)}{\rho_f} - \frac{2Q_{\text{ch},j} z_{\text{bb},j}(t)}{(h_f - h_{\text{in}}) V_{\text{ch},j} \rho_f} \tag{4-54}$$

式中,$Q_{\text{ch},j}$ 为 j 通道加热功率,kW;$V_{\text{ch},j}$ 为 j 通道体积,m^3;z_{bb} 为沸腾边界位置,m。

4. 出口含汽率模型

Collier 等[17]给出了空泡份额与含汽率公式:

$$\alpha = \frac{\gamma x}{1 + (\gamma - 1) x} \tag{4-55}$$

对均相模型[18]:

$$\gamma = \frac{V_g}{V_f} \tag{4-56}$$

第 j 个通道两相区平均空泡份额按下式计算:

$$\bar{\alpha}_j(t) = \int_0^{x_{\text{ex},j}(t)} \frac{\alpha_j \, dx}{x_{\text{ex},j}(t)} \tag{4-57}$$

将式(4-56)代入式(4-57),可得

$$\bar{\alpha}_j(t) = \frac{\gamma}{\gamma - 1} \cdot \left\{ 1 - \frac{1}{(\gamma - 1) \cdot x_{\text{ex},j}(t)} \ln[1 + (\gamma - 1) \cdot x_{\text{ex},j}(t)] \right\} \tag{4-58}$$

式(4-58)两端对时间 t 求导,可得

第4章 海洋条件下并联多通道两相流动不稳定性

$$\frac{\mathrm{d}\bar{\alpha}_j(t)}{\mathrm{d}t} = b_{5,j} \frac{\mathrm{d}x_{\mathrm{ex},j}(t)}{\mathrm{d}t} \tag{4-59}$$

其中：

$$b_{5,j} = \frac{\gamma}{(\gamma-1)^2 \cdot x_{\mathrm{ex},j}(t)} \cdot \left\{ -\frac{(\gamma-1)}{1+(\gamma-1) \cdot x_{\mathrm{ex},j}(t)} + \frac{\ln[1+(\gamma-1) \cdot x_{\mathrm{ex},j}(t)]}{x_{\mathrm{ex},j}(t)} \right\} \tag{4-60}$$

在两相区对质量守恒方程积分，可得

$$\frac{\mathrm{d}\bar{\alpha}_j(t)}{\mathrm{d}t} = \frac{G_{\mathrm{in},j}(t) - G_{\mathrm{ex},j}(t)}{(\rho_g - \rho_f)[L_H - L_{N,j}(t)]} + \frac{\bar{\alpha}_j(t)}{[L_H - L_{N,j}(t)]} \frac{\mathrm{d}L_{N,j}(t)}{\mathrm{d}t} \tag{4-61}$$

联立式(4-59)和(4-61)消去 $\bar{\alpha}_j(t)$ 可得：

$$b_{5,j} \frac{\mathrm{d}x_{\mathrm{ex},j}(t)}{\mathrm{d}t} = \frac{G_{\mathrm{in},j}(t) - G_{\mathrm{ex},j}(t)}{(\rho_g - \rho_f)[L_H - L_{N,j}(t)]} + \frac{\gamma b_{8,j}}{(\gamma-1)[L_H - L_{N,j}(t)]} \cdot \left\{ 1 - \frac{\ln[1+(\gamma-1)x_{\mathrm{ex},j}(t)]}{(\gamma-1)x_{\mathrm{ex},j}(t)} \right\} \tag{4-62}$$

将式(4-27)代入式(4-62)可得：

$$\frac{\mathrm{d}x_{\mathrm{ex},j}(t)}{\mathrm{d}t} = b_{9,j} \tag{4-63}$$

式中：

$$b_{9,j} = b_{6,j} + b_{7,j} b_{8,j} \tag{4-64}$$

$$b_{6,j} = \frac{G_{\mathrm{in},j}(t) \cdot V_{\mathrm{fg}} \cdot x_{\mathrm{ex},j}(t) - \Omega_j [L_H - L_{N,j}(t)]}{[L_H - L_{N,j}(t)](\rho_g - \rho_f)[V_f + V_{\mathrm{fg}} x_{\mathrm{ex},j}(t)] b_{5,j}} \tag{4-65}$$

$$b_{7,j} = \frac{\gamma}{(\gamma-1)[L_H - L_{N,j}(t)] b_{5,j}} \cdot \left\{ 1 - \frac{\ln[1+(\gamma-1)x_{\mathrm{ex},j}(t)]}{(\gamma-1)x_{\mathrm{ex},j}(t)} \right\} \tag{4-66}$$

$$b_{8,j} = \frac{2G_{\mathrm{in},j}(t)}{\rho_f} - \frac{2Q_{\mathrm{ch},j} z_{\mathrm{bb},j}(t)}{(h_f - h_{\mathrm{in}}) V_{\mathrm{ch},j} \rho_f} \tag{4-67}$$

5. 通道质量模型

通道内流体质量的变化率等于单位时间内进入通道的质量减去流出通道的质量，则：

$$\frac{\mathrm{d}M_H}{\mathrm{d}t} = (\rho_{\mathrm{fs}} u_{\mathrm{in}} - \rho_{\mathrm{ex}} u_{\mathrm{ex}}) A \tag{4-68}$$

式中，M_H 为流体质量，kg；ρ_{fs} 为饱和液相密度，kg·m^{-3}；ρ_{ex} 为出口流体密度，kg·m^{-3}；u_{in} 为进口流体速度，m·s^{-1}；u_{ex} 为出口流体速度，m·s^{-1}；A 为通道面积，m^2。

6. 阻力系数模型

除了控制方程组,在数学方程上封闭还需要提供阻力系数模型等。

(1) 单相摩擦阻力系数关系式。

流体摩擦阻力系数与流体流动形态(层流或紊流)、流动状态(充分发展流动或未充分发展流动)、受热情况(等温流动或非等温流动)、通道几何结构及壁面粗糙度有关。因此,计算单相摩擦阻力系数关键就是根据具体工况选择合理的阻力系数计算关系式。根据雷诺数的大小,可将单相流体流动区域划分为层流区、旺盛紊流区和过渡区。

① 层流区($Re \leqslant 1300$):

$$f = \frac{C}{Re} \tag{4-69}$$

式中,f 为摩擦系数;对矩形窄缝[19],$C=85$。

② 旺盛紊流区($Re = 2000 \sim 2 \times 10^6$)采用布拉休斯(Blasius)关系式[19]:

$$f = 0.316 Re^{-0.25} \tag{4-70}$$

③ 过渡区采用层流摩擦阻力系数和旺盛紊流摩擦阻力系数线性插值。

(2) 两相摩擦阻力系数关系式。

两相摩擦压降的计算比单相复杂,通常采用先计算全液相压降,再利用两相摩擦压降倍增因子计算两相压降的方法。因此,两相压降的计算关键在于两相摩擦压降倍增因子的计算,而两相摩擦压降倍增因子通常采用经验公式计算,本章采用均相流两相摩擦压降倍增因子计算方法[19]:

$$\Phi_{2\phi}^2 = \left[1 + x\left(\frac{V_g - V_f}{V_f}\right)\right]\left[1 + x\left(\frac{\mu_f - \mu_g}{\mu_g}\right)\right]^{-0.25} \tag{4-71}$$

(3) 局部阻力系数关系式。

如图 4-1 所示,系统由上下联箱和并联通道组成,在联箱与通道相交处存在局部压降。局部压降的计算需要局部阻力系数,本研究中进口和出口的局部阻力系数均采用试验所得值,并将其设定为程序的输入参数。

4.3 海洋条件附加力模型

核动力舰船在海洋中航行时会受到海浪波动的影响,其运动方式会发生改变。由于其运动状态非常复杂,为了简化问题、便于分析,将舰船的海洋运动分解为以下几种典型的运动。典型的海洋条件下舰船运动包括倾斜(纵倾、横倾),摇摆(横摇、纵摇),升潜(起伏),水平变速和船艏摇六种运动状态,如图 4-2 所示。当发生这些典型运动状态时,核动力装置的并联多通道系统的热工水力特性会受到影响。已有研究结果表明,海洋条件下堆芯冷却剂流动及传热特性的变化,对冷却剂系统的流动稳定性会产生不容忽视的影响。倾斜和摇摆会改变系统各个设备的相对高度,将直接影响其自然循环能力。同时,会使蒸汽发生器的水位倾斜,影响传热特性;堆芯内空泡分布的倾斜将会影响传热和空泡反应性反馈。核动力舰船的变速起伏会改变系统所处的重力场,将直接影响系统的自然循环能力和传热。此外,倾斜、摇摆、变速起伏还会对堆芯临界热流密度产生较大的影响。由于在海洋条件下,固连于舰船的坐标系相对于惯性坐标系大地会发生平动或转动,为便于分析,将采用非惯性坐标系下的控制方程来解决并联通道的流动换热问题,从非惯性坐标系下的动量方程分析得到了冷却剂水一维流动时的附加力模型,从而得到了典型海洋条件及其耦合条件下的附加力模型。

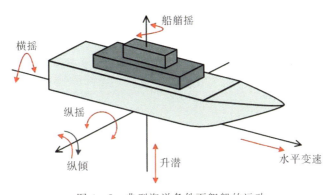

图 4-2 典型海洋条件下舰船的运动

4.3.1 非惯性坐标系的动量方程

相对于惯性坐标系(静止或匀速运动的参考系),加速运动的参考系称为非惯性坐标系(见图 4-3)。对于非海洋条件下并联多通道系统,由于整个通道系统处于静止状态,故采用的是惯性坐标系。但对于海洋条件下并联多通道系统,由于海洋条件的影响,固连于并联通道系统的坐标系与地面所在惯性坐标系有相对加速运动,故采用非惯性坐标系对其进行流动传热问题分析。假设舰船(并联管道)所在的非惯性坐标系(运动坐标系)$O\text{-}xyz$ 相对于大地所在的惯性坐标系 $O'\text{-}x'y'z'$ 同时做平动和旋转运动,平动的速度为 u_0,转动的角速度为 ω,则并联管道中的流体质点在非惯性坐标系 $O\text{-}xyz$ 中的位置矢量是 r,在惯性系 $O'\text{-}x'y'z'$ 中的位置矢量是 $r+r_0$。其中,r_0 是连接惯性

核动力系统的流动不稳定性

系的原点 O' 和非惯性系原点 O 的矢量，u_r 表示并联管道中的流体质点在非惯性系中的速度，u 表示并联管道中的流体质点相对于惯性坐标系的速度。

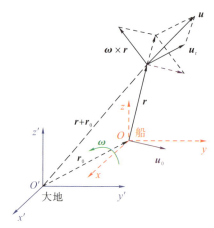

图 4-3 非惯性坐标系与惯性坐标系

非惯性坐标系 $O\text{-}xyz$ 的平动速度如下：

$$u_0 = \frac{\mathrm{D}r_0}{\mathrm{D}t} \tag{4-72}$$

流体质点相对于惯性坐标系 $O'\text{-}x'y'z'$ 的绝对速度如下：

$$u = \frac{\mathrm{D}}{\mathrm{D}t}(r+r_0) = \frac{\mathrm{D}r}{\mathrm{D}t} + \frac{\mathrm{D}r_0}{\mathrm{D}t} = \frac{\mathrm{D}r}{\mathrm{D}t} + u_0 \tag{4-73}$$

r 在非惯性坐标系 $O\text{-}xyz$ 中的表达式如下：

$$r = x\bm{i} + y\bm{j} + z\bm{k} = x_i \bm{e}_i \tag{4-74}$$

可以得到 r 的物质导数（随体导数）表达式：

$$\frac{\mathrm{D}r}{\mathrm{D}t} = \frac{\mathrm{D}x_i}{\mathrm{D}t}\bm{e}_i + \frac{\mathrm{D}\bm{e}_i}{\mathrm{D}t}x_i \tag{4-75}$$

式中，方程等号右边第一项表示位置矢量 r 在非惯性坐标系中的变化率（在非惯性坐标系中单位矢量 $\bm{e}_i$ 固定不动），即相对速度 u_r；$\dfrac{\mathrm{D}\bm{e}_i}{\mathrm{D}t}$ 表示以 $\bm{e}_i$ 为位置矢量的流体质点的速度，当 $\bm{e}_i$ 相对于惯性坐标系（大地）做平动运动时，其方向不改变，$\dfrac{\mathrm{D}\bm{e}_i}{\mathrm{D}t} = 0$；当 $\bm{e}_i$ 随非惯性坐标系以角速度 $\bm{\omega}$ 旋转时，根据泊松定理，可得 $\dfrac{\mathrm{D}\bm{e}_i}{\mathrm{D}t} = \bm{\omega} \times \bm{e}_i$，代入 r 的物质导数表达式，可得

$$\frac{\mathrm{D}r}{\mathrm{D}t} = \frac{\mathrm{D}x_i}{\mathrm{D}t}\bm{e}_i + x_i(\bm{\omega} \times \bm{e}_i) \tag{4-76}$$

第4章 海洋条件下并联多通道两相流动不稳定性

即，

$$\frac{\mathrm{D}\boldsymbol{r}}{\mathrm{D}t}=\boldsymbol{u}_\mathrm{r}+\boldsymbol{\omega}\times\boldsymbol{r} \tag{4-77}$$

式中，$\boldsymbol{u}_\mathrm{r}$ 表示流体质点在非惯性坐标系中的速度，称为相对速度：

$$\boldsymbol{u}_\mathrm{r}=\left(\frac{\mathrm{D}\boldsymbol{r}}{\mathrm{D}t}\right)_\mathrm{r} \tag{4-78}$$

式中，等号右边物质导数的下脚标表示求导运算时在非惯性坐标系中进行。$\frac{\mathrm{D}\boldsymbol{r}}{\mathrm{D}t}=\boldsymbol{u}_\mathrm{r}+\boldsymbol{\omega}\times\boldsymbol{r}$ 的形式适用于任意矢量公式，对于任意矢量 $\boldsymbol{b}$：

$$\frac{\mathrm{D}\boldsymbol{b}}{\mathrm{D}t}=\left(\frac{\mathrm{D}\boldsymbol{b}}{\mathrm{D}t}\right)_\mathrm{r}+\boldsymbol{\omega}\times\boldsymbol{b} \tag{4-79}$$

若 $\boldsymbol{b}=\boldsymbol{\omega}$，有：

$$\frac{\mathrm{D}\boldsymbol{\omega}}{\mathrm{D}t}=\left(\frac{\mathrm{D}\boldsymbol{\omega}}{\mathrm{D}t}\right)_\mathrm{r}+\boldsymbol{\omega}\times\boldsymbol{\omega}=\left(\frac{\mathrm{D}\boldsymbol{\omega}}{\mathrm{D}t}\right)_\mathrm{r} \tag{4-80}$$

即角速度矢量在惯性系和非惯性系中物质导数相同。

流体质点的绝对速度 $\boldsymbol{u}=\frac{\mathrm{D}\boldsymbol{r}_0}{\mathrm{D}t}+\frac{\mathrm{D}\boldsymbol{r}}{\mathrm{D}t}$，将其代入 $\frac{\mathrm{D}\boldsymbol{r}}{\mathrm{D}t}=\boldsymbol{u}_\mathrm{r}+\boldsymbol{\omega}\times\boldsymbol{r}$，得

$$\boldsymbol{u}=\frac{\mathrm{D}\boldsymbol{r}_0}{\mathrm{D}t}+\frac{\mathrm{D}\boldsymbol{r}}{\mathrm{D}t}=\boldsymbol{u}_0+\boldsymbol{u}_\mathrm{r}+\boldsymbol{\omega}\times\boldsymbol{r} \tag{4-81}$$

对上式求导(物质导数)，可得流体质点的加速度为

$$\frac{\mathrm{D}\boldsymbol{u}}{\mathrm{D}t}=\frac{\mathrm{D}\boldsymbol{u}_0}{\mathrm{D}t}+\frac{\mathrm{D}\boldsymbol{u}_\mathrm{r}}{\mathrm{D}t}+\frac{\mathrm{D}}{\mathrm{D}t}(\boldsymbol{\omega}\times\boldsymbol{r}) \tag{4-82}$$

根据 $\frac{\mathrm{D}\boldsymbol{b}}{\mathrm{D}t}=\left(\frac{\mathrm{D}\boldsymbol{b}}{\mathrm{D}t}\right)_\mathrm{r}+\boldsymbol{\omega}\times\boldsymbol{b}$，

$$\frac{\mathrm{D}\boldsymbol{\omega}}{\mathrm{D}t}=\left(\frac{\mathrm{D}\boldsymbol{\omega}}{\mathrm{D}t}\right)_\mathrm{r}+\boldsymbol{\omega}\times\boldsymbol{\omega}=\left(\frac{\mathrm{D}\boldsymbol{\omega}}{\mathrm{D}t}\right)_\mathrm{r} \tag{4-83}$$

可以得到：

$$\frac{\mathrm{D}\boldsymbol{u}_\mathrm{r}}{\mathrm{D}t}=\left(\frac{\mathrm{D}\boldsymbol{u}_\mathrm{r}}{\mathrm{D}t}\right)_\mathrm{r}+\boldsymbol{\omega}\times\boldsymbol{u}_\mathrm{r} \tag{4-84}$$

同理：

$$\begin{aligned}\frac{\mathrm{D}(\boldsymbol{\omega}\times\boldsymbol{r})}{\mathrm{D}t}&=\left[\frac{\mathrm{D}(\boldsymbol{\omega}\times\boldsymbol{r})}{\mathrm{D}t}\right]_\mathrm{r}+\boldsymbol{\omega}\times(\boldsymbol{\omega}\times\boldsymbol{r})\\&=\frac{\mathrm{d}\boldsymbol{\omega}}{\mathrm{d}t}\times\boldsymbol{r}+\boldsymbol{\omega}\times\left(\frac{\mathrm{D}\boldsymbol{r}}{\mathrm{D}t}\right)_\mathrm{r}+\boldsymbol{\omega}\times(\boldsymbol{\omega}\times\boldsymbol{r})\end{aligned} \tag{4-85}$$

故可得，

$$\frac{Du}{Dt} = \frac{Du_0}{Dt} + \left(\frac{Du_r}{Dt}\right)_r + \boldsymbol{\omega} \times \boldsymbol{u}_r + \frac{D}{Dt}(\boldsymbol{\omega} \times \boldsymbol{r}) + \frac{d\boldsymbol{\omega}}{dt} \times \boldsymbol{r} + \boldsymbol{\omega} \times \left(\frac{Dr}{Dt}\right)_r + \boldsymbol{\omega} \times (\boldsymbol{\omega} \times \boldsymbol{r})$$

$$= \boldsymbol{a}_0 + \left(\frac{Du_r}{Dt}\right)_r + 2\boldsymbol{\omega} \times \boldsymbol{u}_r + \boldsymbol{\omega} \times (\boldsymbol{\omega} \times \boldsymbol{r}) + \frac{d\boldsymbol{\omega}}{dt} \times \boldsymbol{r} \tag{4-86}$$

将式(4-86)代入微分形式的动量方程 $\rho \frac{Du}{Dt} = \nabla \cdot \boldsymbol{\Sigma} + \rho \boldsymbol{f}$（为使方程更具备普遍性，这里用单位质量力 $\boldsymbol{f}$ 表示重力加速度 $\boldsymbol{g}$），于是得到非惯性坐标系下的动量方程：

$$\rho \left(\frac{Du_r}{Dt}\right)_r = \nabla \cdot \boldsymbol{\Sigma} + \rho \boldsymbol{f} + \boldsymbol{F} \tag{4-87}$$

式中，$\rho \boldsymbol{f}$ 是质量力项；$\boldsymbol{F} = -\rho(\boldsymbol{a}_0 + 2\boldsymbol{\omega} \times \boldsymbol{u}_r + \boldsymbol{\omega} \times (\boldsymbol{\omega} \times \boldsymbol{r}) + \boldsymbol{\omega} \times \boldsymbol{r})$ 是海洋附加力项。于是可得海洋条件附加力公式为

$$\boldsymbol{F} = -\rho[\boldsymbol{a}_0 + 2\boldsymbol{\omega} \times \boldsymbol{u}_r + \boldsymbol{\omega} \times (\boldsymbol{\omega} \times \boldsymbol{r}) + \boldsymbol{\omega} \times \boldsymbol{r}] \tag{4-88}$$

式中，$\boldsymbol{a}_0$ 是平动加速度；$2\boldsymbol{\omega} \times \boldsymbol{u}_r$ 是科里奥利加速度（科里奥利力项）；$\boldsymbol{\omega} \times (\boldsymbol{\omega} \times \boldsymbol{r})$ 是离心加速度（离心力项）；$\boldsymbol{\omega} \times \boldsymbol{r}$ 是惯性加速度（切向力项）。

考虑一维情况，则动量方程可写为

$$\frac{1}{A}\frac{\partial W}{\partial t} + \frac{\partial}{\partial z}\left(\frac{W^2}{\rho A^2}\right) = -\frac{\partial p}{\partial z} - \rho \boldsymbol{f} \cdot \delta_{3j} - \frac{fW^2}{2\rho D_e A^2} + \boldsymbol{F} \cdot \delta_{3j} \tag{4-89}$$

式中：

$$\boldsymbol{F} = -\rho[\boldsymbol{a}_0 + 2\boldsymbol{\omega} \times \boldsymbol{u}_r + \boldsymbol{\omega} \times (\boldsymbol{\omega} \times \boldsymbol{r}) + \boldsymbol{\omega} \times \boldsymbol{r}] \tag{4-90}$$

式中，$\boldsymbol{a}_0$ 是平动加速度；$2\boldsymbol{\omega} \times \boldsymbol{u}_r$ 是科里奥利加速度（科氏力项）；$\boldsymbol{\omega} \times (\boldsymbol{\omega} \times \boldsymbol{r})$ 是离心加速度（离心力项）；$\boldsymbol{\omega} \times \boldsymbol{r}$ 是惯性加速度（切向力项）；离心加速度和惯性加速度统称为牵连加速度；δ_{3j} 为克罗内克符号。

一方面海洋条件对并联通道中冷却剂有附加力的作用，另一方面倾斜、摇摆等海洋条件下的舰船运动会影响重位压降在重力方向上的投影。因此，海洋条件对并联通道冷却剂的影响可以总结为

$$(\boldsymbol{F} + \rho \boldsymbol{f}) \cdot \delta_{3j} = -\rho[-\boldsymbol{f} + \boldsymbol{a}_0 + 2 \cdot \boldsymbol{\omega} \times \boldsymbol{u}_r + \boldsymbol{\omega} \times (\boldsymbol{\omega} \times \boldsymbol{r}) + \boldsymbol{\omega} \times \boldsymbol{r}]$$

$$\tag{4-91}$$

4.3.2 海洋条件下并联通道模型

在海洋条件下，倾斜、摇摆、升潜、水平加速等舰船运动会影响并联通道中的流体流动，并联通道内的流体会具有以下几种加速度：①水平方向加速度；②竖直方向加速度；③离心加速度；④惯性加速度；⑤科里奥利加速度。产生这几种加速度的力分别为：①水平方向作用力；②竖直方向作用力；③离心力；④惯性力；⑤科里奥利力（科氏力）。其中科氏力的作用方向与流

第4章 海洋条件下并联多通道两相流动不稳定性

体流动方向垂直,对流体的流动没有直接影响,可以忽略。对海洋条件下舰船并联多通道系统两相流动不稳定性的分析研究基于前面非海洋条件下并联多通道系统的模型,在此基础上考虑海洋条件下的舰船运动的影响。对于不同的海洋条件下的舰船运动,在静止条件并联通道模型的基础上加入对应的海洋条件附加力的计算模型和相应的辅助模型,得到相应海洋条件下的并联通道不稳定性分析模型。

无论是哪一种典型的海洋条件下的舰船运动方式,海洋条件对流体流动的影响都可以归结为动量方程的改变。在进行系统计算时,考虑各种海洋条件下的舰船运动的影响也就是将各种海洋附加压降加入动量方程中。在并联通道内对流体取一个控制体,在这个控制体内考虑海洋条件下的舰船运动附加力的影响,可以将海洋条件下的舰船运动附加力在平行于流体流动的方向和垂直于流动的方向上进行分解。通常认为,平行流体流动方向的力会对流体流动有影响,会产生附加压降;而垂直于流体流动方向的力对流体流动没有直接影响,不会产生附加压降,仅会对流体的传热产生影响。因此,本研究中对于上述的几种海洋条件下的舰船运动附加力,将不考虑科氏力对流体流动的影响,科氏力不会对流体产生附加压降。

对并联通道内的各个控制体假设:①某一瞬时各个通道的控制体中的流体质量保持不变;②某一瞬时各个通道的控制体中的流体不可压缩。海洋条件下,某一通道动量守恒方程可以写成以下形式:

$$\Delta p_j = \Delta p_{E,j} + \Delta p_{g,j} + \Delta p_{f,j} + \Delta p_{a,j} + \Delta p_{e,j} + \Delta p_{R,j} + \Delta p_{add,j} \quad (4-92)$$

式中,附加压降 $\Delta p_{add,j}$ 可以写成以下形式:

$$\Delta p_{add,j} = \Delta p_{add,g,j} + \Delta p_{add,a_z,j} + \Delta p_{add,x(xor),j} + \Delta p_{add,a_w,j} + \Delta p_{add,a_r,j} + \Delta p_{add,a_{hr},j} \quad (4-93)$$

由于仅考虑控制体流体的一维流动,其动量方程可写为

$$\frac{D_j(\rho_H j)}{Dt} = -\frac{\partial p}{\partial z} - \frac{f}{D_e}\frac{G^2}{2\rho} + (\boldsymbol{F} + \rho \boldsymbol{f}) \cdot \delta_{3j} \quad (4-94)$$

海洋条件下的舰船运动对通道控制体流体流动除了有附加压降的影响以外,还会影响流体的重力在竖直方向上的投影,直接影响重位压降的大小。由于只有平行于通道流体流动方向的力才会对流体的流动产生直接影响,下面将给出海洋条件下的舰船运动附加力和重力沿平行于流体流动方向分力模型。综上,海洋条件下的舰船运动对并联通道中流体流动的影响可以表示为

$$(\boldsymbol{F} + \rho \boldsymbol{f}) \cdot \delta_{3j} = -\rho [-\boldsymbol{f} + \boldsymbol{a}_0 + 2\boldsymbol{\omega} \cdot \boldsymbol{u}_r + \boldsymbol{\omega} \times (\boldsymbol{\omega} \times \boldsymbol{r}) + \boldsymbol{\omega} \times \boldsymbol{r}] \cdot \delta_{3j} \quad (4-95)$$

核动力系统的流动不稳定性

1. 典型海洋条件下的舰船运动附加力模型

假设冷却剂在并联通道中一维流动,下面将给出并联通道中的冷却剂水在海洋条件下一维流动时的附加力模型。

为了研究方便,将并联通道简化为一段长度为 L 的管道,冷却剂沿通道一维流动,假定冷却剂沿 z 轴正方向向上流动,如图 4-4 所示。在非海洋条件下,并联管道相对于惯性坐标系大地静止,假设非惯性坐标系 $O\text{-}xyz$ 与惯性坐标系 $O'\text{-}x'y'z'$ 重合,则通道在惯性系中的速度为 $\boldsymbol{u}_0$,流体质点在舰船非惯性坐标系中的位置坐标为 $\boldsymbol{r} = x\boldsymbol{i} + y\boldsymbol{j} + z\boldsymbol{k}$,冷却剂流体的速度矢量为 $\boldsymbol{u}_r = u(t)\boldsymbol{k}$。

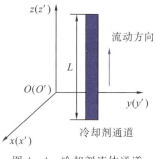

图 4-4 冷却剂流体通道

1) 倾斜

舰船相对于 z 轴(竖直轴线)有某一角度的偏转,并保持不变。倾斜分为横倾(船体在 zOy 平面内发生某一角度的偏转)和纵倾(船体在 zOx 平面内发生某一角度的偏转),如图 4-5 所示。

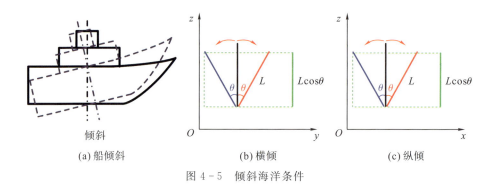

(a) 船倾斜　　　　(b) 横倾　　　　(c) 纵倾

图 4-5 倾斜海洋条件

此时,船体不发生平动,则 $\boldsymbol{u}_0 = \boldsymbol{0}$;不会摇摆(旋动),则 $\boldsymbol{\omega} = \boldsymbol{0}$;重力加速度矢量可表示为

$$\boldsymbol{f} = g(\sin\theta\boldsymbol{i} - \cos\theta\boldsymbol{k}) \text{ 或 } \boldsymbol{f} = g(\sin\theta\boldsymbol{j} - \cos\theta\boldsymbol{k})$$

根据式(4-88),此时海洋条件附加力为

$$\boldsymbol{F} \cdot \delta_{3j} = \boldsymbol{0} \tag{4-96}$$

$$\rho \boldsymbol{f} \cdot \delta_{3j} = \rho g \cos\theta \tag{4-97}$$

式中,θ 的方向以顺时针为正。

倾斜海洋条件对并联通道冷却剂流体流动的影响可表示为

$$(\boldsymbol{F}+\rho\boldsymbol{f})\cdot\delta_{3j}=-\rho g\cos\theta \tag{4-98}$$

这里计算倾斜对重位压降的影响仅适用于系统对称倾斜。对于系统非对称倾斜,由于倾斜引起的各环路的不对称将使系统特性变得更加复杂。

2)水平变速

水平变速运动是指舰船沿 x 或 y 轴方向以加速度 $a(t)$ 做变速直线运动。

(1)x 轴方向水平变速运动。

舰船沿 x 轴方向水平变速运动如图 4-6(a)所示,假设舰船在 x 轴方向上做水平变速运动,其加速度为

$$\boldsymbol{a}_0 = a_x(t)\boldsymbol{i} \tag{4-99}$$

此时,不考虑摇摆,则 $\boldsymbol{\omega}=\boldsymbol{0}$;不考虑倾斜,则 $\theta=0$。重力加速度矢量可表示为

$$\boldsymbol{f} = -g\boldsymbol{k} \tag{4-100}$$

根据式(4-88),此时海洋条件附加力为

$$\boldsymbol{F}\cdot\delta_{3j} = -\rho\boldsymbol{a}_0\cdot\delta_{3j} = -\rho a_x(t)\boldsymbol{i}\cdot\delta_{3j} = \boldsymbol{0} \tag{4-101}$$

$$\rho\boldsymbol{f}\cdot\delta_{3j} = -\rho g \tag{4-102}$$

舰船在 x 轴方向水平变速运动时海洋条件对并联通道冷却剂流体流动的影响可表示为

$$(\boldsymbol{F}+\rho\boldsymbol{f})\cdot\delta_{3j} = -\rho g \tag{4-103}$$

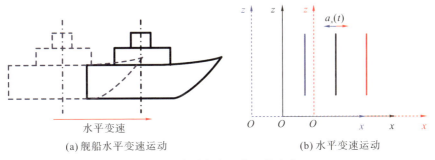

(a)舰船水平变速运动　　　　(b)水平变速运动

图 4-6　水平变速运动(x 轴方向)

(2)y 轴方向水平变速运动。

舰船在 y 轴方向水平变速运动(见图 4-7)与 x 轴方向水平变速运动类似,根据式(4-88),此时海洋条件附加力为

$$\boldsymbol{F}\cdot\delta_{3j} = -\rho\boldsymbol{a}_0\cdot\delta_{3j} = -\rho a_y(t)\boldsymbol{j}\cdot\delta_{3j} = 0 \tag{4-104}$$

$$\rho\boldsymbol{f}\cdot\delta_{3j} = -\rho g \tag{4-105}$$

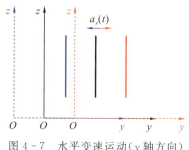

图 4-7 水平变速运动（y 轴方向）

舰船在 y 轴方向水平变速运动时海洋条件对并联通道冷却剂流体流动的影响可表示为

$$(\boldsymbol{F}+\rho\boldsymbol{f})\cdot\delta_{3j}=-\rho g \quad (4-106)$$

由式(4-106)可知，舰船水平变速运动对并联通道冷却剂流体的流动没有直接影响，但会对管道内壁面造成冲刷，影响传热系数等。

3）升潜

升潜是指舰船在 z 轴竖直方向以加速度 $a_z(t)$ 做变速运动。如图 4-8 所示，假设舰船以加速度 $\boldsymbol{a}_0=a_z(t)\boldsymbol{k}$ 做上下升潜运动，无摇摆（$\boldsymbol{\omega}=\boldsymbol{0}$），无倾斜（$\theta=0$）。重力加速度矢量 $\boldsymbol{f}=-g\boldsymbol{k}$，根据式(4-88)和(4-91)，此时海洋条件附加力为

$$\boldsymbol{F}\cdot\delta_{3j}=-\rho\boldsymbol{a}_0\cdot\delta_{3j}=-\rho a_z(t)\boldsymbol{k}\cdot\delta_{3j}=-\rho a_z(t) \quad (4-107)$$

$$\rho\boldsymbol{f}\cdot\delta_{3j}=\rho g \quad (4-108)$$

舰船升潜时海洋条件对并联通道冷却剂流体流动的影响可表示为

$$(\boldsymbol{F}+\rho\boldsymbol{f})\cdot\delta_{3j}=-\rho[g+a_z(t)] \quad (4-109)$$

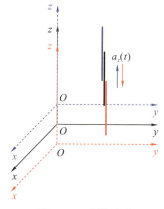

图 4-8 升潜运动

第4章 海洋条件下并联多通道两相流动不稳定性

4）摇摆

摇摆是指舰船以 x 轴（或 y 轴）为摇摆轴，以角速度 ωi（或 ωj）做摇摆运动。摇摆会产生离心加速度、切向加速度和科氏加速度。科氏加速度的方向垂直于冷却剂流动方向，不会对流体的流动产生附加压降。这里不考虑舰船的水平加速运动（$a_0 = 0$）和倾斜（$\theta = 0$），规定摇摆运动以逆时针方向为正；横摇角速度 $\boldsymbol{\omega} = \omega(t)\boldsymbol{i}$；纵摇角速度 $\boldsymbol{\omega} = \omega(t)\boldsymbol{j}$；$\theta_y(t)$ 是横摇时通道与 z 轴的夹角；$\theta_x(t)$ 是纵摇时通道与 z 轴的夹角。

(1) 横摇。

横摇（见图4-9）是指舰船以 x 轴为摇摆轴，并以 ωi 为角速度做摇摆运动。此时，重力加速度矢量 $\boldsymbol{f} = -g\cos[\theta_y(t)]\boldsymbol{k} - g\cdot\sin[\theta_y(t)]\boldsymbol{j}$，由于 $\theta_y(t) = \omega(t)t$，可以看出重力加速度矢量 $\boldsymbol{f}$ 与横摇角速度 $\boldsymbol{\omega} = \omega(t)\boldsymbol{i}$ 和时间 t 有关。基于以上条件，根据式（4-88），此时海洋条件所产生的附加力为

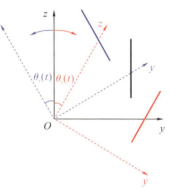

图4-9 横摇运动

$$\boldsymbol{F} = -\rho\left[2\boldsymbol{\omega} \times \boldsymbol{u}_r + \boldsymbol{\omega} \times (\boldsymbol{\omega} \times \boldsymbol{r}) + \frac{\mathrm{d}\boldsymbol{\omega}}{\mathrm{d}t} \times \boldsymbol{r}\right] \quad (4-110)$$

$$\boldsymbol{F} \cdot \delta_{3j} = -\rho\left[\boldsymbol{a}_0 + 2\boldsymbol{\omega} \times \boldsymbol{u}_r + \boldsymbol{\omega} \times (\boldsymbol{\omega} \times \boldsymbol{r}) + \frac{\mathrm{d}\boldsymbol{\omega}}{\mathrm{d}t} \times \boldsymbol{r}\right] \cdot \delta_{3j} \quad (4-111)$$

此时 $\boldsymbol{u}_0 = \boldsymbol{0}$，可得 $\boldsymbol{a}_0 = \boldsymbol{0}$。

静止时，非惯性坐标系与惯性坐标系重合，流体质点位置 $\boldsymbol{r} = x\boldsymbol{i} + y\boldsymbol{j} + z\boldsymbol{k}$，流体质点在非惯性坐标系中的速度 $\boldsymbol{u}_r = u(t)\boldsymbol{k}$。

以逆时针方向为正，则 $\boldsymbol{\omega} = \omega(t)\boldsymbol{i}$，可得，

$$\boldsymbol{F} = -\rho\left[2\boldsymbol{\omega} \times \boldsymbol{u}_r + \boldsymbol{\omega} \times (\boldsymbol{\omega} \times \boldsymbol{r}) + \frac{\mathrm{d}\boldsymbol{\omega}}{\mathrm{d}t} \times \boldsymbol{r}\right] \quad (4-112)$$

式中，$2\boldsymbol{\omega} \times \boldsymbol{u}_r$ 为科氏加速度；$\boldsymbol{\omega} \times (\boldsymbol{\omega} \times \boldsymbol{r}) + \frac{\mathrm{d}\boldsymbol{\omega}}{\mathrm{d}t} \times \boldsymbol{r}$ 为牵连加速度。

$$2\boldsymbol{\omega} \times \boldsymbol{u}_r = 2\omega(t)\boldsymbol{i} \times u(t)\boldsymbol{k} = -2\omega(t) \cdot u(t)\boldsymbol{j}$$

$$\begin{aligned}
\boldsymbol{\omega} \times (\boldsymbol{\omega} \times \boldsymbol{r}) &= \omega(t)\boldsymbol{i} \times [\omega(t)\boldsymbol{i} \times (x\boldsymbol{i} + y\boldsymbol{j} + z\boldsymbol{k})] \\
&= \omega(t)\boldsymbol{i} \times [\omega(t)\boldsymbol{i} \times x\boldsymbol{i} + \omega(t)\boldsymbol{i} \times y\boldsymbol{j} + \omega(t)\boldsymbol{i} \times z\boldsymbol{k}] \\
&= \omega(t)\boldsymbol{i} \times [\omega(t) \cdot y\boldsymbol{k} - \omega(t) \cdot z\boldsymbol{j}] \\
&= \omega(t)\boldsymbol{i} \times \omega(t) \cdot y\boldsymbol{k} - \omega(t)\boldsymbol{i} \times \omega(t) \cdot z\boldsymbol{j} \\
&= -\omega^2(t) \cdot y\boldsymbol{j} - \omega^2(t) \cdot z\boldsymbol{k} \quad (4-113)
\end{aligned}$$

核动力系统的流动不稳定性

$$\frac{d\boldsymbol{\omega}}{dt} \times \boldsymbol{r} = \frac{d\omega(t)}{dt}\boldsymbol{i} \times (x\boldsymbol{i} + y\boldsymbol{j} + z\boldsymbol{k})$$

$$= \frac{d\omega(t)}{dt}(\boldsymbol{i} \times x\boldsymbol{i} + \boldsymbol{i} \times y\boldsymbol{j} + \boldsymbol{i} \times z\boldsymbol{k})$$

$$= \frac{d\omega(t)}{dt}(y\boldsymbol{k} - z\boldsymbol{j}) \tag{4-114}$$

于是可得,

$$\boldsymbol{F} = -\rho\left[2\boldsymbol{\omega} \times \boldsymbol{u}_r + \boldsymbol{\omega} \times (\boldsymbol{\omega} \times \boldsymbol{r}) + \frac{d\boldsymbol{\omega}}{dt} \times \boldsymbol{r}\right]$$

$$= -\rho\left[-2\omega(t)u(t)\boldsymbol{j} - \omega^2(t)y\boldsymbol{j} - \omega^2(t)z\boldsymbol{k} + \frac{d\omega(t)}{dt}(y\boldsymbol{k} - z\boldsymbol{j})\right]$$

$$= -\rho\left\{\left[-2\omega(t)u(t) - \omega^2(t)y - z\frac{d\omega(t)}{dt}\right]\boldsymbol{j} + \left[-\omega^2(t)z + y\frac{d\omega(t)}{dt}\right]\boldsymbol{k}\right\} \tag{4-115}$$

$$\boldsymbol{F} \cdot \boldsymbol{\delta}_{3j} = -\rho\left[\boldsymbol{a}_0 + 2\boldsymbol{\omega} \times \boldsymbol{u}_r + \boldsymbol{\omega} \times (\boldsymbol{\omega} \times \boldsymbol{r}) + \frac{d\boldsymbol{\omega}}{dt} \times \boldsymbol{r}\right] \cdot \boldsymbol{\delta}_{3j}$$

$$= -\rho\left[2\boldsymbol{\omega} \times \boldsymbol{u}_r + \boldsymbol{\omega} \times (\boldsymbol{\omega} \times \boldsymbol{r}) + \frac{d\boldsymbol{\omega}}{dt} \times \boldsymbol{r}\right]$$

$$= -\rho\left[-2\omega(t)u(t)\boldsymbol{j} - \omega^2(t)y\boldsymbol{j} - \omega^2(t)z\boldsymbol{k} + \frac{d\omega(t)}{dt}(y\boldsymbol{k} - z\boldsymbol{j})\right] \cdot \boldsymbol{\delta}_{3j}$$

$$= -\rho\left\{\left[-2\omega(t)u(t) - \omega^2(t)y - z\frac{d\omega(t)}{dt}\right]\boldsymbol{j} + \left[-\omega^2(t)z + y\frac{d\omega(t)}{dt}\right]\boldsymbol{k}\right\} \cdot \boldsymbol{\delta}_{3j}$$

$$= -\rho\left[-\omega^2(t)z + y\frac{d\omega(t)}{dt}\right] \tag{4-116}$$

$$\rho\boldsymbol{f} \cdot \boldsymbol{\delta}_{3j} = -\rho g\cos\theta_y \tag{4-117}$$

综上可知,舰船横摇时海洋条件对并联通道冷却剂水流动的影响可表示为

$$(\boldsymbol{F} + \rho\boldsymbol{f}) \cdot \boldsymbol{\delta}_{3j} = -\rho\left[g\cos\theta_y(t) - \omega^2(t)z + y\frac{d\omega(t)}{dt}\right] \tag{4-118}$$

(2)纵摇。

与横摇运动类似,纵摇(见图 4-10)是指舰船以 y 轴为摇摆轴,并以 $\omega\boldsymbol{j}$ 为角速度做摇摆运动。

第4章 海洋条件下并联多通道两相流动不稳定性

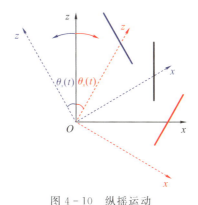

图 4-10 纵摇运动

由于 $\theta_x(t)=\omega(t)t$，可以看出重力加速度矢量 $\boldsymbol{f}$ 与纵摇角速度 $\boldsymbol{\omega}=\omega(t)\boldsymbol{j}$ 和时间 t 有关。重力加速度矢量 $\boldsymbol{f}=-g\cos[\theta_x(t)]\boldsymbol{k}-g\sin[\theta_x(t)]\boldsymbol{i}$，基于以上条件，根据式(4-88)，此时海洋条件所产生的附加力为

$$\boldsymbol{F}\cdot\delta_{3j}=-\rho\left[\boldsymbol{a}_0+2\boldsymbol{\omega}\times\boldsymbol{u}_r+\boldsymbol{\omega}\times(\boldsymbol{\omega}\times\boldsymbol{r})+\frac{\mathrm{d}\boldsymbol{\omega}}{\mathrm{d}t}\times\boldsymbol{r}\right]\cdot\delta_{3j} \quad (4-119)$$

此时 $\boldsymbol{u}_0=\boldsymbol{0}$，可得 $\boldsymbol{a}_0=\boldsymbol{0}$。

静止时，非惯性坐标系与惯性坐标系重合，流体质点位置 $\boldsymbol{r}=x\boldsymbol{i}+y\boldsymbol{j}+z\boldsymbol{k}$，流体质点在非惯性坐标系中的速度 $\boldsymbol{u}_r=u(t)\boldsymbol{k}$。

以逆时针方向为正，则 $\boldsymbol{\omega}=\omega(t)\boldsymbol{j}$，可得

$$\boldsymbol{F}=-\rho\left[2\boldsymbol{\omega}\times\boldsymbol{u}_r+\boldsymbol{\omega}\times(\boldsymbol{\omega}\times\boldsymbol{r})+\frac{\mathrm{d}\boldsymbol{\omega}}{\mathrm{d}t}\times\boldsymbol{r}\right] \quad (4-120)$$

式中，$2\boldsymbol{\omega}\times\boldsymbol{u}_r$ 为科氏加速度；$\boldsymbol{\omega}\times(\boldsymbol{\omega}\times\boldsymbol{r})+\frac{\mathrm{d}\boldsymbol{\omega}}{\mathrm{d}t}\times\boldsymbol{r}$ 为牵连加速度。

$$2\boldsymbol{\omega}\times\boldsymbol{u}_r=2\omega(t)\boldsymbol{j}\times u(t)\boldsymbol{k}=2\omega(t)\cdot u(t)\boldsymbol{i}$$

$$\begin{aligned}\boldsymbol{\omega}\times(\boldsymbol{\omega}\times\boldsymbol{r})&=\omega(t)\boldsymbol{j}\times[\omega(t)\boldsymbol{j}\times(x\boldsymbol{i}+y\boldsymbol{j}+z\boldsymbol{k})]\\&=\omega(t)\boldsymbol{j}\times[\omega(t)\boldsymbol{j}\times x\boldsymbol{i}+\omega(t)\boldsymbol{j}\times y\boldsymbol{j}+\omega(t)\boldsymbol{j}\times z\boldsymbol{k}]\\&=\omega(t)\boldsymbol{j}\times[-\omega(t)\cdot x\boldsymbol{k}+\omega(t)\cdot z\boldsymbol{i}]\\&=-\omega(t)\boldsymbol{j}\times\omega(t)\cdot x\boldsymbol{k}-\omega(t)\boldsymbol{j}\times\omega(t)\cdot z\boldsymbol{i}\\&=-\omega^2(t)\cdot x\boldsymbol{i}-\omega^2(t)\cdot z\boldsymbol{k}\end{aligned} \quad (4-121)$$

$$\begin{aligned}\frac{\mathrm{d}\boldsymbol{\omega}}{\mathrm{d}t}\times\boldsymbol{r}&=\frac{\mathrm{d}\omega(t)}{\mathrm{d}t}\boldsymbol{j}\times(x\boldsymbol{i}+y\boldsymbol{j}+z\boldsymbol{k})\\&=\frac{\mathrm{d}\omega(t)}{\mathrm{d}t}(\boldsymbol{j}\times x\boldsymbol{i}+\boldsymbol{j}\times y\boldsymbol{j}+\boldsymbol{j}\times z\boldsymbol{k})\\&=\frac{\mathrm{d}\omega(t)}{\mathrm{d}t}(-x\boldsymbol{k}+z\boldsymbol{i})\end{aligned} \quad (4-122)$$

核动力系统的流动不稳定性

于是可得，

$$F = -\rho\left[2\boldsymbol{\omega}\times\boldsymbol{u}_r + \boldsymbol{\omega}\times(\boldsymbol{\omega}\times\boldsymbol{r}) + \frac{\mathrm{d}\boldsymbol{\omega}}{\mathrm{d}t}\times\boldsymbol{r}\right]$$

$$= -\rho\left[2\omega(t)u(t)\boldsymbol{i} - \omega^2(t)x\boldsymbol{i} - \omega^2(t)z\boldsymbol{k} + \frac{\mathrm{d}\omega(t)}{\mathrm{d}t}(-x\boldsymbol{k}+z\boldsymbol{i})\right]$$

$$= -\rho\left\{\left[2\omega(t)u(t) - \omega^2(t)x + z\frac{\mathrm{d}\omega(t)}{\mathrm{d}t}\right]\boldsymbol{i} + \left[-\omega^2(t)z - x\frac{\mathrm{d}\omega(t)}{\mathrm{d}t}\right]\boldsymbol{k}\right\}$$

$$(4-123)$$

$$\boldsymbol{F}\cdot\delta_{3j} = -\rho\left[2\boldsymbol{\omega}\times\boldsymbol{u}_r + \boldsymbol{\omega}\times(\boldsymbol{\omega}\times\boldsymbol{r}) + \frac{\mathrm{d}\boldsymbol{\omega}}{\mathrm{d}t}\times\boldsymbol{r}\right]\cdot\delta_{3j}$$

$$= -\rho\left[2\omega(t)u(t)\boldsymbol{i} - \omega^2(t)x\boldsymbol{i} - \omega^2(t)z\boldsymbol{k} + \frac{\mathrm{d}\omega(t)}{\mathrm{d}t}(-x\boldsymbol{k}+z\boldsymbol{i})\right]\cdot\delta_{3j}$$

$$= -\rho\left\{\left[2\omega(t)u(t) - \omega^2(t)x + z\frac{\mathrm{d}\omega(t)}{\mathrm{d}t}\right]\boldsymbol{i} + \left[-\omega^2(t)z - x\frac{\mathrm{d}\omega(t)}{\mathrm{d}t}\right]\boldsymbol{k}\right\}\cdot\delta_{3j}$$

$$= -\rho\left[-\omega^2(t)z - x\frac{\mathrm{d}\omega(t)}{\mathrm{d}t}\right] \qquad (4-124)$$

$$-\rho\boldsymbol{f}\cdot\delta_{3j} = -\rho g\cos\theta_x \qquad (4-125)$$

综上可知，舰船纵摇时海洋条件对并联通道冷却剂水流动的影响可表示为

$$(\boldsymbol{F}+\rho\boldsymbol{f})\cdot\delta_{3j} = -\rho\left[g\cos\theta_x(t) - \omega^2(t)z - x\frac{\mathrm{d}\omega(t)}{\mathrm{d}t}\right] \qquad (4-126)$$

(3) 船艏摇。

船艏摇（见图 4-11）是指舰船以 z 轴为轴心，并以角速度 $\omega\boldsymbol{k}$ 摇摆的运动。根据式(4-88)可知：

$$\boldsymbol{F}\cdot\delta_{3j} = -\rho\left[\boldsymbol{a}_0 + 2\boldsymbol{\omega}\times\boldsymbol{u}_r + \boldsymbol{\omega}\times(\boldsymbol{\omega}\times\boldsymbol{r}) + \frac{\mathrm{d}\boldsymbol{\omega}}{\mathrm{d}t}\times\boldsymbol{r}\right]\cdot\delta_{3j} \qquad (4-127)$$

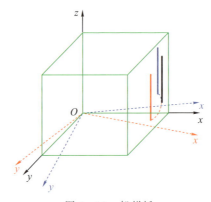

图 4-11 船艏摇

第4章 海洋条件下并联多通道两相流动不稳定性

不考虑舰船平动,此时 $\boldsymbol{u}_0=\boldsymbol{0}$,可得 $\boldsymbol{a}_0=\boldsymbol{0}$,无倾斜($\theta=0$)。

静止时,非惯性坐标系与惯性坐标系重合,流体质点位置 $\boldsymbol{r}=x\boldsymbol{i}+y\boldsymbol{j}+z\boldsymbol{k}$,流体质点在非惯性坐标系中的速度 $\boldsymbol{u}_r=u(t)\boldsymbol{k}$。

以逆时针方向为正,则船舶摇的角速度为 $\boldsymbol{\omega}=\omega(t)\boldsymbol{k}$,重力的加速度矢量为 $\boldsymbol{f}=-g\boldsymbol{k}$,可得

$$\boldsymbol{F}=-\rho\left[2\boldsymbol{\omega}\times\boldsymbol{u}_r+\boldsymbol{\omega}\times(\boldsymbol{\omega}\times\boldsymbol{r})+\frac{\mathrm{d}\boldsymbol{\omega}}{\mathrm{d}t}\times\boldsymbol{r}\right] \quad (4-128)$$

式中,$2\boldsymbol{\omega}\times\boldsymbol{u}_r$ 为科氏加速度;$\boldsymbol{\omega}\times(\boldsymbol{\omega}\times\boldsymbol{r})+\frac{\mathrm{d}\boldsymbol{\omega}}{\mathrm{d}t}\times\boldsymbol{r}$ 为牵连加速度。

$$2\boldsymbol{\omega}\times\boldsymbol{u}_r=2\omega(t)\boldsymbol{k}\times u(t)\boldsymbol{k}=0$$

$$\begin{aligned}\boldsymbol{\omega}\times(\boldsymbol{\omega}\times\boldsymbol{r}) &= \omega(t)\boldsymbol{k}\times[\omega(t)\boldsymbol{k}\times(x\boldsymbol{i}+y\boldsymbol{j}+z\boldsymbol{k})] \\ &= \omega(t)\boldsymbol{k}\times[\omega(t)\boldsymbol{k}\times x\boldsymbol{i}+\omega(t)\boldsymbol{k}\times y\boldsymbol{j}+\omega(t)\boldsymbol{k}\times z\boldsymbol{k}] \\ &= \omega(t)\boldsymbol{k}\times[\omega(t)x\boldsymbol{j}-\omega(t)y\boldsymbol{i}] \\ &= \omega(t)\boldsymbol{k}\times\omega(t)x\boldsymbol{j}-\omega(t)\boldsymbol{k}\times\omega(t)y\boldsymbol{i} \\ &= -\omega^2(t)x\boldsymbol{i}-\omega^2(t)y\boldsymbol{j}\end{aligned} \quad (4-129)$$

$$\begin{aligned}\frac{\mathrm{d}\boldsymbol{\omega}}{\mathrm{d}t}\times\boldsymbol{r} &= \frac{\mathrm{d}\omega(t)}{\mathrm{d}t}\boldsymbol{k}\times(x\boldsymbol{i}+y\boldsymbol{j}+z\boldsymbol{k}) \\ &= \frac{\mathrm{d}\omega(t)}{\mathrm{d}t}(\boldsymbol{k}\times x\boldsymbol{i}+\boldsymbol{k}\times y\boldsymbol{j}+\boldsymbol{k}\times z\boldsymbol{k}) \\ &= \frac{\mathrm{d}\omega(t)}{\mathrm{d}t}(x\boldsymbol{j}-y\boldsymbol{i})\end{aligned} \quad (4-130)$$

于是可得,

$$\begin{aligned}\boldsymbol{F} &= -\rho\left[2\boldsymbol{\omega}\times\boldsymbol{u}_r+\boldsymbol{\omega}\times(\boldsymbol{\omega}\times\boldsymbol{r})+\frac{\mathrm{d}\boldsymbol{\omega}}{\mathrm{d}t}\times\boldsymbol{r}\right] \\ &= -\rho\left[0-\omega^2(t)x\boldsymbol{i}-\omega^2(t)y\boldsymbol{j}+\frac{\mathrm{d}\omega(t)}{\mathrm{d}t}(x\boldsymbol{j}-y\boldsymbol{i})\right] \\ &= -\rho\left\{\left[-\omega^2(t)x-y\frac{\mathrm{d}\omega(t)}{\mathrm{d}t}\right]\boldsymbol{i}+\left[-\omega^2(t)y+x\frac{\mathrm{d}\omega(t)}{\mathrm{d}t}\right]\boldsymbol{j}\right\}\end{aligned} \quad (4-131)$$

$$\begin{aligned}\boldsymbol{F}\cdot\delta_{3j} &= -\rho\left[2\boldsymbol{\omega}\times\boldsymbol{u}_r+\boldsymbol{\omega}\times(\boldsymbol{\omega}\times\boldsymbol{r})+\frac{\mathrm{d}\boldsymbol{\omega}}{\mathrm{d}t}\times\boldsymbol{r}\right]\cdot\delta_{3j} \\ &= -\rho\left[0-\omega^2(t)x\boldsymbol{i}-\omega^2(t)y\boldsymbol{j}+\frac{\mathrm{d}\omega(t)}{\mathrm{d}t}(x\boldsymbol{j}-y\boldsymbol{i})\right]\cdot\delta_{3j} \\ &= -\rho\left\{\left[-\omega^2(t)x-y\frac{\mathrm{d}\omega(t)}{\mathrm{d}t}\right]\boldsymbol{i}+\left[-\omega^2(t)y+x\frac{\mathrm{d}\omega(t)}{\mathrm{d}t}\right]\boldsymbol{j}\right\}\cdot\delta_{3j} \\ &= 0\end{aligned} \quad (4-132)$$

$$-\rho\boldsymbol{f}\cdot\delta_{3j}=-\rho g \quad (4-133)$$

根据式(4-88)可知,船舶摇时海洋条件对并联通道冷却剂流体流动的影

响可表示为

$$(\boldsymbol{F}+\rho\boldsymbol{f})\cdot\delta_{3j}=-\rho g \tag{4-134}$$

可以看出,船舶摇运动与倾斜运动对并联通道冷却剂一维流动没有直接的影响,仅对其传热系数和阻力系数有影响。

综上所述,对于并联通道中一维流动的冷却剂,舰船水平变速运动和船舶摇运动对其没有直接的影响,仅会对传热系数和阻力系数有影响。舰船摇摆运动的附加力与摇摆角速度有关,此外附加力与摇摆角速度和流体质点在运动系中的相对位置有关。科氏力对流体流动没有直接影响,但会影响传热系数和阻力系数。舰船升潜运动附加力所产生的附加压降与重力所产生的重位压降类似,相当于与重力共同作用在流体上。

2. 耦合海洋条件下舰船运动附加力模型

当舰船行驶在海洋里时,通道中流体所受的舰船运动附加力通常是多个运动附加力同时耦合作用,下面就几种典型的耦合情况进行介绍。

1)船艏倾+船横倾

假设船体同时处于船艏倾和船横倾状态,如图 4-12 所示,船艏倾角度 θ_x,船横倾角度 θ_y,不考虑摇摆运动($\boldsymbol{\omega}=\boldsymbol{0}$)和水平加速运动($\boldsymbol{a}_0=\boldsymbol{0}$)。

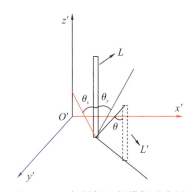

图 4-12 船艏倾+船横倾示意图

(1)$\boldsymbol{F}\cdot\delta_{3j}$。

由式(4-88)可得,$\boldsymbol{F}=\boldsymbol{0}$,故 $\boldsymbol{F}\cdot\delta_{3j}=0$。

(2)$\rho\boldsymbol{f}\cdot\delta_{3j}$。

如图 4-12 所示,此时通道与 z' 轴夹角为 θ,由几何条件可得,

$$\cos\theta=(\tan^2\theta_y+\tan^2\theta_x+1)^{-0.5} \tag{4-135}$$

于是可得,

$$\rho\boldsymbol{f}\cdot\delta_{3j}=-\rho g\cos\theta \tag{4-136}$$

第4章 海洋条件下并联多通道两相流动不稳定性

则海洋条件的影响为

$$(\boldsymbol{F}+\rho\boldsymbol{f})\cdot\delta_{3j}=-\rho g\cdot(\tan^2\theta_y+\tan^2\theta_x+1)^{-0.5} \quad (4-137)$$

2) 船艏倾+横摇

假设船体同时处于船艏倾和横摇运动状态,船艏倾角度 θ_x,横摇角速度为 $\boldsymbol{\omega}=\omega(t)\boldsymbol{i}$,横摇导致通道与 z' 轴的夹角为 $\theta_y(t)[\theta_y(t)=\omega(t)t]$,不考虑水平加速运动($\boldsymbol{a}_0=\boldsymbol{0}$)。

(1) $\boldsymbol{F}\cdot\delta_{3j}$。

同典型横摇,由式(4-116)可得,

$$\boldsymbol{F}\cdot\delta_{3j}=-\rho\left[-\omega^2(t)z+y\frac{\mathrm{d}\omega(t)}{\mathrm{d}t}\right] \quad (4-138)$$

(2) $\rho\boldsymbol{f}\cdot\delta_{3j}$。

同船艏倾和船横倾,可得,

$$\rho\boldsymbol{f}\cdot\delta_{3j}=-\rho g\left[\tan^2\theta_y(t)+\tan^2\theta_x+1\right]^{-0.5} \quad (4-139)$$

则海洋条件的影响为

$$(\boldsymbol{F}+\rho\boldsymbol{f})\cdot\delta_{3j}=-\rho\left\{g\left[\tan^2\theta_y(t)+\tan^2\theta_x+1\right]^{-0.5}-\omega^2(t)z+y\frac{\mathrm{d}\omega(t)}{\mathrm{d}t}\right\} \quad (4-140)$$

3) 船横倾+纵摇

假设船体同时处于船横倾和纵摇运动状态,船横倾角度为 θ_y,纵摇角速度为 $\boldsymbol{\omega}=\omega(t)\boldsymbol{j}$,纵摇导致通道与 z' 轴的夹角为 $\theta_x(t)[\theta_x(t)=\omega(t)\cdot t]$,不考虑水平加速运动($\boldsymbol{a}_0=\boldsymbol{0}$)。

(1) $\boldsymbol{F}\cdot\delta_{3j}$。

同典型纵摇,由式(4-124)得,

$$\boldsymbol{F}\cdot\delta_{3j}=-\rho\left[-\omega^2(t)z-x\frac{\mathrm{d}\omega(t)}{\mathrm{d}t}\right] \quad (4-141)$$

(2) $\rho\boldsymbol{f}\cdot\delta_{3j}$。

同船艏倾+船横倾,根据几何条件得,

$$\rho\boldsymbol{f}\cdot\delta_{3j}=-\rho g\left[\tan^2\theta_y+\tan^2\theta_x(t)+1\right]^{-0.5} \quad (4-142)$$

则海洋条件的影响为

$$(\boldsymbol{F}+\rho\boldsymbol{f})\cdot\delta_{3j}=-\rho\left\{g\left[\tan^2\theta_y+\tan^2\theta_x(t)+1\right]^{-0.5}-\omega^2(t)z-x\frac{\mathrm{d}\omega(t)}{\mathrm{d}t}\right\} \quad (4-143)$$

核动力系统的流动不稳定性

4) 船艏倾＋纵摇

假设船体同时处于船艏倾和纵摇运动状态，船艏倾斜角度为 θ_x，纵摇角速度为 $\boldsymbol{\omega}=\omega(t)\boldsymbol{j}$，纵摇导致通道与 z' 轴的夹角为 $\theta_x(t)[\theta_x(t)=\omega(t)t$，以逆时针为正]，不考虑水平加速运动（$\boldsymbol{a}_0=\boldsymbol{0}$）。

(1) $\boldsymbol{F}\cdot\delta_{3j}$。

同典型纵摇，由式(4-124)得，

$$\boldsymbol{F}\cdot\delta_{3j}=-\rho\left[-\omega^2(t)z-x\frac{\mathrm{d}\omega(t)}{\mathrm{d}t}\right] \tag{4-144}$$

(2) $\rho\boldsymbol{f}\cdot\delta_{3j}$。

根据几何条件可得，

$$\rho\boldsymbol{f}\cdot\delta_{3j}=-\rho g\cos[\theta_x+\theta_x(t)] \tag{4-145}$$

则海洋条件的影响为

$$(\boldsymbol{F}+\rho\boldsymbol{f})\cdot\delta_{3j}=-\rho g\cos[\theta_x+\theta_x(t)]+\rho\left[\omega^2(t)z+x\frac{\mathrm{d}\omega(t)}{\mathrm{d}t}\right] \tag{4-146}$$

5) 船横倾＋横摇

假设船体同时处于船横倾和横摇运动状态，假设船横倾斜角度为 θ_y，横摇角速度为 $\boldsymbol{\omega}=\omega(t)\boldsymbol{i}$，横摇导致通道与 z' 轴的夹角为 $\theta_y(t)[\theta_y(t)=\omega(t)t$，以逆时针方向为正]，不考虑水平加速运动（$\boldsymbol{a}_0=\boldsymbol{0}$）。

(1) $\boldsymbol{F}\cdot\delta_{3j}$。

同典型横摇，由式(4-116)得，

$$\boldsymbol{F}\cdot\delta_{3j}=-\rho\left[-\omega^2(t)z+y\frac{\mathrm{d}\omega(t)}{\mathrm{d}t}\right] \tag{4-147}$$

(2) $\rho\boldsymbol{f}\cdot\delta_{3j}$。

根据几何条件可得，

$$\rho\boldsymbol{f}\cdot\delta_{3j}=-\rho g\cos[\theta_y+\theta_y(t)] \tag{4-148}$$

则海洋条件的影响为

$$(\boldsymbol{F}+\rho\boldsymbol{f})\cdot\delta_{3j}=-\rho g\cos[\theta_y+\theta_y(t)]-\rho\left[-\omega^2(t)z+y\frac{\mathrm{d}\omega(t)}{\mathrm{d}t}\right] \tag{4-149}$$

6) 船体变速平动＋有倾角的情况

(1) 船体变速平动＋倾斜。

如图 4-13 所示，假设船体以加速度 $\boldsymbol{a}(t)$ 平动，倾斜角度为 θ，不考虑摇摆运动（$\boldsymbol{\omega}=\boldsymbol{0}$），加速度矢量可表示为 $\boldsymbol{a}(t)=a(t)\sin\theta\boldsymbol{k}+a(t)\cos\theta\boldsymbol{i}$ 或 $\boldsymbol{a}(t)=a(t)\sin\theta\boldsymbol{k}+a(t)\cos\theta\boldsymbol{j}$，重力加速度矢量可表示为 $\boldsymbol{g}=-g\cos\theta\boldsymbol{k}+g\sin\theta\boldsymbol{i}$ 或 $\boldsymbol{g}=-g\cos\theta\boldsymbol{k}+g\sin\theta\boldsymbol{j}$。

第4章 海洋条件下并联多通道两相流动不稳定性

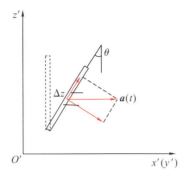

图 4-13 船体变速平动+倾斜

① $\boldsymbol{F} \cdot \delta_{3j}$。

由式(4-104)可得：

$$\boldsymbol{F} \cdot \delta_{3j} = -\rho \boldsymbol{a}_0 \cdot \delta_{3j} = -\rho a(t)\sin\theta \tag{4-150}$$

② $\rho \boldsymbol{f} \cdot \delta_{3j}$。

$$\rho \boldsymbol{f} \cdot \delta_{3j} = -\rho g\cos\theta \tag{4-151}$$

则海洋条件的影响为

$$(\boldsymbol{F}+\rho \boldsymbol{f}) \cdot \delta_{3j} = -\rho[a(t)\sin\theta + g\cos\theta] \tag{4-152}$$

(2) 船体变速平动+摇摆。

① x' 轴向变速运动+纵摇。

假设水平加速度为 $a_x(t)$，如图 4-14 所示，纵摇导致通道与 z' 轴的夹角为 $\beta_x(t)$ [$\beta_x(t)=\omega(t)t$，以逆时针方向为正]，加速度矢量为

$$\boldsymbol{a}(t) = a_x(t)\sin\beta_x(t)\boldsymbol{k} + a_x(t)\cos\beta_x(t)\boldsymbol{i} \tag{4-153}$$

重力加速度矢量为

$$\boldsymbol{g} = -g\cos\beta_x(t)\boldsymbol{k} + g\sin\beta_x(t)\boldsymbol{i} \tag{4-154}$$

纵摇角速度为

$$\boldsymbol{\omega} = \omega(t)\boldsymbol{j} \tag{4-155}$$

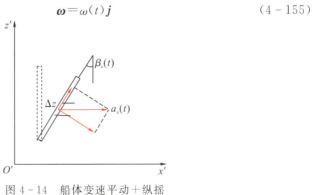

图 4-14 船体变速平动+纵摇

核动力系统的流动不稳定性

a. $\boldsymbol{F} \cdot \delta_{3j}$。

同典型纵摇,由式(4-124)得,

$$\boldsymbol{F} \cdot \delta_{3j} = -\rho \left[a_x(t)\sin\beta_x(t) - \omega^2(t)z - x\frac{\mathrm{d}\omega(t)}{\mathrm{d}t} \right] \quad (4-156)$$

b. $\rho \boldsymbol{f} \cdot \delta_{3j}$。

$$\rho \boldsymbol{f} \cdot \delta_{3j} = -\rho g\cos\beta_x(t) \quad (4-157)$$

则海洋条件的影响为

$$(\boldsymbol{F} + \rho \boldsymbol{f}) \cdot \delta_{3j} = -\rho \left[g\cos\beta_x(t) + a(t)\sin\beta_x(t) - \omega^2(t)z - x\frac{\mathrm{d}\omega(t)}{\mathrm{d}t} \right]$$
$$(4-158)$$

② y' 轴向变速运动+横摇。

假设船体水平加速度为 $a_y(t)$,如图 4-15 所示,横摇导致通道与 z' 轴夹角为 $\beta_y(t)[\beta_y(t) = \omega(t)t]$,加速度矢量为

$$\boldsymbol{a}(t) = a_y(t)\sin\beta_y(t)\boldsymbol{k} + a_y(t)\cos\beta_y(t)\boldsymbol{j} \quad (4-159)$$

重力加速度矢量为

$$\boldsymbol{g} = -g\cos\beta_y(t)\boldsymbol{k} + g\sin\beta_y(t)\boldsymbol{j} \quad (4-160)$$

横摇角速度为

$$\boldsymbol{\omega} = \omega(t)\boldsymbol{i} \quad (4-161)$$

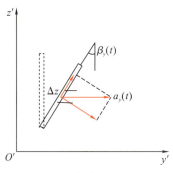

图 4-15 船体变速平动+横摇

a. $\boldsymbol{F} \cdot \delta_{3j}$。

同典型横摇,由式(4-116)可得,

$$\boldsymbol{F} \cdot \delta_{3j} = -\rho \left[a_y(t)\sin\beta_y(t) - \omega^2(t)z + y\frac{\mathrm{d}\omega(t)}{\mathrm{d}t} \right] \quad (4-162)$$

b. $\rho \boldsymbol{f} \cdot \delta_{3j}$。

$$\rho \boldsymbol{f} \cdot \delta_{3j} = -\rho g\cos\beta_y(t) \quad (4-163)$$

则海洋条件的影响为

$$(\boldsymbol{F}+\rho\boldsymbol{f})\cdot\delta_{3j}=-\rho\left[g\cos\beta_y(t)+a_y(t)\sin\beta_y(t)-\omega^2(t)z+y\frac{\mathrm{d}\omega(t)}{\mathrm{d}t}\right]$$
(4-164)

7) 船体升潜+有倾角的情况

(1) 升潜+倾斜。

如图 4-16 所示,假设舰船以加速度 $a_z(t)$ 做升潜运动,倾斜角度为 θ,不考虑摇摆($\boldsymbol{\omega}=\boldsymbol{0}$),则升潜加速度矢量可表示为

$$\boldsymbol{a}_0=a_z(t)\cos\theta\boldsymbol{k}-a_z(t)\sin\theta\boldsymbol{j} \quad \text{或} \quad \boldsymbol{a}_0=a_z(t)\cos\theta\boldsymbol{k}-a_z(t)\sin\theta\boldsymbol{i} \quad (4-165)$$

重力加速度矢量为

$$\boldsymbol{g}=-g\cos\theta\boldsymbol{k}+g\sin\theta\boldsymbol{j} \quad \text{或} \quad \boldsymbol{g}=-g\cos\theta\boldsymbol{k}+g\sin\theta\boldsymbol{i} \quad (4-166)$$

① $\boldsymbol{F}\cdot\delta_{3j}$。

$$\boldsymbol{F}\cdot\delta_{3j}=-\rho\boldsymbol{a}_0\delta_{3j}=-\rho a_z(t)\cos\theta \quad (4-167)$$

② $\rho\boldsymbol{f}\cdot\delta_{3j}$。

$$\rho\boldsymbol{f}\cdot\delta_{3j}=-\rho g\cos\theta \quad (4-168)$$

则海洋条件的影响为

$$(\boldsymbol{F}+\rho\boldsymbol{f})\cdot\delta_{3j}=-\rho[a_z(t)+g]\cos\theta \quad (4-169)$$

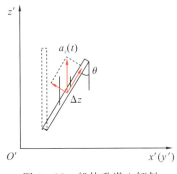

图 4-16 船体升潜+倾斜

(2) 升潜+横摇。

如图 4-17 所示,不考虑船体倾斜($\theta=0$),舰船以加速度 $a_z(t)$ 做升潜运动,升潜加速度矢量为

$$\boldsymbol{a}_0=a_z(t)\cos\beta_y(t)\boldsymbol{k}-a_z(t)\sin\beta_y(t)\boldsymbol{j} \quad (4-170)$$

横摇角速度为

$$\boldsymbol{\omega}=\omega\boldsymbol{i} \quad (4-171)$$

横摇导致通道与 z' 轴夹角为 $\beta_y(t)$:

$$\beta_y(t)=\omega(t)t \quad (4-172)$$

核动力系统的流动不稳定性

则重力加速度矢量为

$$\boldsymbol{g} = -g\cos\beta_y(t)\boldsymbol{k} + g\sin\beta_y(t)\boldsymbol{j} \quad (4-173)$$

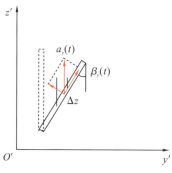

图 4-17 船体升潜+横摇

① $\boldsymbol{F} \cdot \delta_{3j}$。

同典型横摇，由式(4-116)得：

$$\boldsymbol{F} \cdot \delta_{3j} = -\rho\left[a_z(t)\cos\beta_y(t) - \omega^2(t)z + y\frac{\mathrm{d}\omega(t)}{\mathrm{d}t}\right] \quad (4-174)$$

② $\rho\boldsymbol{f} \cdot \delta_{3j}$。

$$\rho\boldsymbol{f} \cdot \delta_{3j} = -\rho g\cos\beta_y(t) \quad (4-175)$$

则海洋条件的影响为

$$(\boldsymbol{F}+\rho\boldsymbol{f}) \cdot \delta_{3j} = -\rho\left\{[g+a_z(t)]\cos\beta_y(t) - \omega^2(t)z + y\frac{\mathrm{d}\omega(t)}{\mathrm{d}t}\right\} \quad (4-176)$$

(3) 升潜+纵摇。

如图 4-18 所示，不考虑船体倾斜($\theta=0$)，假设舰船以加速度 $a_z(t)$ 做升潜运动，纵摇角速度为 $\boldsymbol{\omega} = \omega\boldsymbol{j}$，纵摇导致通道与 z' 轴夹角为 $\beta_x(t)$：

$$\beta_x(t) = \omega(t)t \quad (4-177)$$

则升潜加速度矢量为

$$\boldsymbol{a}_0 = a_z(t)\cos\beta_x(t)\boldsymbol{k} - a_z(t)\sin\beta_x(t)\boldsymbol{i} \quad (4-178)$$

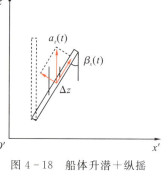

图 4-18 船体升潜+纵摇

重力加速度矢量为

$$\boldsymbol{g} = -g\cos\beta_x(t)\boldsymbol{k} + g\sin\beta_x(t)\boldsymbol{i} \quad (4-179)$$

① $\boldsymbol{F} \cdot \delta_{3j}$。

$$\boldsymbol{F} \cdot \delta_{3j} = -\rho\left\{a_z(t)\cos[\beta_x(t)] - \omega^2(t)z - x\frac{\mathrm{d}\omega(t)}{\mathrm{d}t}\right\} \quad (4-180)$$

② $\rho f \cdot \delta_{3j}$。

$$\rho f \cdot \delta_{3j} = -\rho g\cos[\beta_r(t)] \quad (4-181)$$

则海洋条件的影响为

$$(F+\rho f) \cdot \delta_{3j} = -\rho\left\{[g+a_z(t)]\cos[\beta_r(t)] - \omega^2(t)z - x\frac{d\omega(t)}{dt}\right\} \quad (4-182)$$

(4) 升潜+船艏摇。

不考虑船体倾斜($\theta=0$),假设舰船以加速度 $a_0 = a_z(t)k$ 做升潜运动,船艏摇角速度 $\omega = \omega k$,重力加速度矢量为 $g = -gk$。

① $F \cdot \delta_{3j}$。

$$F \cdot \delta_{3j} = -\rho a_z(t) \quad (4-183)$$

② $\rho f \cdot \delta_{3j}$。

$$\rho f \cdot \delta_{3j} = -\rho g \quad (4-184)$$

则海洋条件的影响为

$$(F+\rho f) \cdot \delta_{3j} = -\rho[a_z(t)+g] \quad (4-185)$$

针对更加复杂的耦合海洋条件,可首先将耦合海洋条件分解为几种典型海洋条件的组合,然后利用非惯性坐标系下动量方程得出相应的海洋条件下舰船运动引起的附加力公式,利用力的矢量叠加性,将对应的海洋条件引起的附加力沿流道方向和垂直流道方向分解,得到沿流道方向分力,从而可得耦合海洋条件下舰船运动引起的附加力计算模型。

4.4 分析程序开发及验证

4.3 节给出了 4 种典型海洋条件下舰船运动、7 种耦合海洋条件下舰船运动和海洋谱条件下舰船运动引起的附加力及附加压降计算公式,结合第 2 章给出的静止条件流动不稳定性分析程序中的数学物理模型和辅助模型,开发了海洋条件下并联通道两相流动不稳定性分析程序。程序各模块间的调用关系如图 4-19 所示,其中各模块的功能与第 2 章所述静止条件下并联通道两相流动不稳定性分析程序各模块功能一致,并添加了典型海洋条件和耦合海洋条件模块。典型海洋条件模块完成 4 种典型海洋条件下舰船运动引起的各附加力和附加压降的计算,耦合海洋条件模块完成 4 种耦合海洋条件和海洋谱条件下舰船运动引起的各附加力和附加压降的计算。由于海洋谱条件下的计算多了运动轨迹的输入,因此,耦合海洋条件模块还要完成海洋谱轨迹点的读入,并实现输入数据的单位转换功能。

核动力系统的流动不稳定性

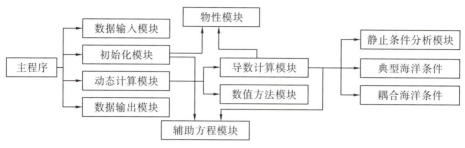

图 4-19 程序主要模块调用关系

将自编程序计算结果与中国核动力研究设计院试验结果中针对船体倾斜、升潜、摇摆和九级海况条件下两相流动不稳定性发生时的临界功率进行对比验证,如表 4-1 所示。由表可见,针对船体倾斜、升潜和摇摆三种运动条件在两相流动不稳定性发生时的计算临界功率与试验临界功率的误差小于±7%,九级海况下两相流动不稳定性发生时的计算临界功率与试验的临界功率误差小于±8%,证明了程序的正确性,可以利用此程序进行海洋条件下并联通道两相流动不稳定性的分析。

表 4-1 海洋条件计算结果验证

工况	进口压力 /MPa	总流量 /(kg·s^{-1})	试验临界功率 /kW	计算临界功率 /kW	临界功率误差 /%
倾斜	12.06	0.07	170.3	160.5	−5.73
	12.02	0.07	161.3	151.5	−6.05
	11.96	0.07	139.5	136.2	−2.37
	12.15	0.07	153.8	147.8	−3.90
	12.05	0.09	179.3	172.2	−3.93
升潜	12.07	0.07	168.0	162.9	−3.04
	12.00	0.07	147.0	141.8	−3.57
	11.96	0.08	143.3	139.4	−2.72
摇摆	12.10	0.07	165.6	161.9	−2.26
	12.00	0.08	142.5	140.4	−1.47
	11.95	0.07	138.8	137.1	−1.19
九级海况	11.96	0.08	174.0	166.5	−4.50
	11.94	0.08	168.0	156.5	7.38

4.5 计算结果及分析

4.5.1 倾斜海洋条件下两相流动不稳定性分析

为研究船体倾斜角度对通道内流速的影响,在压力 12 MPa,进口温度 230 ℃,进口质量流速 400 kg·m^{-2}·s^{-1},加热功率 69.07 kW,倾斜角度分别为 15°、30°和 45°时双通道结构中 1#通道内的流速变化如图 4-20(a)和(b)所示,(b)图是(a)图中时间从 25 s 到 35 s 的放大图。由图 4-20(a)可见,在加热功率为 69.07 kW 时,静止条件下 1#通道内的流速呈现等振幅振荡,而倾斜角度分别为 15°、30°和 45°的 1#通道内流速呈现收敛状态,倾斜角度越大,流速收敛得越快。由此可见,当静止工况的流量已经维持等振幅振荡时,倾斜运动仍处于收敛振荡,倾斜运动会使系统发生两相流动不稳定性时的临界功率增加,且倾角越大,临界功率越大。

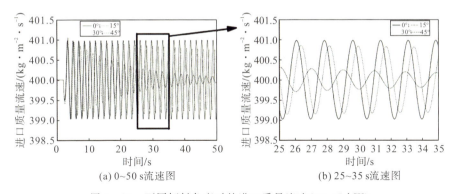

(a) 0~50 s 流速图   (b) 25~35 s 流速图

图 4-20 不同倾斜角度时的进口质量流速(69.07 kW)

表 4-2 给出了进口温度在 230~260 ℃时,静止工况和倾斜角度分别为 15°、30°和 45°时并联双通道系统发生两相流动不稳定性的临界功率。由表可见,随着倾斜角度增加,系统发生两相流动不稳定性时的临界功率会有少许增加,与通道流速变化趋势一致。这是因为倾斜导致流体在重力方向上的重位压降减小,则总压降减小,流量增加,系统稳定性增强。

表 4-2　不同温度及不同倾斜角度下系统的临界功率

进口温度/℃	临界功率/kW			
	0	15°	30°	45°
230	69.07	69.23	69.75	70.55
240	66.41	66.60	67.09	67.90
250	64.00	64.17	64.65	65.42
260	61.90	62.08	62.55	63.29

图 4-21 直观地给出了静止条件和倾斜角度分别为 15°、30°和 45°时并联通道发生两相流动不稳定性时的临界功率对比。由图可见，随着倾斜角度增加，两相流动不稳定性发生时的临界功率会少量增加，也就是稳定性增强。

图 4-22 给出了四种工况下的不稳定性边界，由图可见，倾斜角度增大，不稳定性边界右移，则边界左侧的稳定区域增加，系统稳定性增强。

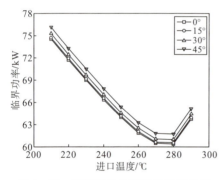
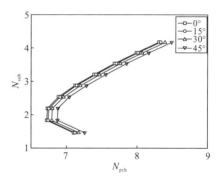

图 4-21　不同倾斜角度时的临界功率　　图 4-22　不同倾斜角度时的不稳定性边界

4.5.2　耦合海洋条件下两相流动不稳定性分析

表 4-3 给出了 7 MPa 时不同进口过冷度下不同海洋条件对系统两相流动不稳定性临界功率的影响。表中不同海洋条件下舰船的运动参数：舰船倾斜的倾角为 30°；舰船升潜运动的最大加速度 2.98 m·s^{-2}，升潜周期 15 s；舰船横摇最大角度 30°，横摇周期 20 s；舰船纵摇最大角度 30°，纵摇周期 20 s；耦合海洋条件下舰船运动的参数与各典型海洋条件下舰船运动的参数相同。由表中数据发现，在相同进口过冷度下，不同海洋条件下不稳定性发生时临界功率的偏差在 1 kW 以内，相对差别小于±1%，典型海洋条件下舰船运动和耦合海洋条件下舰船运动时的临界功率与静止条件下的临界功率差别很小。

第4章 海洋条件下并联多通道两相流动不稳定性

同种海洋条件下，当进口过冷度大于 50 ℃时，临界功率随进口过冷度的增加而增加；当进口过冷度小于 50 ℃时，临界功率随进口过冷度的增加而减小。因此，7 MPa 时，在给定的计算参数范围内，进口过冷度为 50 ℃时的临界功率最小，也最易发生不稳定现象。

表 4-3 7 MPa 下典型海洋条件和耦合海洋条件对临界功率的影响

进口过冷度/℃	临界功率/kW								
	静止	倾斜	升潜	横摇	纵摇	艏倾+纵摇	艏倾+水平变速	水平变速+纵摇	横摇+升潜
160	303.0	303.2	303.0	303.0	303.0	303.2	303.2	303.0	303.0
140	281.7	281.9	281.9	281.9	281.9	282.0	281.9	281.9	281.9
120	260.7	260.9	260.7	260.9	260.9	260.9	260.9	260.9	260.9
100	240.3	240.5	240.3	240.3	240.3	240.5	240.5	240.3	240.3
90	230.6	230.6	230.6	230.6	230.6	230.6	230.6	230.6	230.6
80	221.3	221.3	221.3	221.3	221.3	221.4	221.3	221.3	221.3
70	213.0	213.0	213.0	213.0	213.0	213.0	213.0	213.0	213.0
60	206.3	206.3	206.3	206.3	206.3	206.3	206.3	206.3	206.3
50	202.8	202.8	202.8	202.8	202.8	202.8	202.8	202.8	202.8
40	206.1	206.1	206.1	206.1	206.1	206.1	206.1	206.1	206.1
30	227.4	227.4	227.4	227.4	227.4	227.4	227.4	227.4	227.4

艏倾和纵摇耦合运动时进口质量流速变化如图 4-23 所示，此时艏倾角度为 30°，纵摇最大角度为 30°，纵摇周期为 20 s，压力 12 MPa，进口温度 230 ℃，进口质量流速 400 kg·m^{-2}·s^{-1}，加热功率 70.08 kW。由图可见，艏倾和纵摇耦合时的进口质量流速呈现典型的周期性，且振幅波动很明显。在 4.3 节讨论的典型海洋条件下舰船运动中，流量脉动呈现出类似于正弦函数的周期性脉动，而将艏倾和纵摇耦合后，流量脉动不再具有明显的正弦函数特性，这与单纯的艏倾运动和纵摇运动不同，耦合

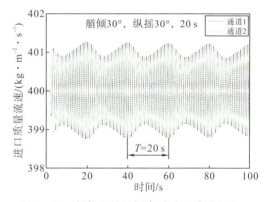

图 4-23 艏倾和纵摇耦合时进口质量流速

核动力系统的流动不稳定性

运动结合了两种典型运动的特点，呈现出非正弦脉动的周期性。

在 9 MPa、12 MPa 和 15 MPa 压力下，改变系统进口过冷度得到艏倾和纵摇耦合时系统的临界功率、不稳定性边界和三维不稳定性空间如图 4-24 至图 4-26 所示。

如图 4-24 所示为 9 MPa、12 MPa 和 15 MPa 压力下艏倾和纵摇耦合工况的系统发生不稳定性时的临界功率，艏倾角度为 30°，纵摇最大角度为 20°，纵摇周期为 10 s。由图可知，在相同进口过冷度下，压力增加，不稳定性发生时临界功率增加；相同压力下，进口过冷度大于某值时临界功率随着进口过冷度的增加而增加，进口过冷度小于某值时临界功率随着进口过冷度的增加而减小。

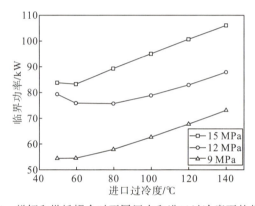

图 4-24 艏倾和纵摇耦合时不同压力和进口过冷度下的临界功率

图 4-25 为 9 MPa、12 MPa 和 15 MPa 压力下艏倾和纵摇耦合工况的系统的不稳定性边界图，艏倾角度为 30°，纵摇最大角度为 20°，纵摇周期为 10 s。图中 X_e 为热平衡态含汽率，方点连成的"L"形线表示 15 MPa 下系统的不稳定性边界，圆点连成的"L"形线表示 12 MPa 下系统的不稳定性边界，三角点连成的"L"形线表示 9 MPa 下系统的不稳定性边界，"L"形线右侧为不稳定区域，左侧为稳定区域，其规律与静止条件不同压力下不稳定性边界规律相同，不再赘述。

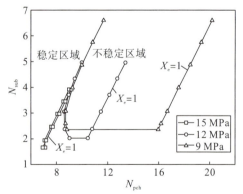

图 4-25 艏倾和纵摇耦合时系统的不稳定性边界

图 4-26 为 9 MPa、12 MPa 和 15 MPa 压力下舶倾和纵摇耦合工况的系统的三维不稳定性空间图，舶倾角度为 30°，纵摇最大角度为 20°，纵摇周期为 10 s。由图 4-25 及图 4-26 可以看出，随压力增加，含汽率等于 1 的线在向左移动，导致不稳定性边界和含汽率等于 1 的线之间的区域减小，也就是系统稳定性增强。

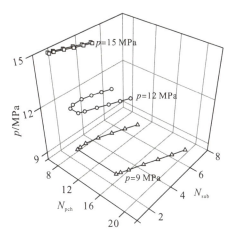

图 4-26 舶倾和纵摇耦合时系统的三维不稳定性空间 ($G_{in}=400$ kg·m^{-2}·s^{-1})

采用 4.4 节开发的海洋条件下并联通道两相流动不稳定性分析程序针对舰船倾斜、升潜、横摇、纵摇、舶倾和纵摇耦合、水平变速和纵摇耦合、舶倾和水平变速耦合、升潜和横摇耦合共 8 种运动情况进行了分析，得出了如下规律。

强迫循环条件下，造成舰船倾斜、升潜、横摇和纵摇的 4 种典型海洋条件对系统发生两相流动不稳定性时的临界功率和不稳定性边界的影响可以忽略，但舰船升潜、横摇和纵摇运动会使并联通道内流量呈现类似正弦函数的周期性振荡，振荡的振幅和周期与运动参数有关；舰船舶倾和纵摇耦合、水平变速和纵摇耦合、舶倾和水平变速耦合、升潜和横摇耦合对系统发生两相流动不稳定性时的临界功率和不稳定性边界的影响也可以忽略，但舰船水平变速和纵摇耦合、升潜和横摇耦合时并联通道流量的波动周期为两种典型运动周期的最小公倍数，且流量波动振幅呈现出非正弦脉动的特性。

参考文献

[1] MURATA H，SAWADA K，KOBAYASHI M. Natural circulation char-

acteristics of a marine reactor in rolling motion and heat transfer in the core[J]. Nuclear Engineering and Design,2002,215(1):69-85.

[2] MURATA H,SAWADA K,KOBAYASHI M. Experimental investigation of natural convection in a core of a marine reactor in rolling motion[J]. Journal of Nuclear Science and Technology,2000,37(6):509-517.

[3] TAN S,SU G H,GAO P. Experimental and theoretical study on single-phase natural circulation flow and heat transfer under rolling motion condition[J]. Applied Thermal Engineering,2009,29(14-15):3160-3168.

[4] 谭思超,张红岩,庞凤阁,等. 摇摆运动下单相自然循环流动特点[J]. 核动力工程,2005,26(6):554-558.

[5] 谭思超,高璞珍,苏光辉. 摇摆运动条件下自然循环流动的实验和理论研究[J]. 哈尔滨工程大学学报,2007,28(11):1213-1217.

[6] 谭思超,高璞珍,苏光辉. 摇摆运动条件下自然循环温度波动特性[J]. 原子能科学技术,2008,42(8):673-677.

[7] 高璞珍,刘顺隆,王兆祥. 纵摇和横摇对自然循环的影响[J]. 核动力工程,1999,20(3):36-39.

[8] 鄢炳火,于雷,张杨伟,等. 简谐海洋条件下自然循环运行特性[J]. 原子能科学技术,2009,43(3):230-236.

[9] YAN C X,YAN C Q,SUN L C,et al. Slug behavior and pressure drop of adiabatic slug flow in a narrow rectangular duct under inclined conditions[J]. Annals of Nuclear Energy,2014,64:21-31.

[10] MURATA H,IYORI I,KOBAYASHI M. Natural circulation characteristics of a marine reactor in rolling motion[J]. Nuclear Engineering and Design,1990,118(2):141-154.

[11] XING D,YAN C,SUN L,et al. Effects of rolling on characteristics of single-phase water flow in narrow rectangular ducts[J]. Nuclear Engineering and Design,2012,247:221-229.

[12] XING D,YAN C,SUN L,et al. Effect of rolling motion on single-phase laminar flow resistance of forced circulation with different pump head[J]. Annals of Nuclear Energy,2013,54:141-148.

[13] TAN S,WANG Z,WANG C,et al. Flow fluctuations and flow friction characteristics of vertical narrow rectangular channel under rolling motion conditions[J]. Experimental Thermal and Fluid Science,2013,50:69-78.

[14] WANG C, LI X, WANG H, et al. Experimental study on friction and heat transfer characteristics of pulsating flow in rectangular channel under rolling motion[J]. Progress in Nuclear Energy, 2014, 71: 73-81.

[15] 李常伟, 曹夏昕, 孙立成, 等. 摇摆对窄矩形通道内两相流摩擦压降特性影响[J]. 原子能科学技术, 2013, 47(3): 376-380.

[16] CHEN C, GAO P, TAN S, et al. Effect of rolling motion on two-phase frictional pressure drop of boiling flows in a rectangular narrow channel [J]. Annals of Nuclear Energy, 2015, 83: 125-136.

[17] COLLIER J G, THOME J R. Convective boiling and condensation[M]. Oxford: Oxford University Press, 1994.

[18] 苏光辉. 核反应堆热工水力计算方法[M]. 西安: 西安交通大学, 2006.

[19] 于平安, 朱瑞安, 喻真烷, 等. 核反应堆热工分析[M]. 上海: 上海交通大学出版社, 2002.

第 5 章 运动条件下核热耦合对两相流动不稳定性影响研究

5.1 概述

在反应堆堆芯系统中，宏观热工水力和微观中子物理之间存在密切的耦合关系[1]，这种相互作用关系称为核热耦合。在核热耦合的情况下，堆芯功率沿着轴向和径向都是不均匀分布的，相对于功率均匀分布的情况，堆芯系统两相流动不稳定性特性将会不同。此外，当发生两相流动不稳定性时，管道进口流量发生变化，会引起管道冷却剂密度、冷却剂温度和燃料温度的变化，在核热耦合效应作用下，堆芯功率分布也会随之变化，进而影响系统的稳定性。因此，为了准确地研究反应堆堆芯的两相流动不稳定性，必须考虑核热耦合效应。

在以往的研究中，并联多通道系统的两相流动不稳定性理论和试验研究基本上都是基于轴向均匀功率分布的情况，这种功率分布和实际堆芯功率分布相差很大。同时，由于保密要求，关于海洋条件下核动力反应堆装置并联多通道两相流动不稳定性的研究在国内外都鲜有发表，已发表的大部分文献[2-16]，集中于自然循环和流动阻力与传热的研究，对两相流动不稳定性的研究很少。此外，已有的核热耦合两相流动不稳定性研究几乎都是针对沸水堆（BWR）进行的，对运动条件下堆芯核热耦合两相流动不稳定性的研究几乎没有。本章针对以上问题，基于现有理论基础，开发两相流动不稳定性分析程序，研究运动条件下堆芯并联通道核热耦合两相流动不稳定性。

5.2 数学物理模型

船用核动力反应堆堆芯部分可以简化为由上下两个联箱和中间多个并联

第5章 运动条件下核热耦合对两相流动不稳定性影响研究

管道所组成的系统。如图 4-1 所示,模型详细描述与假设见 4.2 节,在此不作过多介绍。

5.2.1 基本热工水力模型

在该节中,采用的基本热工水力模型为单/两相流体热工水力微分方程。考虑流体的可压缩性,为了求解方程组,增加一个物性方程:

$$\rho = \rho(p, h) \tag{5-1}$$

方程(5-1)对时间求导可得:

$$\frac{\partial \rho}{\partial t} = \frac{\partial \rho}{\partial h}\frac{\partial h}{\partial t} + \frac{\partial \rho}{\partial p}\frac{\partial p}{\partial t} \tag{5-2}$$

将式(5-2)代入质量守恒方程,可化为

$$\frac{\partial \rho}{\partial h}\frac{\partial h}{\partial t} + \frac{\partial \rho}{\partial p}\frac{\partial p}{\partial t} + \frac{\partial}{\partial z}(\rho u) = 0 \tag{5-3}$$

将式(5-2)代入能量守恒方程,可化为

$$\left(h\frac{\partial \rho}{\partial h} + \rho\right)\frac{\partial h}{\partial t} + \left(h\frac{\partial \rho}{\partial p} - 1\right)\frac{\partial p}{\partial t} + \frac{\partial}{\partial z}(\rho u h) = \frac{q''p_H}{A} \tag{5-4}$$

式中,ρ 为密度,$kg \cdot m^3$;p 为压力,MPa;h 为对流换热系数;$W \cdot m^{-2} \cdot ℃^{-1}$;$A$ 为流体截面积,m^2;u 为流体速度,$m \cdot s^{-1}$。

5.2.2 板状燃料元件传热模型

在进行物理热工耦合计算时,需要考虑传热模型对热量传出的延迟效应,因此需要建立合理的板状燃料元件传热模型。板状燃料元件传热方式包括燃料芯块内部传热、间隙传热、包壳传热和包壳与冷却剂之间的对流换热。本书简化了板状燃料元件的传热结构,忽略了燃料包壳和包壳与燃料芯块的间隙,只考虑燃料芯块和冷却剂,如图 5-1 所示。根据燃料芯块的传热特点,通常忽略燃料芯块的轴向传热,认为热量只沿着径向传导。

板状燃料元件传热方程为

$$\rho_u c_u \frac{\partial T_u(x,t)}{\partial t} = k_u \frac{\partial^2 T_u(x,t)}{\partial x^2} + Q_u \tag{5-5}$$

边界条件:

$$\left.\frac{\partial T_u(x,t)}{\partial x}\right|_{x=0} = 0 \tag{5-6}$$

$$\left.k_u \frac{\partial T_u(x,t)}{\partial x}\right|_{x=\delta_u} = h[T_f(x,t) - T_u(x,t)] \tag{5-7}$$

式中,T_u 为燃料温度,℃;T_f 为流体主流温度,℃;Q_u 为燃料芯块体积释热功率,$W \cdot m^{-3}$;h 为对流换热系数,$W \cdot m^{-2} \cdot ℃^{-1}$;$k_u$ 为燃料芯块传热系

数，$W \cdot m^{-1} \cdot K^{-1}$；$\rho_u$ 为燃料芯块密度，$kg \cdot m^{-3}$；c_u 为燃料芯块比热，$J \cdot kg^{-1} \cdot K^{-1}$。

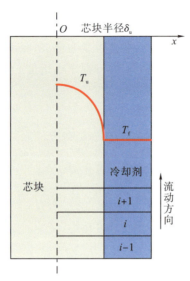

图 5-1 板状燃料元件传热示意图

5.2.3 上下联箱模型

针对并联多通道系统的上、下联箱模型进行推导，该模型示意图如图 5-2 所示。

1. 下联箱

质量守恒方程：

$$\frac{\partial \rho}{\partial t} \Delta V_{下联箱} = \rho_{in} u_{in} A_{in} - \sum_{i=1}^{N} (\rho_{in,i} u_{fin,i} A_i) \tag{5-8}$$

能量守恒方程：

$$\frac{\partial (\rho h)}{\partial t} \Delta V_{下联箱} = \rho_{in} u_{in} A_{in} h_{in} - \sum_{i=1}^{N} (\rho_{in,i} u_{fin,i} A_i h_{in,i}) \tag{5-9}$$

动量守恒方程：

$$\frac{\partial (\rho u)}{\partial t} \Delta V_{下联箱} + \sum_{i=1}^{N} (\rho_{in,i} u_{fin,i}^2 A_i) - \rho_{in} u_{in}^2 A_{in} = -\frac{\partial p}{\partial z} \Delta V_{下联箱} - \frac{f'}{D} \frac{1}{2} \rho u^2 \Delta V_{下联箱} - \rho g \Delta V_{下联箱} \tag{5-10}$$

式中，$\Delta V_{下联箱}$ 为下联箱体积，m^3；ρ_{in} 为下联箱进口冷却剂密度，$kg \cdot m^{-3}$；h_{in} 为下联箱进口冷却剂比焓，$J \cdot kg^{-1}$；u_{in} 为下联箱进口冷却剂流速，$m \cdot s^{-1}$；

第5章 运动条件下核热耦合对两相流动不稳定性影响研究

A_{in} 为下联箱进口截面积,m^2。

2. 上联箱

质量守恒方程：

$$\frac{\partial \rho}{\partial t} \Delta V_{\text{上联箱}} = \sum_{i=1}^{N}(\rho_{\text{out},i} u_{\text{fout},i} A_i) - \rho_{\text{out}} u_{\text{fout}} A_{\text{out}} \quad (5-11)$$

能量守恒方程：

$$\frac{\partial (\rho h)}{\partial t} \Delta V_{\text{上联箱}} = \sum_{i=1}^{N} \frac{f'}{D}(\rho_{\text{out},i} u_{\text{fout},i} A_i h_{\text{out},i}) - \rho_{\text{out}} u_{\text{fout}} A_{\text{out}} h_{\text{out}} \quad (5-12)$$

动量守恒方程：

$$\frac{\partial (\rho u)}{\partial t} \Delta V_{\text{上联箱}} + \rho_{\text{out}} u_{\text{fout}}^2 A_{\text{out}} - \sum_{i=1}^{N}(\rho_{\text{out},i} u_{\text{fout},i}^2 A_i) = -\frac{\partial p}{\partial z} \Delta V_{\text{上联箱}} - \frac{f'}{D} \frac{1}{2} \rho u^2 \Delta V_{\text{上联箱}} - \rho g \Delta V_{\text{上联箱}} \quad (5-13)$$

式中，$\Delta V_{\text{上联箱}}$ 为上联箱体积，m^3；ρ_{out} 为上联箱进口冷却剂密度，$kg \cdot m^{-3}$；h_{out} 为上联箱进口冷却剂比焓，$J \cdot kg^{-1}$；u_{fout} 为上联箱进口冷却剂流速，$m \cdot s^{-1}$；A_{out} 为上联箱进口截面积，m^2。

将上、下联箱控制方程与通道控制方程联立，即为并联通道控制方程，采用此方法可避免在通道间进行流量分配。

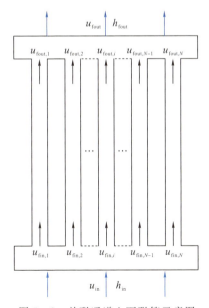

图 5-2 并联通道上下联箱示意图

5.3 数值方法

5.3.1 控制方程离散

目前大部分反应堆系统安全分析程序（TRAC、RELAP5、COBRA-TF等）采用交错式差分格式，这种方法一定程度上便于编制程序，求解也相对容易，对中等大小的时间步长系统分析是稳定可靠的。在交错网格中，所有热力学变量（压力 p、比焓 h、密度 ρ、空泡份额 α 等）都存储在控制体中心（图5-3中虚线位置），而将流体的速度 u 存放在控制体边界处（图5-3中实线位置），在时间上采用商业软件广泛使用的半隐式格式进行离散。为了加快计算速度，除了连续方程和能量方程中对流项的速度，以及动量方程中的压力梯度项采用隐式格式以外，其他项均采用显式格式。

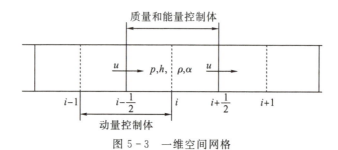

图5-3 一维空间网格

方程(5-3)的有限差分方程如下：

$$\left(\frac{\partial \rho}{\partial h}\right)_i^n \frac{h_i^{n+1}-h_i^n}{\Delta t}+\left(\frac{\partial \rho}{\partial p}\right)_i^n \frac{p_i^{n+1}-p_i^n}{\Delta t}+\frac{\dot{\rho}_{i+1/2}^n u_{i+1/2}^{n+1}-\dot{\rho}_{i-1/2}^n u_{i-1/2}^{n+1}}{\Delta z}=0$$

(5-14)

式中，p_i^n 为第 i 个控制体在 n 时层的压力，Pa；$\dot{\rho}_{i+1/2}^n$ 为第 $i+\frac{1}{2}$ 个控制体在 n 时层的密度，kg·m^{-3}；$u_{i+1/2}^{n+1}$ 为第 $i+\frac{1}{2}$ 个控制体在 $n+1$ 时层的速度，m·s^{-1}；h_i^n 为第 i 个控制体在 n 时层的比焓，J·kg^{-1}；$\left(\frac{\partial \rho}{\partial h}\right)_i^n$ 为第 i 个控制体在 n 时层密度对比焓的导数，kg^2·m^{-3}·J^{-1}；$\left(\frac{\partial \rho}{\partial p}\right)_i^n$ 为第 i 个控制体在 n 时层密度对压力的导数，kg·m^{-3}·Pa^{-1}。

动量守恒方程的有限差分方程如下：

第5章 运动条件下核热耦合对两相流动不稳定性影响研究

$$\frac{\hat{\rho}_{i+1/2}^n u_{i+1/2}^{n+1} - \hat{\rho}_{i+1/2}^n u_{i+1/2}^n}{\Delta t} + \frac{\rho_{i+1}^n (\hat{u}_{i+1}^n)^2 - \rho_i^n (\hat{u}_i^n)^2}{\Delta z} +$$

$$\frac{p_{i+1}^{n+1} - p_i^{n+1}}{\Delta z} = \left[\sum F(t)\right]_{i+1/2}^n \tag{5-15}$$

其中:

$$\left[\sum F(t)\right]_{i+1/2}^n = -(\Delta p_\text{f})_{i+1/2}^n - (\Delta p_\text{g})_{i+1/2}^n - [\Delta p_\text{O}(t)]_{i+1/2}^n \tag{5-16}$$

式中,$(\Delta p_\text{f})_{i+1/2}^n$ 为第 $i+\frac{1}{2}$ 个控制体在 n 时层的摩擦压降,Pa;$(\Delta p_\text{g})_{i+1/2}^n$ 为第 $i+\frac{1}{2}$ 个控制体在 n 时层的重位压降,Pa;$[\Delta p_\text{O}(t)]_{i+1/2}^n$ 为第 $i+\frac{1}{2}$ 个控制体在 n 时层的局部压降,Pa。

时间步长的选取可以违反 $\frac{(u+a)\Delta t}{\Delta z}<1$ 的波速限制,但是要满足 $\frac{u\Delta t}{\Delta z}<1$ 的流速限制。

能量守恒方程(5-4)的有限差分方程为

$$\left[h_i^n \left(\frac{\partial \rho}{\partial h}\right)_i^n + \rho_i^n\right]\frac{h_i^{n+1} - h_i^n}{\Delta t} + \left[h_i^n \left(\frac{\partial \rho}{\partial p}\right)_i^n - 1\right]\frac{p_i^{n+1} - p_i^n}{\Delta t} +$$

$$\frac{\hat{\rho}_{i+1/2}^n \dot{h}_{i+1/2}^n u_{i+1/2}^{n+1} - \hat{\rho}_{i-1/2}^n \dot{h}_{i-1/2}^n u_{i-1/2}^{n+1}}{\Delta z} = \left[\sum Q(t)\right]_i^n \tag{5-17}$$

式中:

$$\left[\sum Q(t)\right]_i^n = \frac{q''^n_i U_h}{A} \tag{5-18}$$

以 $h_i^{n+1} - h_i^n$ 和 $p_i^{n+1} - p_i^n$ 为未知数,联立方程(5-14)和方程(5-17),可得方程组:

$$\boldsymbol{Ax} = \boldsymbol{b} + \boldsymbol{f}_1 u_{i-1/2}^{n+1} + \boldsymbol{f}_2 u_{i+1/2}^{n+1} \tag{5-19}$$

式中,$\boldsymbol{A}$ 为一个 2×2 的矩阵,$\boldsymbol{x}$、$\boldsymbol{b}$、$\boldsymbol{f}_1$、$\boldsymbol{f}_2$ 均为 2×1 的列向量。

其中:

$$\begin{cases} \boldsymbol{A} = \begin{bmatrix} A_{11} & A_{12} \\ A_{21} & A_{22} \end{bmatrix}, \quad \boldsymbol{x} = \begin{bmatrix} h_i^{n+1} - h_i^n \\ p_i^{n+1} - p_i^n \end{bmatrix} \\ \boldsymbol{b} = \begin{bmatrix} b_1 \\ b_2 \end{bmatrix}, \quad \boldsymbol{f}_1 = \begin{bmatrix} f_1^1 \\ f_2^1 \end{bmatrix}, \quad \boldsymbol{f}_2 = \begin{bmatrix} f_1^2 \\ f_2^2 \end{bmatrix} \end{cases} \tag{5-20}$$

式中:

$$A_{11} = \frac{h_i^n \left(\frac{\partial \rho}{\partial h}\right)_i^n + \rho_i^n}{\Delta t} \tag{5-21}$$

$$A_{12} = \frac{h_i^n \left(\frac{\partial \rho}{\partial p}\right)_i^n - 1}{\Delta t} \tag{5-22}$$

$$A_{21} = \frac{\left(\frac{\partial \rho}{\partial h}\right)_i^n}{\Delta t} \tag{5-23}$$

$$A_{22} = \frac{\left(\frac{\partial \rho}{\partial p}\right)_i^n}{\Delta t} \tag{5-24}$$

$$b_1 = \frac{q_i^n P_H}{A_i} \tag{5-25}$$

$$b_2 = 0 \tag{5-26}$$

$$f_1^1 = \frac{\rho_{i-1}^n h_{i-1}^n}{\Delta z} \tag{5-27}$$

$$f_2^1 = \frac{\rho_{i-1}^n}{\Delta z} \tag{5-28}$$

$$f_1^2 = -\frac{\rho_i^n h_i^n}{\Delta z} \tag{5-29}$$

$$f_2^2 = -\frac{\rho_i^n}{\Delta z} \tag{5-30}$$

为求解方程组，需要知道速度 $u_{i-1/2}^{n+1}$ 和 $u_{i-1/2}^{n+1}$ 的值，计算方法如下：

方程(5-15)可改写为

$$u_{i+1/2}^{n+1} = \tilde{u}_{i+1/2}^n - \frac{\Delta t}{\hat{\rho}_{i+1/2}^n \Delta z} \left[(p_{i+1}^{n+1} - p_{i+1}^n) - (p_i^{n+1} - p_i^n) \right] \tag{5-31}$$

其中：

$$\tilde{u}_{i+1/2}^n = u_{i+1/2}^n - \frac{\Delta t}{\Delta z} \frac{\rho_{i+1}^n (\hat{u}_{i+1}^n)^2 - \rho_i^n (\hat{u}_i^n)^2}{\hat{\rho}_{i+1/2}^n} - \frac{\Delta t}{\hat{\rho}_{i+1/2}^n \Delta z} (p_{i+1}^n - p_i^n) + \frac{\Delta t}{\hat{\rho}_{i+1/2}^n} \left[\sum F(t) \right]_{i+1/2}^n \tag{5-32}$$

同样有：

$$u_{i-1/2}^{n+1} = \tilde{u}_{i-1/2}^n - \frac{\Delta t}{\hat{\rho}_{i-1/2}^n \Delta z} \left[(p_i^{n+1} - p_i^n) - (p_{i-1}^{n+1} - p_{i-1}^n) \right] \tag{5-33}$$

其中：

$$\tilde{u}_{i-1/2}^n = u_{i-1/2}^n - \frac{\Delta t}{\Delta z} \frac{\rho_i^n (\hat{u}_i^n)^2 - \rho_{i-1}^n (\hat{u}_{i-1}^n)^2}{\hat{\rho}_{i-1/2}^n} - \frac{\Delta t}{\hat{\rho}_{i-1/2}^n \Delta z} (p_i^n - p_{i-1}^n) + \frac{\Delta t}{\hat{\rho}_{i-1/2}^n} \left[\sum F(t) \right]_{i-1/2}^n \tag{5-34}$$

对于质量有限差分方程[式(5-14)]与能量有限差分方程[式(5-17)]，

控制体界面上的热力学变量(差分方程中上方有"·"的变量)是未知的,这种变量的值取决于界面上的速度或界面两侧的压力等参数。具体求解方法如下:

(1)若 $u_{i+1/2} \neq 0$,则:

$$\dot{\phi}_{i+1/2} = \frac{1}{2}(\phi_i + \phi_{i+1}) + \frac{1}{2}\frac{|u_{i+1/2}|}{u_{i+1/2}}(\phi_i - \phi_{i+1}) \tag{5-35}$$

(2)若 $u_{i+1/2} = 0$ 且 $p_i \neq p_{i+1}$,则:

$$\dot{\phi}_{i+1/2} = \frac{1}{2}(\phi_i + \phi_{i+1}) + \frac{1}{2}\frac{|p_i - p_{i+1}|}{p_i - p_{i+1}}(\phi_i - \phi_{i+1}) \tag{5-36}$$

(3)若 $u_{i+1/2} = 0$ 且 $p_i = p_{i+1}$,则:

$$\begin{cases} \dot{\phi}_{i+1/2} = \dfrac{\rho_i \phi_i + \rho_{i+1}\phi_{i+1}}{\rho_i + \rho_{i+1}}, & \dot{\phi}_{i+1/2} \neq \dot{\rho}_{i+1/2} \\ \dot{\rho}_{i+1/2} = \dfrac{1}{2}(\rho_i + \rho_{i+1}), & \dot{\phi}_{i+1/2} = \dot{\rho}_{i+1/2} \end{cases} \tag{5-37}$$

对于动量有限差分方程[式(5-15)],控制体界面上的热力学变量(方程中上方有"^"变量)是未知的,采用相邻左右控制体的线性平均值来计算,具体求解方法如下:

$$\hat{\phi}_{i+1/2} = \frac{1}{2}(\phi_i + \phi_{i+1}) \tag{5-38}$$

$$\hat{u}_i = \frac{1}{2}(u_{i-1/2} + u_{i+1/2}) \tag{5-39}$$

5.3.2 模型求解方法

交错网格差分法的优点是压力与速度项很自然地耦合在一起,且若 $\frac{u\Delta t}{\Delta z} < 1$ 则形成一个主对角占优矩阵,下面给出具体的方程推导和求解过程。

为了求解方程(5-19),下面定义:

$$\delta p_i = p_i^{n+1} - p_i^n \tag{5-40}$$

$$\boldsymbol{A}^{-1} = \boldsymbol{B} = \begin{bmatrix} B_{11} & B_{12} \\ B_{21} & B_{22} \end{bmatrix} \tag{5-41}$$

对方程(5-19)左乘逆矩阵 $\boldsymbol{A}^{-1}$,得

$$\boldsymbol{A}^{-1}\boldsymbol{A}\boldsymbol{x} = \boldsymbol{A}^{-1}\boldsymbol{b} + \boldsymbol{A}^{-1}\boldsymbol{f}_1 u_{i-1/2}^{n+1} + \boldsymbol{A}^{-1}\boldsymbol{f}_2 u_{i+1/2}^{n+1} \tag{5-42}$$

化简可以得到:

$$\delta p_i = B_{21} b_1 + (B_{21} f_1^1 + B_{22} f_2^1) u_{i-1/2}^{n+1} + (B_{21} f_1^2 + B_{22} f_2^2) u_{i+1/2}^{n+1} \tag{5-43}$$

将方程(5-31)和(5-33)代入方程(5-43),可得

$$\delta p_i = (B_{21} f_1^1 + B_{22} f_2^1)\left[\tilde{u}_{i-1/2}^n - \frac{\Delta t}{\hat{\rho}_{i-1/2}^n \Delta z}(\delta p_i - \delta p_{i-1})\right] +$$

173

$$(B_{21}f_1^2 + B_{22}f_2^2)\left[\tilde{u}_{i+1/2}^n - \frac{\Delta t}{\hat{\rho}_{i+1/2}^n \Delta z}(\delta p_{i+1} - \delta p_i)\right] + B_{21}b_1 \quad (5-44)$$

整理方程(5-44)，可得

$$C_1^i \delta p_{i-1} + C_2^i \delta p_i + C_3^i \delta p_{i+1} = C_4^i \quad (5-45)$$

式中：

$$C_1^i = -(B_{21}f_1^1 + B_{22}f_2^1)\frac{\Delta t}{\hat{\rho}_{i-1/2}^n \Delta z} \quad (5-46)$$

$$C_2^i = 1 + (B_{21}f_1^1 + B_{22}f_2^1)\frac{\Delta t}{\hat{\rho}_{i-1/2}^n \Delta z} - (B_{21}f_1^2 + B_{22}f_2^2)\frac{\Delta t}{\hat{\rho}_{i+1/2}^n \Delta z} \quad (5-47)$$

$$C_3^i = (B_{21}f_1^2 + B_{22}f_2^2)\frac{\Delta t}{\hat{\rho}_{i+1/2}^n \Delta z} \quad (5-48)$$

$$C_4^i = (B_{21}f_1^1 + B_{22}f_2^1)\tilde{u}_{i-1/2}^n + (B_{21}f_1^2 + B_{22}f_2^2)\tilde{u}_{i+1/2}^n + B_{21}b_1 \quad (5-49)$$

图 5-4 给出了通道控制体划分方式，它将整个通道划分为 N 个控制体，且考虑了进出口两个控制体边界，各个控制体之间的接管相当于动量控制体。联立第 1 号到第 N 号控制体的压力方程(5-45)，可以得到以下方程组：

$$\boldsymbol{Dp} = \boldsymbol{q} \quad (5-50)$$

式中：

$$\boldsymbol{D} = \begin{bmatrix} D_{11} & D_{12} & & & & \\ D_{21} & D_{22} & D_{23} & & 0 & \\ & D_{32} & D_{33} & D_{34} & & \\ & & \ddots & \ddots & \ddots & \\ & 0 & & D_{N-1,N-2} & D_{N-1,N-1} & D_{N-1,N} \\ & & & & D_{N,N-1} & D_{N,N} \end{bmatrix},$$

$$\boldsymbol{p} = \begin{bmatrix} \delta p_1 \\ \delta p_2 \\ \delta p_3 \\ \vdots \\ \delta p_{N-1} \\ \delta p_N \end{bmatrix}, \quad \boldsymbol{q} = \begin{bmatrix} q_1 \\ q_2 \\ q_3 \\ \vdots \\ q_{N-1} \\ q_N \end{bmatrix} \quad (5-51)$$

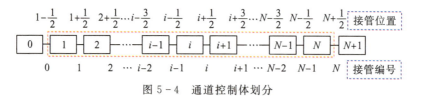

图 5-4 通道控制体划分

第5章　运动条件下核热耦合对两相流动不稳定性影响研究

从上述的方程推导结果可以看出,最后得到一个压力的三角形矩阵,可以利用直接消去法求解,也可以利用高斯-赛德尔(Gauss-Seidel)迭代法求解。总的计算思路:①用动量方程求解出速度;②利用上一时层求解压力方程;③用解出的压力回代求解速度和比焓。

计算任意时层的通道流场方法可以总结如下:

(1) LU(lower-upper)分解法将矩阵 A 分解成三角形矩阵,求得 A 的逆矩阵 $B=A^{-1}$。

(2) 将式(5-19)两端同时乘以 A^{-1},可以得到一个以 $p^{n+1}-p^n$、$u_{i+1/2}^{n+1}$、$u_{i-1/2}^{n+1}$ 为未知数的方程。

(3) 将 $u_{i+1/2}^{n+1}$ 和 $u_{i-1/2}^{n+1}$ 用其左右两个控制体的 $p^{n+1}-p^n$ 表示出来[见式(5-31)和式(5-33)],将 $u_{i+1/2}^{n+1}$ 和 $u_{i-1/2}^{n+1}$ 代入方程(5-19),便可以得到一个仅以 $p^{n+1}-p^n$ 为未知数的代数方程,求解方程(5-19)可得到新时层的压力。

(4) 将新时层的压力代入式(5-31)和式(5-33),便可得到新时层的控制体速度。

(5) 将新时层的控制体速度代入式(5-14)和式(5-17),解之可得新时层的控制体的比焓和密度。

(6) 判断新时层的速度是否满足准则 $\frac{u\Delta t}{\Delta z}<1$,如果满足则继续计算下一时层,若不满足则缩短时间步长,返回步骤(1)。

5.4　分析程序研发及验证

5.4.1　两相流动不稳定性分析程序的研发及验证

1. FIACO-MC 程序的研发

基于5.3节流场控制方程的求解推导,针对运动条件下并联通道两相流动不稳定性分析进行了程序研发和验证。本节介绍采用 FORTRAN 90 语言编写的运动条件下并联通道两相流动不稳定性分析程序 FIACO-MC(Flow Instability Analysis Code under Motion Codition)。

FIACO-MC 程序采用面向对象的模块化建模方法,可移植性好。该程序包含的子模块有:主程序、参数定义模块、输入模块、初始化模块、稳态计算模块、数值算法模块、运动附加力模块、物性模块、流场参数计算模块、辅助模块和输出模块等。图5-5给出了各个子模块通过主程序调用的结构图。

核动力系统的流动不稳定性

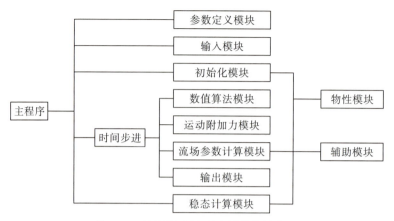

图 5-5 FIACO-MC 程序子模块结构图

各程序模块的作用如下：

主程序：依次序调用除其之外的计算模块，以实现系统瞬态求解；

参数定义模块：定义计算中所需要的全局变量；

输入模块：输入数据卡的数据；

初始化模块：流场参数的初始化赋值；

稳态计算模块：并联多通道系统流场的稳态参数计算；

数值算法模块：所有控制体的控制方程的离散和求解；

运动附加力模块：运动附加力的计算；

物性模块：水和水蒸气的物性；

流场参数计算模块：计算除流场压力以外的各个参数；

辅助模块：换热系数、流体阻力系数、离散方程中所需要的偏导数及其他辅助关系式计算的子函数；

输出模块：程序计算结果以文件形式输出。

FIACO-MC 程序的计算流程如图 5-6 所示。对于并联多通道系统稳定性边界点采用小扰动法进行探测，即对某一个通道或某些通道施加功率扰动，观察扰动后通道进口流量脉动，如果是阻尼振荡，则增加通道加热功率；如果是发散振荡，则降低通道加热功率，直到流量脉动为极限环振荡，此时的功率为临界功率，且该工况点为不稳定性边界点。

由于运动条件下并联通道两相流动不稳定性分析程序 FIACO-MC 将用于核热耦合程序的开发，而三维堆芯物理程序 DONJON 的运行环境为 Linux 系统，因此要求 FIACO-MC 不仅能在 Windows 系统下运行，而且还能在安装有 GFortran 编译器的 Linux 系统下运行。为了满足该要求，对 FIACO-MC 程

第5章 运动条件下核热耦合对两相流动不稳定性影响研究

序进行了优化开发，使其在 Windows 和 Linux 系统下都能运行。

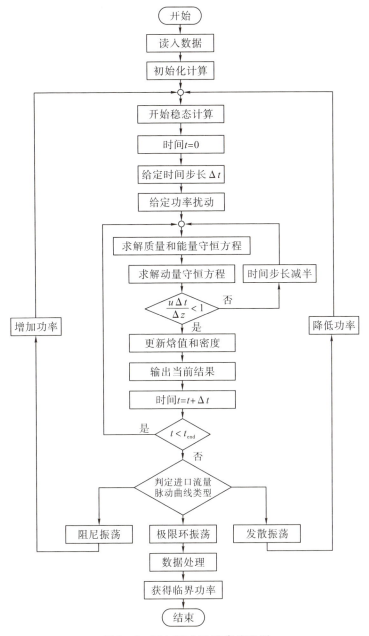

图 5-6 FIACO-MC 程序流程图

2. FIACO-MC 程序的验证

在采用运动条件下并联通道两相流动不稳定性分析程序 FIACO-MC 进行研究及开发核热耦合程序之前，需要对 FIACO-MC 进行验证。目前，国际上比较通用的两种程序验证方法为程序对程序验证和试验对程序验证。本研究采用已有试验数据对 FIACO-MC 程序进行验证。试验数据的压力为 6 MPa 和 10 MPa，质量流速为 200~500 kg·m^{-2}·s^{-1}，加热段长度为 1.0 m，通道截面为 25 mm×2 mm。图 5-7 给出了 N_{pch} 试验值和计算值的对比结果，试验值和计算值的误差在±15%以内，证明了 FIACO-MC 程序的正确性。

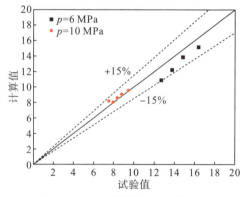

图 5-7　N_{pch} 计算值和试验值对比

5.4.2　核热耦合程序的研发及验证

本章选用运动条件下并联通道两相流动不稳定性分析程序 FIACO-MC 作为热工水力分析程序，与导热模块和堆芯三维物理分析程序 DONJON 耦合，开发运动条件下堆芯核热耦合两相流动不稳定性分析程序 FIACO-MC/DONJON，并对耦合程序部分功能进行了验证。

1. 核热耦合程序的研发

1) 耦合模式

程序耦合有两种基本模式：串行耦合和并行耦合。串行耦合是将各个程序编译成为一个整体程序，如 RELAP5-3D，该模式下耦合参数通过共用变量进行交换，运行效率高，但需要对程序代码做较大修改。并行耦合是同时独立运行各个程序，并在一个平台上进行数据传递，这种模式对程序源代码的修改很少。本章的物理热工耦合程序采用串行耦合方法，将热工水力分析程序和导热模块按照物理分析程序 DONJON 中功能模块的编制方法制作成

第5章 运动条件下核热耦合对两相流动不稳定性影响研究

完整的热工模块，嵌入 DONJON 程序中。

由于三维物理分析程序 DONJON 中自带的核燃料截面插值模块不适用于我们提供的数据输入方式，因此在三维物理分析程序 DONJON 上添加了截面生成模块 GMAC 和截面插值模块 ITP，如图 5-8 所示。此外，热工水力分析程序与导热模块共同构成了模块 THERMO，如图 5-9 所示。在此，简称 THERMO 模块为热工模块。因此，在进行输入卡片编写时，需要根据 DONJON 程序的输入卡片编辑规则，合理地组织堆芯物理计算模块和热工模块。然后，在 Linux 系统下运行耦合程序 FIACO-MC/DONJON，计算堆芯系统的不稳定性边界。

```
MACRO := GMAC: ::
    EDIT iprint
    NGRO ngroup
    NMIX nmixt
    DELN ndg
    ANIS nl
    DCOOL density
    TFUEL temperature ;
```
(a) GMAC 模块

```
MACRES := ITP: RESEAU ::
    EDIT iprint
    NGRO ngroup
```
(b) ITP 模块

图 5-8 GMAC 和 ITP 模块

```
THER RESEAU := THERMO: [THER] RESEAU ::
    DEFCORE
        DISCRET nz
    ENDDEF
    EDIT iprint
    OUTPUT ichannel
    THKINEC [SINGLP/MULTIP ibeg ifin]
        TIME tr    DTIME dtt
        FINTIME endtime
    THSTATC [SINGLP/MULTIP ibeg ifin] ;
```

图 5-9 THERMO 模块

2）时间步进

耦合计算存在显式和隐式两种时间步进格式。显式格式是指两个程序交替计算，在每个耦合时间步长 Δt 结束时交换数据。这种方法要求 Δt 足够小以保证耦合计算收敛。而隐式格式是在每个耦合时间步长内，两个程序间多次迭代满足收敛准则后，再进行下一步计算。这种方法 Δt 可以较大，但如果每步内迭代次数太多，则可能导致计算时间大量增加。本章耦合程序采用显式步进格式，

核动力系统的流动不稳定性

热工水力分析和物理分析程序分别采用各自的时间步长进行推进,但是需要确保物理分析程序时间步长是热工水力分析程序时间步长的整数倍。

3) 网格划分和映射

图 5-10 和图 5-11 给出了物理分析程序 DONJON 和热工分析程序 FIACO-MC 在径向方向的几何对应关系。在堆芯物理计算时,将每个燃料组件分成 4 个不同燃料区进行计算,获得堆芯功率分布,如图 5-10 所示。在热工水力计算时,将堆芯分为 36 个热工水力管道,每个燃料组件对应 1 个热工水力管道,因此在网格映射上是在径向方向上 4 个物理控制体对应 1 个热工水力控制体,如图 5-11 所示。轴向方向采用一对一的网格映射方法,按物理和热工水力性质将堆芯在轴向方向都划分为相同数量的控制体,选取的堆芯并不是一个完整的堆芯,因此有效增殖因数始终小于 1。为了控制有效增殖因数等于 1,在堆芯外圈添加了一层反射层,如图 5-10 所示,灰色区域表示反射层,该区域不与热工水力管道对应。

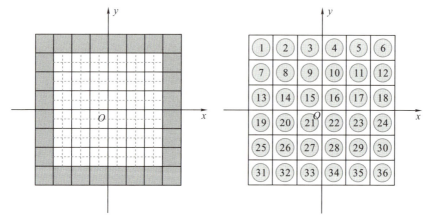

图 5-10 物理径向控制体划分　　图 5-11 热工径向控制体划分

4) 耦合流程

运动条件下堆芯核热耦合两相流动不稳定性分析程序 FIACO-MC/DONJON 的计算流程图如图 5-12 所示。该计算流程需要通过 DONJON 程序的输入卡片进行控制。首先采用 DONJON 程序和热工水力分析程序计算给定功率下的稳态值,然后在热工水力分析程序中给定一个功率扰动,计算新的热工水力参数(如冷却剂密度),使用导热模块更新燃料温度,然后通过新的冷却剂密度和燃料温度确定截面参数,再传递给 DONJON 程序计算功率,同时将功率反馈给热工水力分析程序。

第5章 运动条件下核热耦合对两相流动不稳定性影响研究

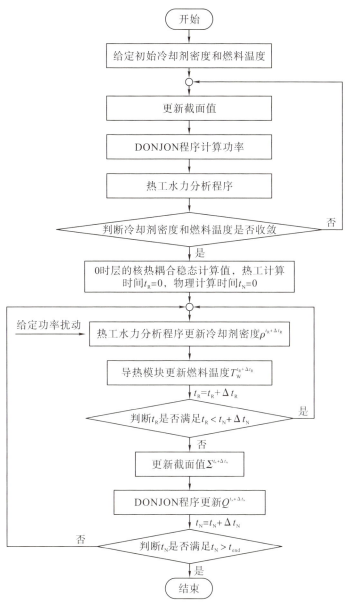

图 5-12 FIACO-MC/DONJON 程序流程图

热工水力分析程序和导热模块被制作成热工模块 THERMO 嵌入 DONJON 程序中,同时制作了相应的截面生成模块 GMAC 和截面插值模块 ITP。核热耦合的整个计算流程是通过 DONJON 程序输入卡片进行控制。该输入卡片采用 CLE-2000 语言和 GAN 驱动器语法编写而成,主要将 DONJON 程序

核动力系统的流动不稳定性

的各个功能模块组织起来。图 5-13 给出了运动条件下堆芯核热耦合两相流动不稳定性分析程序 FIACO-MC/DONJON 输入卡片中各个功能模块的组织流程。从图中可以看出，程序功能模块分为两个部分，第一个部分为核热耦合稳态计算，第二个部分为核热耦合瞬态计算。每次瞬态计算完成后，观察堆芯管道进口流量脉动曲线，判断进口流量脉动曲线的类型。如果是阻尼振荡，则增加加热功率再次进行计算；如果是发散振荡，则降低加热功率再次进行计算；直到脉动曲线为极限环振荡，此时的功率为临界功率。

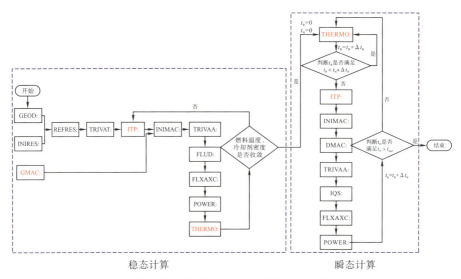

图 5-13 DONJON 输入卡片模块流程图

2. 截面插值模块和截面生成模块的验证

在进行核热耦合计算时，编制了截面插值模块 ITP 和截面生成模块 GMAC。为了证明这两个模块的正确性，采用了参考值和计算值对比验证，如表 5-1 所示。通过研究发现，计算值和参考值之间的误差非常小，证明了截面插值模块和截面生成模块的正确性。

表 5-1 截面插值模块和截面生成模块计算值与参考值对比

项目	快中子群		热中子群	
	Σ_r	$v\Sigma_r$	Σ_r	$v\Sigma_r$
参考值(GMAC)/m^{-1}	2.3544×10^{-2}	5.3232×10^{-3}	1.0183×10^{-1}	1.4015×10^{-1}
计算值(ITP)/m^{-1}	2.3500×10^{-2}	5.3200×10^{-3}	1.0200×10^{-1}	1.4000×10^{-1}
相对误差/%	0.017	0.061	−0.165	0.106

第5章 运动条件下核热耦合对两相流动不稳定性影响研究

5.5 计算结果及分析

反应堆堆芯通道布置如图 5-14 所示,反应堆堆芯由 36 个平行堆芯通道构成,且为正方形排布,如图 5-11 所示。进行堆芯物理计算时,在堆芯燃料外布置了一层反射层,如图 5-10 所示,在反射层区域没有冷却剂通道。表 5-2 给出了反应堆堆芯详细计算参数。下面采用 FIACO-MC 程序和 FIACO-MC/DONJON 程序分别对无核热耦合和有核热耦合时的堆芯两相流动不稳定性进行研究。

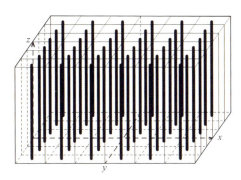

图 5-14 反应堆堆芯通道布置

表 5-2 反应堆堆芯详细计算参数

参数名称	参数值范围
系统压力/MPa	15
进口流体温度/K	480~560
进口总流量/(t·h^{-1})	400
并联通道数	36
入口段长度/m	0.05
加热段长度/m	1.0
上升段长度/m	0.05
通道水力直径/m	0.004
通道流通面积/m^2	0.007
倾斜角度/(°)	15~45
升潜周期/s	3~8
升潜加速度/(m·s^{-2})	0.2g
摇摆周期/s	3~8
摇摆幅值/(°)	5~20

5.5.1 稳态核热耦合计算

从 FIACO-MC/DONJON 程序的流程图可以看出,在进行堆芯系统不稳定性边界计算之前,首先需要进行稳态核热耦合计算,获得反应堆堆芯功率分布及各个通道的进口流量分布,如图 5-15 至图 5-17 所示。

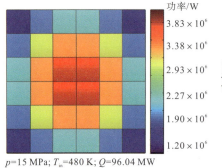

图 5-15 堆芯径向功率分布示意图　　图 5-16 六类功率通道轴向功率分布

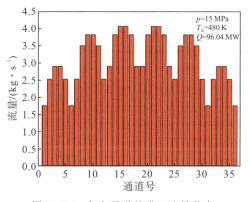

图 5-17 各个通道的进口流量分布

从图 5-15 和图 5-16 可知,36 个通道按照功率大小分类一共分为六类,从内向外功率逐渐降低,这主要是因为整个堆芯是 6×6 的对称堆芯,且采用同一种燃料组件。同时可以看出,轴向功率峰向通道进口端偏移,这是因为沿通道冷却剂密度逐渐降低,中子慢化能力降低,裂变截面也逐渐减小,轴向燃料功率也逐渐降低。从图 5-17 可以看出,与六类功率通道对应,所有通道的进口流量也分为六类,较低功率通道对应较低的进口流量,这是因为在该工况下进口质量流速较低,重位压降占主要作用。相同流量下较高功率的通道压降小于较低功率的通道压降,为了满足各个通道压降相等的条件,低功率通道的进口流量则需要降低。

5.5.2 瞬态响应曲线

在瞬态计算时，通过探究堆芯并联多通道的瞬态响应曲线，寻找系统的不稳定性边界。在采用 FIACO-MC/DONJON 程序进行瞬态计算时，需要对某一个通道进行功率扰动，再研究扰动过后堆芯系统各个通道的进口流量脉动，获得系统的临界功率。针对径向和轴向功率不均匀分布和核反馈效应对系统不稳定性的影响，进行了两种情况的研究：瞬态计算时不考虑核反馈效应和考虑核反馈效应。图 5-18 和图 5-19 分别给出了进口温度为 480 K 时无核反馈效应和有核反馈效应系统处于临界功率时各类通道的流量脉动曲线。

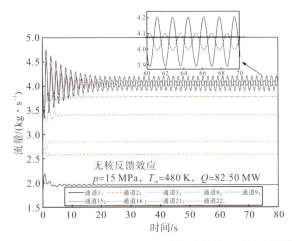

图 5-18 无核反馈效应系统处于临界功率时各类通道的流量脉动曲线

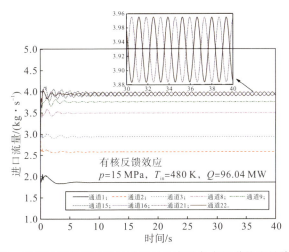

图 5-19 有核反馈效应系统处于临界功率时各类通道的流量脉动曲线

核动力系统的流动不稳定性

从图中可以看出,当系统受到扰动后,六类功率通道的各个通道进口流量都会发生振荡,功率较低的通道流量振荡逐渐衰减,最先处于极限环振荡的通道也是功率最大的那类通道(通道 15、16、21 和 22),因此选取这 4 个通道处于极限环振荡时的功率为系统的临界功率。同时可以得出结论:在反应堆堆芯中,最热通道最先出现两相流动不稳定现象。在图 5-18 中,无核反馈效应时,受扰动通道(通道 15)的流量脉动振幅是其他通道(通道 16、21 和 22)的三倍。而有核反馈效应时,受扰动通道(通道 15)与不受扰动通道(通道 16、21 和 22)的流量脉动振幅相等,对称通道(通道 15 与 16、21 与 22)的流量脉动相位相差 180°。这是由于本节涉及的堆芯为负反馈堆芯,核反馈效应会改变各个通道的功率分布,进而抑制通道之间的流量振荡,使这 4 个通道的流量脉动幅值逐渐相等。

在核热耦合瞬态计算时,当系统受到扰动后,不仅通道的进口流量会发生振荡,而且通道的功率也会发生振荡,功率脉动和进口流量脉动存在一定的相位差,如图 5-20 所示。从图中可以看出,进口温度为 480 K 时,功率脉动滞后于进口流量脉动 52°相位差。此外,堆芯总功率也会随着时间变化,如图 5-21 所示。由于瞬态开始时给了通道 15 一个功率扰动,所以堆芯总功率一开始就发生波动,但是随着时间的变化,总功率逐渐趋于稳定,总功率仍在周期性波动,只是波动幅值非常小。此外,堆芯总功率下降为稳态功率的 0.9766 倍。

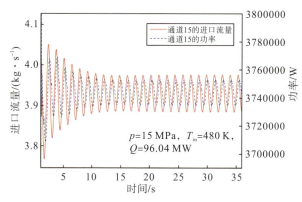

图 5-20 有核反馈效应时通道 15 的进口流量和功率脉动曲线

第5章 运动条件下核热耦合对两相流动不稳定性影响研究

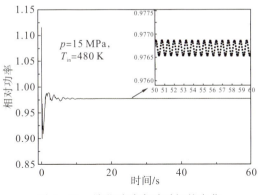

图 5-21 堆芯总功率随时间的变化

5.5.3 不稳定性边界

基于上节阐述的方法,获得了稳态耦合后堆芯不同功率分布下无核反馈效应时堆芯系统的不稳定性边界,如图 5-22 所示。从图中可以看出,堆芯功率轴向和径向不均匀分布时系统的不稳定性边界相对于均匀功率分布时的不稳定性边界向左移动,堆芯系统稳定性降低。可以得出结论:堆芯功率轴向和径向不均匀分布会降低系统的稳定性。

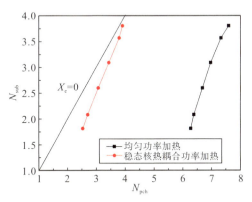

图 5-22 功率分布对系统稳定性的影响

此外,采用 FIACO-MC/DONJON 程序计算获得了堆芯瞬态核热耦合系统的不稳定性边界,如图 5-23 所示。在稳态核热耦合的基础上,瞬态核热耦合在探寻系统不稳定性边界时考虑了核反馈效应。从图中可以看出,有核反馈效应时的系统不稳定性边界相对于无核反馈效应时系统的不稳定性边界向右移动,系统稳定性增强。因此,核反馈效应能增强并联通道系统的稳定性。

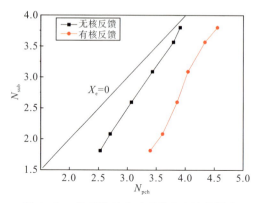

图 5-23 核反馈效应对系统稳定性的影响

参考文献

[1] 周铃岚,张虹,臧希年,等. 耦合核反馈并联通道异相振荡研究. 核动力工程,2011,32(6):66-70.

[2] MARCH-LEUBA J, REY J M. Coupled thermohydraulic-neutronic instabilities in boiling water nuclear reactors: a review of the state of the art[J]. Nuclear Engineering and Design, 1993, 145:97-111.

[3] RAO Y F, FUKUDA K, KANESHIMA R. Analytical study of coupled neutronic and thermodynamic instabilities in a boiling channel[J]. Nuclear Engineering and Design, 1995, 154:133-144.

[4] UEHIRO M, RAO Y F, FUKUDA K. Multi-channel modeling based on a multi-point reactor model for the regional instability in a BWR[C]//Proceedings of the 8th International Topical Meeting on Nuclear Reactor Thermal-Hydraulics, Japan, Kyoto, September 30-October 4. Tokyo: Atomic Energy Society of Japan, 1997:375-384.

[5] MUNOZ-COBO J, ROSELLO O, MIRO R, et al. Coupling of density wave oscillations in parallel channels with high order modal kinetics: application to BWR out of phase oscillations[J]. Annals of Nuclear Energy, 2000, 27(15):1345-1371.

[6] MUNOZ-COBO J, PODOWSKI M, CHIVA S. Parallel channel instabilities in boiling water reactor systems: boundary conditions for out of phase oscillations [J]. Annals of Nuclear Energy, 2002, 29(16):1891-1917.

[7] LEE J D, PAN C. Dynamic analysis of multiple nuclear-coupled boiling channels based on a multi-point reactor model[J]. Nuclear Engineering and Design, 2005, 235(22): 2358-2374.

[8] COSTA A L. BWR instability analysis by coupled 3D neutronkinetic and thermal-dydraulic codes[D]. Pisa, Italy: University of Pisa, 2007.

[9] DURGA PRASAD G V, PANDEY M. Stability analysis and nonlinear dynamics of natural circulation boiling water reactors[J]. Nuclear Engineering and Design, 2008, 238: 229-240.

[10] DUTTA G, DOSHI J B. Nonlinear analysis of nuclear coupled density wave instability in time domain for a boiling water reactor core undergoing core-wide and regional modes of oscillations[J]. Progress in Nuclear Energy, 2009, 51(8): 769-787.

[11] ZHOU L L, ZHANG H. Research on the influence of ocean condition on the oscillation in parrallel double-channel[C]//18th International Conference on Nuclear Engineering. New York: ASME, 2010: 991-998.

[12] 周铃岚. 三维物理热工耦合及海洋条件并联通道流动不稳定性研究[D]. 北京：清华大学，2012.

[13] 周铃岚，张虹，谭长禄，等. 摇摆下自然循环矩形双通道系统核热耦合不稳定性研究[J]. 核动力工程，2013(1)：55-60.

[14] LU X D, WU Y W, ZHOU L L, et al. Theoretical investigation on two-phase flow instability in parallel channels under axial non-uniform heating[J]. Annals of Nuclear Energy, 2014, 63(1): 75-82.

[15] 鲁晓东，陈炳德，王艳林，等. 采用 FFT 方法对横摇条件下堆芯核热耦合流动不稳定性的分析[J]. 原子能科学技术，2016，50(9)：1592-1599.

[16] 谢峰，郗昭，杨祖毛. 反应性反馈对并行通道两相流动不稳定性影响的试验研究[J]. 核动力工程，2018，39(02)：5-9.

>>> 第 6 章
超临界水并联通道两相流动不稳定性

6.1 概述

超临界轻水冷却反应堆(super-critical light water-cooled reactor,SCLWR)简称超临界水堆,是一种传统轻水反应堆(light water reactor,LWR)和超临界火电厂的结合体,其系统概念设计如图 6-1[1]所示。由于该类型反应堆运行在超临界点(22.1 MPa,374 ℃)以上,流经堆芯的冷却剂不发生相变,一直是单相流动,因此比传统的轻水反应堆(简称轻水堆)具有很多优势[2-3]。

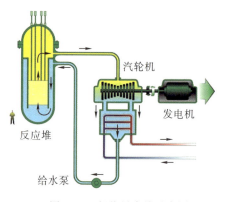

图 6-1 超临界水堆示意图

(1) 超临界水堆冷却剂出口温度很高(能达到 500 ℃),能够获得较高的热效率,热效率可以达到 44%,而轻水堆热效率仅为 33%~35%。

(2) 和沸水堆不同的是,超临界水堆不需要汽水分离器,堆芯出口的高温冷却剂将直接进入汽轮机。

第6章 超临界水并联通道两相流动不稳定性

（3）由于堆芯进出口之间的超临界水有较大的焓差，单位热功率所需的质量流量较小，因此反应堆和安全壳结构都比较紧凑，压力容器、安全壳、冷却剂塔等的尺寸更小，一些轻水堆中用到的组件在超临界水堆中都不适用，如蒸汽发生器、干燥器和稳压器等。

（4）因为超临界水不会发生相变，堆芯无烧毁现象，且超临界水堆采用了非能动安全系统，因此超临界水堆具有很好的安全特性。

（5）改变堆芯燃料组件设计，可以将超临界水堆设计成热中子能谱反应堆，也可以将其设计成快中子堆等。其中快谱超临界水冷堆可以获得较大的燃料增殖比，从而有利于提高核燃料的利用率[4]。

正如之前所提到的，超临界水冷堆的特殊之处在于它采用超临界流体作为冷却剂，而超临界流体有着不同于亚临界流体的特殊物性。图6-2是纯物质的压力-温度相图，其中临界点指的是相图中随着温度的升高，气液平衡线的气液界面恰好消失的点，该点所对应的温度和压力就是流体的临界温度(critical temperature) T_c 和临界压力(critical pressure) p_c。当流体的温度和压力均大于其临界温度和临界压力时所处的状态就是超临界状态，图6-2中阴影部分就是流体的超临界区域[5]。超临界流体的性质介于液体和气体之间，其密度接近液体密度，而黏度和扩散系数等又接近气体。此外超临界流体是可压缩流体，但不会随着压力和温度的变化而发生相变，所以不用考虑临界热流密度。超临界水和超临界二氧化碳是最常用的超临界流体，其中四代反应堆中的超临界水冷堆(SCWR)就是采用超临界水作为冷却剂。虽然超临界水一般是看作单相流体，但是在一定的压力下，随着温度升高，超临界水的定压比热 C_p 会出现一个峰值，该温度和压力所对应的点被称为拟临界点[3]。超临界水冷堆运行压力为25 MPa，对应的拟临界温度为385 ℃。在拟临界点附近其密度、比焓等物性会发生剧烈的变化，如图6-3至图6-5所示。由图6-4可见，当流体跨过临界温度或拟临界温度之后，水的比焓大幅度增加，这使得与压水堆相同流量的冷却剂能够带走更多的堆芯热量。因此，超临界水冷堆的堆芯流量明显降低。而传热系数随温度的增加而下降，尤其在临界温度或者拟临界温度以后传热系数有大幅度的降低。但是在临界压力下，传热系数在跨过临界温度或者拟临界温度时会出现局部峰值，这说明超临界水的物性与亚临界水的物性有很大的区别。目前超临界水的物性主要由 IAPWS-IF97 关系式[3,6]、NIST 软件和日本机械工程师学会(Japanese Society of Mechanical Engineers，JSME)蒸汽表计算而得。本章采用 JSME 蒸汽表计算超临界水的物性。

核动力系统的流动不稳定性

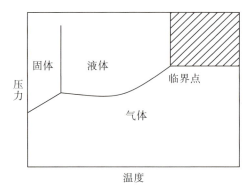

图6-2 纯物质的压力-温度相图[5]

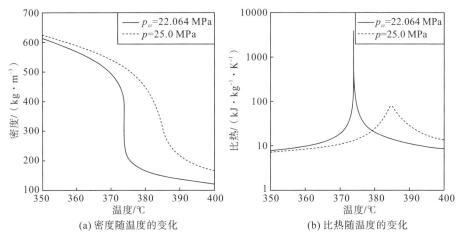

(a) 密度随温度的变化　　(b) 比热随温度的变化

图6-3 超临界水密度和比热的变化曲线

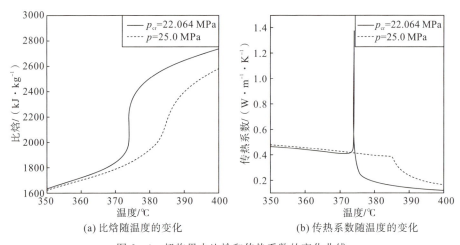

(a) 比焓随温度的变化　　(b) 传热系数随温度的变化

图6-4 超临界水比焓和传热系数的变化曲线

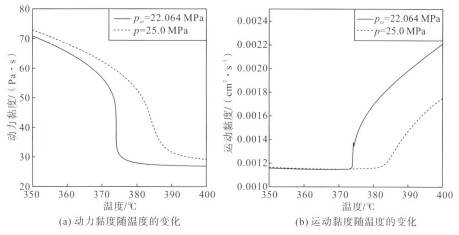

(a) 动力黏度随温度的变化　　　　(b) 运动黏度随温度的变化

图 6-5　超临界水的动力黏度和运动黏度的变化曲线

6.1.1　CSR1000 堆芯冷却剂流动路径

图 6-6 给出了超临界水堆的压力容器和冷却剂流动路径。在超临界水堆 CSR1000 的设计中,为了提高冷却剂出口温度和展平冷却剂出口温度分布,采用双流程方案,第一流程冷却剂从上至下,如图 6-7 所示堆芯外围深色燃料组件,下端不进行节流;其余为第二流程燃料组件,冷却剂从下至上,所有燃料组件的下端均进行节流。从冷端进入堆芯后,冷却剂被分为 4 部分:①第一流程冷却剂和慢化剂(外部组件),占总量的 35.9%,自上而下;②组件之间冷却剂,占总量的 10.8%,自上而下;③第二流程慢化剂,占总量的 30.0%,自上而下;④压力容器壁冷却剂,占总量的 23.3%,自上而下。所有冷却剂在堆芯底部混合腔充分搅混后,沿第二流程自下而上流出堆芯。

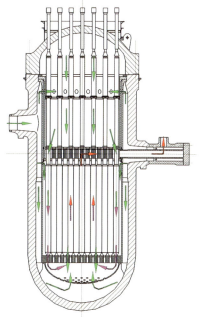

图 6-6　超临界水堆的压力容器和冷却剂流动路径

核动力系统的流动不稳定性

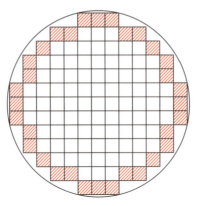

图 6-7 CSR1000 堆芯切面

6.1.2 CSR1000 燃料组件

超临界水冷堆燃料组件的设计难点如下：

(1) 每根管道的中子慢化要充分且均匀，组件的功率分布要尽量展平；

(2) 组件的结构设计要尽量简单便于制造，还要能够满足冷却剂和慢化剂的合理分流。

目前，最典型的超临界水堆组件设计方案是大组件和小组件组合方案。由于大组件内燃料棒的慢化较为均匀，使得功率分布比较均匀，还可以减少堆芯组件数量，所以 CSR1000 参考了日本 SCLWR 设计方案，如图 6-8 所示，主要改进包括：①包壳材料为不锈钢 310S；②水棒盒厚度为 0.8 mm，组件盒厚度为 2.0 mm，提高组件刚度及能力；③组件之间为由上至下的冷流体，降低组件功率不均匀系数。组件中心距为 296.0 mm，包含 300 根燃料棒和 36 个水棒，16 个内部水洞中有控制棒导向管，燃料组件中心有 1 根仪器导向管。燃料棒外径 10.2 mm，包壳厚度 0.63 mm。燃料棒间距为 1.0 mm，采用绕丝自定位。

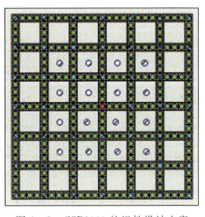

图 6-8 CSR1000 的组件设计方案

6.2 基于频域方法的 CSR1000 两相流动不稳定性分析

国内外针对沸水堆中两相流动不稳定性的研究已有很长的历史，研究者对两相流动不稳定性的基本现象和建模技术有非常深入的理解，但是针对超临界压力下的稳定性研究[7-21]仍然不足。

频率响应法是20世纪30年代发展起来的一种经典工程实用方法，是一种利用频率特性来进行控制系统分析的图解方法，可以方便地用于控制工程中的系统分析与设计。基于频域法分析系统稳定性，既能确定系统的时域特性，又可以避免用时域法分析和设计系统时所遇到的问题。但是，由于不考虑非线性效应，这种方法不能预测稳定阈值以外反应堆系统的特性。尽管如此，由于频域法具有较高的计算效率和相对精确的结果，所以还是被广泛用于预测不稳定性起始点。事实上，试验已经证明沸水堆在正常运行工况下为线性系统。

微分方程组所表示的系统物理特性可通过其雅可比矩阵的特征值表示，特征值的实部对应振幅的增减，虚部对应振动的角频率。当特征值的实部均小于0时，系统是稳定的，即任何初始扰动都随时间 t 的增长而衰退。

通常情况下两相流动不稳定性具有高度非线性，然而核反应堆的动态特性可以拟定为稳态条件下的小扰动线性关系，这样就可以建立频域模型来研究反应堆的流动稳定性，求解线性方程组得到反应堆两相流动不稳定性边界。一个简单的闭环控制系统如图6-9所示。

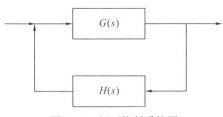

图6-9 闭环控制系统图

闭环控制系统的传递函数为

$$\frac{G(s)}{1+G(s)H(s)} \tag{6-1}$$

式中，$G(s)$ 为正向传递函数；$H(s)$ 为反馈传递函数。

闭环控制系统传递函数的极点通过求解方程(6-2)得到：

$$1+G(s)H(s)=0 \tag{6-2}$$

闭环控制系统传递函数的极点可能是实数或共轭复数。若闭环控制系统函数具有一个以上的极点,其中一个具有最慢的系统反应的极点比其他极点有优势。对于稳定系统,主极点是最接近虚轴的极点。对于形如 $s=\sigma+\omega j$ 的极点,该系统的稳定性取决于 σ 值。当所有的闭环控制系统传递函数的极点具有负实部($\sigma<0$),该系统是稳定的。如果一个极点穿过虚轴,进入了 s-平面($\sigma>0$)的右半边,该系统将变得不稳定。极点在虚轴上($\sigma=0$),这时候该系统将建立并维持在稳定裕度。如果极点离 s-平面的虚轴越远,系统响应越快,系统越稳定。极点在 s-平面内离实轴越远,振荡越快,系统越不稳定。

使用频域法分析系统不稳定性时,首先需要建立描述系统的数学模型,然后对数学模型进行离散、微扰动和拉普拉斯变换,得到系统的传递函数,进而得到系统的特征值。获得系统的特征值之后可以通过衰减率来研究其不稳定性,其中衰减率的定义如图 6-10 所示。对于复数极点 $s=\sigma+\omega j$,系统的脉冲响应为 $y(t)=Ke^{\sigma t}(\cos\omega t + j\sin\omega t)$,这里 K 是一个常数。因此,如果知道了闭环控制系统传递函数复数极点的位置,衰减率就可以根据方程(6-3)计算出来。

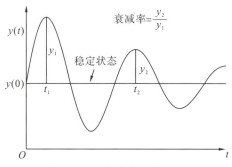

图 6-10 衰减率的定义图

$$D_R = \frac{y_2}{y_1} = \frac{|Ke^{\sigma t_2}(\cos\omega t_2 + j\sin\omega t_2)|}{|Ke^{\sigma t_1}(\cos\omega t_1 + j\sin\omega t_1)|} = e^{\frac{2\pi\sigma}{\omega}} \tag{6-3}$$

6.2.1 频域法数学模型

本章采用单通道模型来研究超临界水冷堆 CSR1000 的两相流动不稳定性。为此,首先对 CSR1000 的堆芯进行简化,如图 6-11 所示,第一流程和第二流程组件均被简化成由单根燃料棒、单个冷却剂通道和单个慢化剂通道组成的系统。然后针对该简化模型建立反应堆堆芯的数学模型,包括燃料棒传热模型、水棒传热模型、冷却剂通道热工水力模型和慢化剂通道热工水力模型及相关的辅助模型。最后在数学模型的基础上开发频域法程序。

第6章 超临界水并联通道两相流动不稳定性

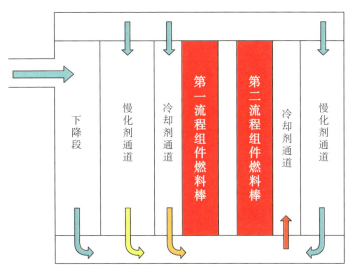

图 6-11 CSR1000 堆芯简化模型

6.2.2 燃料棒传热模型

燃料棒与冷却剂之间的传热方式包括包壳与冷却剂之间的对流换热、包壳传热、气隙传热、芯块内部传热，其传热模型如图 6-12 所示。该模型采用集总参数法，拟设燃料芯块中不存在明显的温度梯度，忽略燃料棒的轴向传热，并采用一维传热方程。

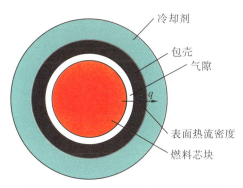

图 6-12 燃料棒和冷却剂之间的传热

燃料芯块和包壳的温度分布方程为

$$\frac{\partial}{\partial t}(\rho_f C_f T_f) = \frac{1}{r}\frac{\partial}{\partial r}\left(r k_f \frac{\partial T_f}{\partial r}\right) + q''', \quad 0 < r < r_f \tag{6-4}$$

核动力系统的流动不稳定性

$$\rho_c C_c \frac{\partial T_c}{\partial t} = \frac{1}{r}\frac{\partial}{\partial r}\left(k_c r \frac{\partial T_c}{\partial r}\right), \quad r_{ci} < r < r_{co} \tag{6-5}$$

燃料平均温度 T_f^{ave} 的定义为

$$T_f^{ave} = \frac{\int_0^{r_f} 2\pi r T_f dr}{\int_0^{r_f} 2\pi r dr} = \frac{\int_0^{r_f} 2\pi r T_f dr}{\pi r_f^2} \tag{6-6}$$

边界条件是燃料中心对称条件[式(6-7)]和燃料表面热流边界条件[式(6-8)]:

$$\left.\frac{\partial T_f}{\partial r}\right|_{r=0} = 0 \tag{6-7}$$

$$q''(r_f, t) = -k_f(T_f)\left.\frac{\partial T_f}{\partial r}\right|_{r=r_f} \tag{6-8}$$

式中,T_f 为燃料芯块外表面温度,K;T_c 为燃料包壳温度,K;q''' 为燃料芯块体积功率密度,W·m^{-3};k_f 为燃料芯块传热系数,W·m^{-1}·K^{-1};k_c 为燃料包壳传热系数,W·m^{-1}·K^{-1};r_{ci} 为包壳内表面半径,m;r_{co} 为包壳外表面半径,m;r_f 为燃料芯块半径,m;C_f 为燃料芯块比热,W·kg^{-1}·K^{-1};C_c 为燃料包壳比热,W·kg^{-1}·K^{-1};q'' 为燃料包壳外表面与流体对流换热的热流密度,W·m^{-2},ρ_f 为燃料芯块密度,kg·m^{-3};ρ_c 为燃料包壳密度,kg·m^{-3}。

从 $r=0$ 到 $r=r_f$ 对方程(6-4)进行积分,并利用方程(6-7)和方程(6-8)得,

$$\rho_f C_f \pi r_f^2 \frac{\partial}{\partial t} T_f^{ave} = -2\pi r_f q''(r_f, t) + \pi r_f^2 q''' \tag{6-9}$$

燃料芯块的传热系数 k_f 计算公式如下:

$$k_f = \frac{3824}{402.4 + T_f^{ave}} + 6.1256 \times 10^{-11}(T_f^{ave} + 273.15)^3 \tag{6-10}$$

从燃料包壳表面到冷却剂的传热方程为

$$q''(r_c, t) = h_c(T_{cs} - T) \tag{6-11}$$

式中,h_c 为包壳表面传热系数,W·m^{-2};T_{cs} 为包壳外表面温度,K;T 为冷却剂温度,K;r_c 为包壳半径,m。

超临界流体的换热不同于亚临界流体的换热,本节所采用的传热方程为 Oka-Koshizuka[22-23] 公式,该公式给出了主流体温度为 20~550 ℃(主流体比焓为 100~3300 kJ·kg^{-1})、质量流量为 100~1750 kg·m^{-2}·s^{-1}、热流密度为 0~1.8 MW·m^{-2} 情况下的超临界水强迫对流换热关系:

$$Nu_b = 0.015 Re^{0.85} Pr^m \tag{6-12}$$

第6章 超临界水并联通道两相流动不稳定性

式中：

$$Nu_b = \frac{hD_h}{\lambda} \quad (6-13)$$

$$Re = \frac{GD_h}{\mu} \quad (6-14)$$

$$Pr = \frac{C_p\mu}{\lambda} \quad (6-15)$$

$$m = \frac{0.69 - 81000}{q_{dht}} + f_c q \quad (6-16)$$

$$q_{dht} = 200G^{1.2} \quad (6-17)$$

$$f_c = \begin{cases} 29 \times 10^{-8} + \dfrac{0.11}{q_{dht}}, & 0 \leqslant h_b < 1500 \\ -8.7 \times 10^{-8} - \dfrac{0.65}{q_{dht}}, & 1500 \leqslant h_b < 3300 \\ -9.7 \times 10^{-7} + \dfrac{1.30}{q_{dht}}, & 3300 \leqslant h_b \leqslant 4000 \end{cases} \quad (6-18)$$

式中，q_{dht} 为传热恶化发生时的热流密度，$W \cdot m^{-2}$；q 为加热壁面热流密度，$W \cdot m^{-2}$；f_c 为热流密度修正系数；h_b 为主流体比焓，$kJ \cdot kg^{-1}$；G 为流体质量流速，$kg \cdot s^{-1}$；D_h 为通道热力学直径，m；h 为对流换热系数，$W \cdot m^{-2} \cdot K^{-1}$；$C_p$ 为定压比热，$J \cdot kg^{-1} \cdot K^{-1}$；$\mu$ 为动力黏度，$Pa \cdot s$；λ 为传热系数，$W \cdot m^{-1} \cdot K^{-1}$。

由公式(6-11)得出包壳外表面温度计算公式为

$$T_{cs} = T + \frac{q''}{\pi d h_c} \quad (6-19)$$

包壳内表面的温度为

$$T_{cin} = T_{cs} + \frac{q''}{2\pi k_c} \ln \frac{r_{co}}{r_{ci}} \quad (6-20)$$

燃料芯块外表面的温度为

$$T_f = T_{cin} + \frac{q''}{2\pi h_g r_f} \quad (6-21)$$

式中，h_g 为气隙等效换热系数，$W \cdot m^{-2} \cdot K^{-1}$。

假设气隙和燃料包壳的热导率是稳定的，燃料平均温度和包壳外表面温度的关系式如下：

$$T_f^{ave} - T_{cs} = \left(\frac{r_f + t_c}{r_f}\right)\left(\frac{r_f}{4k_f} + \frac{1}{h_g} + \frac{t_c}{k_c}\right) q'' \quad (6-22)$$

式中，t_c 为包壳厚度，m；h_g 和 k_c 拟设为常数，换热系数 h_g 和包壳的热导率

k_c 在目前的分析中使用 8000 W·m^{-2}·K^{-1} 和 21.5 W·m^{-1}·K^{-1}。

6.2.3 水棒传热模型

水棒的传热模型如图 6-13 所示，模型中需要考虑通过水棒壁结构进行的冷却剂和慢化剂之间的传热。忽略水棒的轴向传热，并且由于水棒壁结构很薄，也可以将水棒壁结构内的热传导忽略。因此该模型的控制方程如下：

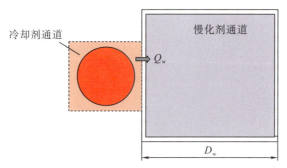

图 6-13 冷却剂通道和慢化剂通道之间的传热

$$T_{ws} = T - \frac{N_f Q_w}{N_w \pi D_w h_{s1}} \qquad (6-23)$$

$$T_w = T_{ws} - \frac{N_f Q_w}{N_w \pi (D_w - 2t_{ws}) h_{s2}} \qquad (6-24)$$

由式(6-23)和(6-24)可以得到：

$$T - T_w = \frac{N_f}{N_w} Q_w \left[\frac{1}{\pi D_w h_{s1}} + \frac{1}{\pi (D_w - 2t_{ws}) h_{s2}} \right] \qquad (6-25)$$

式中，T_{ws} 为水棒盒壁面温度，K；T 为冷却剂温度，K；T_w 为慢化剂温度，K；N_f 为每个组件的燃料棒数；N_w 为每个组件的水棒数；D_w 为水棒的等效水力直径，m；t_{ws} 为水棒的壁面厚度，m；h_{s1} 为冷却剂与水棒盒外壁的传热系数，W·m^{-2}；h_{s2} 为水棒盒内壁与慢化剂的传热系数，W·m^{-2}。

6.2.4 冷却剂通道热工水力模型

在超临界压力下水虽然不会发生类似于两相流的相变，但其流体密度会随着温度的升高有显著的变化，因此可以把超临界压力下的水当作单相可压缩流体。采用一维单通道模型对其物性进行求解，其中单相流体的质量、动量和能量守恒方程及冷却剂通道的状态方程如下。

质量守恒方程：

第6章 超临界水并联通道两相流动不稳定性

$$\frac{\partial \rho}{\partial t}+\frac{\partial (\rho u)}{\partial z}=0 \tag{6-26}$$

动量守恒方程：

$$-\frac{\partial p}{\partial z}=\frac{\partial (\rho u)}{\partial t}+\frac{\partial (\rho u^2)}{\partial z}+\rho g\cos\theta+\frac{f}{2D_h}\rho u^2 \tag{6-27}$$

能量守恒方程：

$$\frac{\partial (\rho h)}{\partial t}+\frac{\partial (\rho u h)}{\partial z}=\frac{P_e}{A}q''-\frac{N_f}{N_w A_w}Q_w \tag{6-28}$$

状态方程：

$$\rho=\rho(p,h) \tag{6-29}$$

式中，ρ 为冷却剂密度，$kg \cdot m^{-3}$；u 为冷却剂流速，$m \cdot s^{-1}$；p 为堆芯压力，Pa；h 为冷却剂比焓，$J \cdot kg^{-1}$；A 为冷却剂的流通面积，m^2；A_w 为慢化剂的流通面积，m^2；z 为冷却剂沿流动方向距离，m；θ 为冷却剂流动方向与重力的夹角，$(°)$；P_e 为冷却剂通道的湿周，m；D_h 为冷却剂通道的热力学直径，m；f 为摩擦阻力系数；q'' 为燃料棒表面热流密度，$W \cdot m^{-2}$；Q_w 为冷却剂和慢化剂的换热量，W；N_w 为每个组件的水棒数。

拟设该系统压力恒定不变，并考虑流体的可压缩性。当冷却剂倾斜角度 θ 为 $0°$ 时，冷却剂垂直流动，摩擦阻力系数由布拉休斯(Blasius)方程计算得到：

$$f=0.0791\times Re^{-0.25} \tag{6-30}$$

将方程(6-26)至(6-29)沿轴向流动方向进行空间离散，如图6-14所示，采用一阶向前差分离散方法。

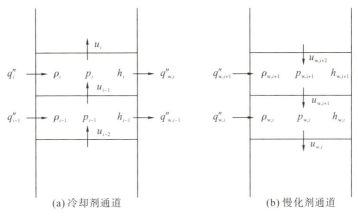

(a) 冷却剂通道　　　　(b) 慢化剂通道

图 6-14　冷却剂通道和慢化剂通道离散图

核动力系统的流动不稳定性

为了将非线性方程组(6-26)至(6-29)转换为线性方程组，首先需要对时间相关变量密度 ρ、速度 u、比焓 h、压力 p、表面热流密度 q'' 和换热量 Q_w 在稳态参数附近进行微扰动，即

$$\rho = \rho_0 + \delta\rho \qquad (6-31)$$

$$u = u_0 + \delta u \qquad (6-32)$$

$$h = h_0 + \delta h \qquad (6-33)$$

$$p = p_0 + \delta p \qquad (6-34)$$

$$q'' = q_0'' + \delta q'' \qquad (6-35)$$

$$Q_w = Q_{w,0} + \delta Q_w \qquad (6-36)$$

将改变表达形式后的瞬态变量[式(6-31)至式(6-36)]代入离散后的三大守恒方程和状态方程，并经过拉普拉斯变换，最后方程(6-26)至(6-29)被转化成如下所示的频域线性方程组：

$$\left(s + \frac{u_i}{\Delta z}\right)\delta\hat{\rho}_i + \left(\frac{\rho_i}{\Delta z}\right)\delta\hat{u}_i + \left(-\frac{u_{i-1}}{\Delta z}\right)\delta\hat{\rho}_{i-1} + \left(-\frac{\rho_{i-1}}{\Delta z}\right)\delta\hat{u}_{i-1} = 0 \quad (6-37)$$

$$\left(h_i s + \frac{h_i u_i}{\Delta z}\right)\delta\hat{\rho}_i + \left(\frac{h_i \rho_i}{\Delta z}\right)\delta\hat{u}_i + \left(\rho_i s + \frac{\rho_i u_i}{\Delta z}\right)\delta\hat{h}_i + \left(-\frac{h_{i-1} u_{i-1}}{\Delta z}\right)\delta\hat{\rho}_{i-1} +$$

$$\left(-\frac{h_{i-1}\rho_{i-1}}{\Delta z}\right)\delta\hat{u}_{i-1} + \left(-\frac{\rho_{i-1}u_{i-1}}{\Delta z}\right)\delta\hat{h}_{i-1} =$$

$$\frac{P_e}{A}\delta\hat{q}'' - \frac{N_f}{N_w A_w}\delta\hat{Q}_w \qquad (6-38)$$

$$\left[u_i s + \frac{u_i^2}{\Delta z} + g\cos\theta + \left(\frac{2f_i}{D_h}\right)u_{i-1}^2\right]\delta\hat{\rho}_i + \left(\rho_i s + \frac{2\rho_i u_i}{\Delta z}\right)\delta\hat{u}_i + \left(\frac{1}{\Delta z}\right)\delta\hat{p}_i +$$

$$\left(-\frac{u_{i-1}^2}{\Delta z}\right)\delta\hat{\rho}_{i-1} + \left[-\frac{2\rho_{i-1}u_{i-1}}{\Delta z} + \left(\frac{4f_i}{D_h}\right)\rho_i u_{i-1}\right]\delta\hat{u}_{i-1} +$$

$$\left(-\frac{1}{\Delta z}\right)\delta\hat{p}_{i-1} = 0 \qquad (6-39)$$

$$\delta\hat{\rho}_i = \left(\frac{\partial\rho_i}{\partial p_i}\right)\delta\hat{p}_i + \left(\frac{\partial\rho_i}{\partial h_i}\right)\delta\hat{h}_i \qquad (6-40)$$

为了推导出各个状态变量之间的传递函数，尤其是进口流速扰动与出口压力扰动之间的传递函数关系式，将上述经拉普拉斯变换后的式(6-37)至(6-40)变换成矩阵的形式：

$$\boldsymbol{A}_i \boldsymbol{X}_i + \boldsymbol{B}_i \boldsymbol{X}_{i-1} = \boldsymbol{C}\delta\hat{q}_i'' + \boldsymbol{D}\delta\hat{Q}_w \qquad (6-41)$$

式中：

第6章 超临界水并联通道两相流动不稳定性

$$A_i = \begin{bmatrix} 1 & 0 & \dfrac{\partial \rho_i}{\partial p_i} & \dfrac{\partial \rho_i}{\partial h_i} \\ s+\dfrac{u_i}{\Delta z} & \dfrac{\rho_i}{\Delta z} & 0 & 0 \\ u_i s + \dfrac{u_i^2}{\Delta z} + g\cos\theta + \left(\dfrac{2f_i}{D_h}\right)u_{i-1}^2 & \rho_i s + \dfrac{2\rho_i u_i}{\Delta z} & \dfrac{1}{\Delta z} & 0 \\ h_i s + \dfrac{h_i u_i}{\Delta z} & \dfrac{h_i \rho_i}{\Delta z} & 0 & \rho_i s + \dfrac{\rho_i u_i}{\Delta z} \end{bmatrix}$$

(6-42)

$$B_i = \begin{bmatrix} 0 & 0 & 0 & 0 \\ -\dfrac{u_{i-1}}{\Delta z} & -\dfrac{\rho_{i-1}}{\Delta z} & 0 & 0 \\ -\dfrac{u_{i-1}^2}{\Delta z} & -\dfrac{2\rho_{i-1} u_{i-1}}{\Delta z} + \left(\dfrac{4f_i}{D_h}\right)\rho_i u_{i-1} & -\dfrac{1}{\Delta z} & 0 \\ -\dfrac{h_{i-1} u_{i-1}}{\Delta z} & -\dfrac{h_{i-1} \rho_{i-1}}{\Delta z} & 0 & -\dfrac{\rho_{i-1} u_{i-1}}{\Delta z} \end{bmatrix}$$

(6-43)

$$C = \begin{bmatrix} 0 & 0 & 0 & \dfrac{P_e}{A} \end{bmatrix}^T \quad (6-44)$$

$$D = \begin{bmatrix} 0 & 0 & 0 & -\dfrac{N_f}{N_w A_w} \end{bmatrix}^T \quad (6-45)$$

$$X_i = \begin{bmatrix} \delta\hat{\rho}_i & \delta\hat{u}_i & \delta\hat{p}_i & \delta\hat{h}_i \end{bmatrix}^T \quad (6-46)$$

$$X_{i-1} = \begin{bmatrix} \delta\hat{\rho}_{i-1} & \delta\hat{u}_{i-1} & \delta\hat{p}_{i-1} & \delta\hat{h}_{i-1} \end{bmatrix}^T \quad (6-47)$$

对方程(6-41)从冷却剂通道进口到出口进行数值求解可以得到:

$$X_e = \prod_{i=1}^{N}(-A_i^{-1}B_i)X_{in} + \sum_{i=1}^{N}\left\{\left[\prod_{j=i+1}^{N}(-A_j^{-1}B_j)\right]A_i^{-1}C\delta\hat{q}''_i\right\} + \sum_{i=1}^{N}\left\{\left[\prod_{j=i+1}^{N}(-A_j^{-1}B_j)\right]A_i^{-1}D\delta\hat{Q}_{w,i}\right\}$$

(6-48)

式中:

$$X_e = \begin{bmatrix} \delta\hat{\rho}_e & \delta\hat{u}_e & \delta\hat{p}_e & \delta\hat{h}_e \end{bmatrix}^T \quad (6-49)$$

$$X_{in} = \begin{bmatrix} \delta\hat{\rho}_{in} & \delta\hat{u}_{in} & \delta\hat{p}_{in} & \delta\hat{h}_{in} \end{bmatrix}^T \quad (6-50)$$

超临界水的物性可以通过1980版JSME蒸汽表得到。上一个节点出口的热工参数用来确定相应的下一个节点进口的热工参数,以通道进口流量和冷却剂进口温度为边界条件,确定了出口流量和冷却剂比焓。

6.2.5 慢化剂通道热工水力模型

因为超临界水堆 CSR1000 是热中子慢谱设计，所以燃料组件中需要设计专门的慢化剂通道。为了降低冷却剂进出口温差，并对堆芯中子起到充分慢化的作用，第一流程和第二流程的慢化剂均自上而下流动，同时与冷却剂通道水棒盒进行换热。对慢化剂流体分析同样采用的是三大守恒方程和状态方程。

质量守恒方程：

$$\frac{\partial \rho_w}{\partial t} + \frac{\partial (\rho_w u_w)}{\partial z} = 0 \tag{6-51}$$

能量守恒方程：

$$\frac{\partial (\rho_w h_w)}{\partial t} + \frac{\partial (h_w \rho_w u_w)}{\partial z} = \frac{N_f}{N_w A_w} Q_w \tag{6-52}$$

动量守恒方程：

$$-\frac{\partial p_w}{\partial z} = \frac{\partial (\rho_w u_w)}{\partial t} + \frac{\partial (\rho_w u_w^2)}{\partial z} + \rho_w g \cdot \cos\theta + \frac{2f_w}{D_h} \rho_w u_w^2 \tag{6-53}$$

状态方程：

$$\rho_w = \rho_w(p_w, h_w) \tag{6-54}$$

采用与冷却剂通道热工水力模型同样的处理方法，对方程(6-51)至(6-54)进行空间离散、变量微扰动和拉普拉斯变换后得到以下线性化方程组：

$$\left(s + \frac{u_{w,i}}{\Delta z}\right)\delta\hat{\rho}_{w,i} + \frac{\rho_{w,i}}{\Delta z}\delta\hat{u}_{w,i} + \left(-\frac{u_{w,i+1}}{\Delta z}\right)\delta\hat{\rho}_{w,i+1} + \left(-\frac{\rho_{w,i+1}}{\Delta z}\right)\delta\hat{u}_{w,i+1} = 0 \tag{6-55}$$

$$\left(sh_{w,i} + \frac{h_{w,i}u_{w,i}}{\Delta z}\right)\delta\hat{\rho}_{w,i} + \left(\frac{h_{w,i}\rho_{w,i}}{\Delta z}\right)\delta\hat{u}_{w,i} + \left(s\rho_{w,i} + \frac{\rho_{w,i}u_{w,i}}{\Delta z}\right)\delta\hat{h}_{w,i} +$$
$$\left(-\frac{h_{w,i+1}u_{w,i+1}}{\Delta z}\right)\delta\hat{\rho}_{w,i+1} + \left(-\frac{h_{w,i+1}\rho_{w,i+1}}{\Delta z}\right)\delta\hat{u}_{w,i+1} +$$
$$\left(-\frac{\rho_{w,i+1}u_{w,i+1}}{\Delta z}\right)\delta\hat{h}_{w,i+1} = \frac{N_f}{N_w A_w}\delta\hat{Q}_{w,i} \tag{6-56}$$

$$\left(su_{w,i} + \frac{u_{w,i}^2}{\Delta z} + g\cos\theta + \frac{2f_{w,i}}{D_h}u_{w,i}^2\right)\delta\hat{\rho}_{w,i} +$$
$$\left(s\rho_{w,i} + \frac{2\rho_{w,i}u_{w,i}}{\Delta z}\right)\delta\hat{u}_{w,i} + \frac{1}{\Delta z}\delta\hat{p}_{w,i} + \left(-\frac{u_{w,i+1}^2}{\Delta z}\right)\delta\hat{\rho}_{w,i+1} +$$
$$\left(-\frac{2\rho_{w,i+1}u_{w,i+1}}{\Delta z} + \frac{4f_{w,i}}{D_h}\rho_{w,i}u_{w,i+1}\right)\delta\hat{u}_{w,i+1} + \left(-\frac{1}{\Delta z}\right)\delta\hat{p}_{w,i+1} = 0 \tag{6-57}$$

$$\delta\hat{\rho}_{w,i} = \left(\frac{\partial\rho_{w,i}}{\partial p_{w,i}}\right)\delta\hat{p}_{w,i} + \left(\frac{\partial\rho_{w,i}}{\partial h_{w,i}}\right)\delta\hat{h}_{w,i} \tag{6-58}$$

同样将方程组(6-55)至(6-58)写成矩阵的形式：

$$p_i X_{w,i} + Q_i X_{w,i+1} = R\delta\hat{Q}_{w,i} \tag{6-59}$$

式中：

$$X_{w,i} = \begin{bmatrix} \delta\hat{\rho}_{w,i} & \delta\hat{u}_{w,i} & \delta\hat{p}_{w,i} & \delta\hat{h}_{w,i} \end{bmatrix}^T \tag{6-60}$$

$$X_{w,i+1} = \begin{bmatrix} \delta\hat{\rho}_{w,i+1} & \delta\hat{u}_{w,i+1} & \delta\hat{p}_{w,i+1} & \delta\hat{h}_{w,i+1} \end{bmatrix}^T \tag{6-61}$$

$$p_i = \begin{bmatrix} 1 & 0 & -\dfrac{\partial\rho_i}{\partial p_i} & -\dfrac{\partial\rho_i}{\partial h_i} \\ s+\dfrac{u_{w,i}}{\Delta z} & \dfrac{\rho_{w,i}}{\Delta z} & 0 & 0 \\ su_{w,i}+\dfrac{u_{w,i}^2}{\Delta z}+g\cos\theta+\dfrac{2f_{w,i}}{D_h}u_{w,i}^2 & s\rho_{w,i}+\dfrac{2\rho_{w,i}u_{w,i}}{\Delta z} & \dfrac{1}{\Delta z} & 0 \\ sh_{w,i}+\dfrac{h_{w,i}u_{w,i}}{\Delta z} & \dfrac{h_{w,i}\rho_{w,i}}{\Delta z} & 0 & s\rho_{w,i}+\dfrac{\rho_{w,i}u_{w,i}}{\Delta z} \end{bmatrix}$$

$$\tag{6-62}$$

$$Q_i = \begin{bmatrix} 0 & 0 & 0 & 0 \\ -\dfrac{u_{w,i+1}}{\Delta z} & -\dfrac{\rho_{w,i+1}}{\Delta z} & 0 & 0 \\ -\dfrac{u_{w,i+1}^2}{\Delta z} & -\dfrac{2\rho_{w,i+1}u_{w,i+1}}{\Delta z}+\left(\dfrac{4f_i}{D_h}\right)\rho_i u_{i-1} & -\dfrac{1}{\Delta z} & 0 \\ -\dfrac{h_{w,i+1}u_{w,i+1}}{\Delta z} & -\dfrac{h_{w,i+1}\rho_{w,i+1}}{\Delta z} & 0 & -\dfrac{\rho_{w,i+1}u_{w,i+1}}{\Delta z} \end{bmatrix}$$

$$\tag{6-63}$$

$$R = \begin{bmatrix} 0 & 0 & 0 & -\dfrac{N_f}{N_w A_w} \end{bmatrix}^T \tag{6-64}$$

通过求解方程(6-59)，对整个水棒通道进行数值求解可以得到：

$$X_{win} = \prod_{i=1}^{N}(-p_{N-i}^{-1}Q_{N-i})X_{w,N} + \sum_{i=1}^{N}\left\{\left[\prod_{j=i+1}^{N}(-p_{N-j}^{-1}Q_{N-j})\right]p_{N-i}^{-1}R\delta\hat{Q}_{w,N-i}\right\}$$

$$\tag{6-65}$$

此模型为中子动力学模型提供慢化剂的密度分布，还提供了水棒间导热模型的温度分布和传热系数。

6.2.6 堆芯外循环模型

该模型包含堆芯进口孔板模型、主给水泵模型、给水管道模型和主蒸汽控制阀模型。假设给水管道中冷却剂的密度和温度是不变的，即不随着时间变化，其中的动量损失可以忽略，这些辅助组件的数学模型可以表示如下。

核动力系统的流动不稳定性

1. 通道进口孔板模型和主蒸汽控制阀模型

$$\Delta p = \zeta \frac{\rho u^2}{2} \quad (6-66)$$

式中，ζ 为进口阻力系数。

2. 给水泵模型

$$\Delta p = C_{\text{pump}} \Delta u \quad (6-67)$$

式中，Δu 为进口流速变化；C_{pump} 为泵的特性系数。

3. 给水管道模型

$$-\frac{\mathrm{d} p_{\text{tube}}}{\mathrm{d} x} = \frac{\mathrm{d}}{\mathrm{d} t}\rho u + \frac{\mathrm{d}}{\mathrm{d} x}\rho u^2 + \left(\frac{2f}{D_{\text{tube}}}\right)\rho u^2 \quad (6-68)$$

式中，p_{tube} 为给水管道压力，Pa；D_{tube} 为给水管道直径，m；x 为管道水平长度，m；f 为管道摩擦阻力系数。

对方程(6-66)至(6-68)进行线性变换及拉普拉斯变换可得如下所示的线性方程：

$$\delta \Delta \hat{p} = \zeta \rho u \delta \hat{u} \quad (6-69)$$

$$\delta \Delta \hat{p} = C_{\text{pump}} \delta \hat{u} \quad (6-70)$$

$$\delta \hat{u} = \frac{\left(-\dfrac{1}{L_{\text{tube}}\rho}\right)}{s + \left(\dfrac{4f}{D_{\text{tube}}}u\right)} \delta \hat{p}_{\text{tube}} \quad (6-71)$$

式中，L_{tube} 为给水管道内径，m。

联立求解方程(6-69)至(6-71)就可以得到进口流速扰动和进口压力扰动之间的传递函数。

6.2.7 超临界水堆热力学稳定性分析

对所建立的数学模型进行线性变换，将非线性方程组转换为频域线性方程组后，就可以使用所得到的线性方程组对超临界水堆 CSR1000 进行热工水力稳定性分析。本节将对所采用的频域分析法进行简单的介绍，包括建立系统稳定性分析框图和列举超临界水堆稳定性判据。

1. 稳定性分析框图

为了采用频域法分析超临界水堆 CSR1000 的热力学稳定性，首先需要建立系统的稳定性框图，如图 6-15 所示。然后利用进口孔板模型建立起系统压力差扰动与堆芯进口冷却剂流速扰动之间的传递函数 $G(s)$，同时采用质量守恒方程、能量守恒方程和动量守恒方程求得流速扰动与压力扰动之间的反馈函数 $H(s)$。由传递函数 $G(s)$ 和反馈函数 $H(s)$ 得到系统的闭环传递函数为

$$\frac{\delta \hat{u}_{\text{in}}}{\delta \hat{p}_{\text{in}}} = \frac{G(s)}{1+G(s)H(s)} \quad (6-72)$$

所以闭环控制系统的特征方程为

$$1+G(s)H(s)=0 \quad (6-73)$$

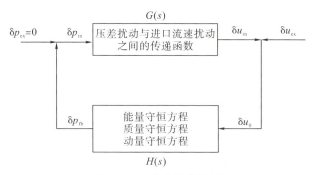

图 6-15 稳定性分析图

根据系统稳定性的充要条件,系统稳定时,特征方程(6-73)的全部根的实部必须都小于零。

2. 超临界水堆稳定性判据

目前的超临界水堆采用与沸水堆相同的稳定性标准,即采用衰减率来对系统不同工况下的两相流动不稳定性进行分析,具体判据如下:

(1)正常工况下,一般认为热工水力稳定性的衰减率应小于 0.5,而核热耦合稳定性的衰减率应小于 0.25。

(2)对于所有工况包括事故,衰减率必须小于 1。

(3)燃料包壳最高表面温度不能超过 650 ℃。

6.2.8 频域法程序

在上述理论模型和研究方法的基础上,开发了用于分析 CSR1000 两相流动不稳定性的频域法程序 FRESOCSR1000。该程序主要包括功能不同的两个子程序,分别是稳态参数计算程序和频域法衰减率计算程序。程序的开发以控制方程为基础,对控制方程统一采用轴向空间的向前有限差分离散。首先将所需要的堆芯初始参数输入稳态参数计算程序,利用不断迭代求解出冷却剂和慢化剂的密度、焓值和压力等重要稳态参数分布。之后将这些稳态参数计算结果作为初始参数读入频域法衰减率计算程序,通过迭代寻找特征方程的主特征根计算出系统的衰减率。最后根据之前的稳定性判据分析系统的稳定性。

频域法程序 FRESOCSR1000 的稳态参数计算程序的框架结构如图 6-16

核动力系统的流动不稳定性

所示，程序计算流程如图 6-17 所示。该程序主要用来计算等效为单通道的堆芯燃料组件的稳态参数分布，包括第一流程及第二流程组件内平均通道和热通道的流体温度、流速、焓值、压力等稳态参数。它又包括两个子程序文件 single_down.f 和 stmtlk.f。其中 single_down.f 用来实现计算稳态参数所需要的功能，stmtlk.f 则用来提供计算中所需要的超临界水物性参数。

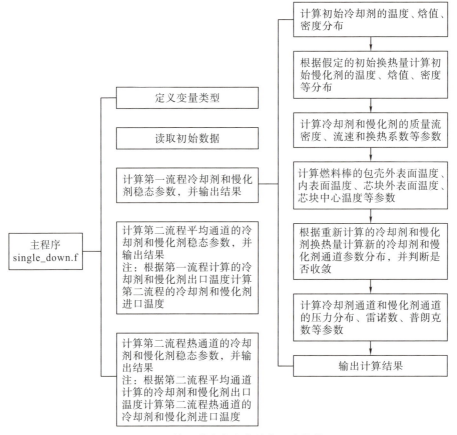

图 6-16 单通道稳态参数计算程序结构图

具体的求解过程如下：

(1)首先根据所读入的初始堆芯设计参数和边界条件数据，即燃料棒初始参数和水棒初始参数，计算出第一流程冷却剂温度、焓值、密度等参数分布；并根据假设的冷却剂和慢化剂之间的初始换热量计算出慢化剂温度、焓值、密度等参数分布，进而计算出相关的换热系数。

(2)根据步骤(1)计算得到的第一流程冷却剂和慢化剂温度及换热系数，重新计算冷却剂的热流密度及冷却剂和慢化剂之间的换热量，并更新冷却剂和慢化剂稳态参数分布；通过判断收敛条件不断重复以上步骤直到第一流程冷却剂和慢化剂温度收敛为止。

(3)将第一流程组件中冷却剂、慢化剂，第二流程慢化剂及下降段流体在下腔室充分混合后的流体温度作为第二流程冷却剂的进口温度，采用与第一流程相同的计算方法求解第二流程的稳态参数分布。最后将第一流程和第二流程的计算结果以文件形式输出。

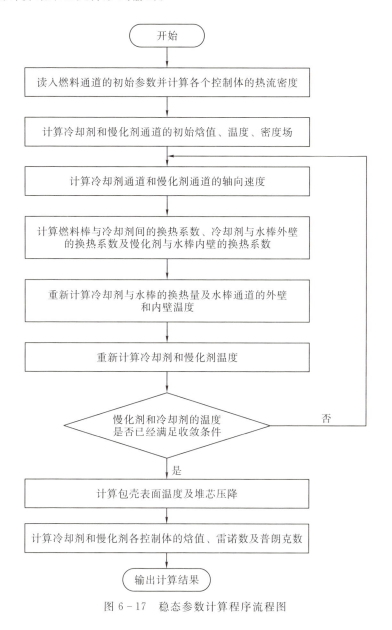

图6-17　稳态参数计算程序流程图

核动力系统的流动不稳定性

程序 FREDOCSR1000 的频域法衰减率计算程序的框架结构关系如图 6-18 所示，而程序的详细计算流程如图 6-19 所示。该程序是基于频域法并利用稳态参数程序的计算结果求得系统不同工况下的衰减率。求解的主要思想是通过迭代搜寻法寻找系统特征方程 $1+G(s)H(s)=0$ 的主特征根，然后用主特征根 s 的实部和虚部计算出系统衰减率。因为在程序中增加了中子动力学模型，考虑了冷却剂和慢化剂密度反应性反馈及燃料温度多普勒反应性反馈，所以频域法衰减率计算程序既能计算热力学不稳定性参数也能计算核热耦合不稳定性参数。

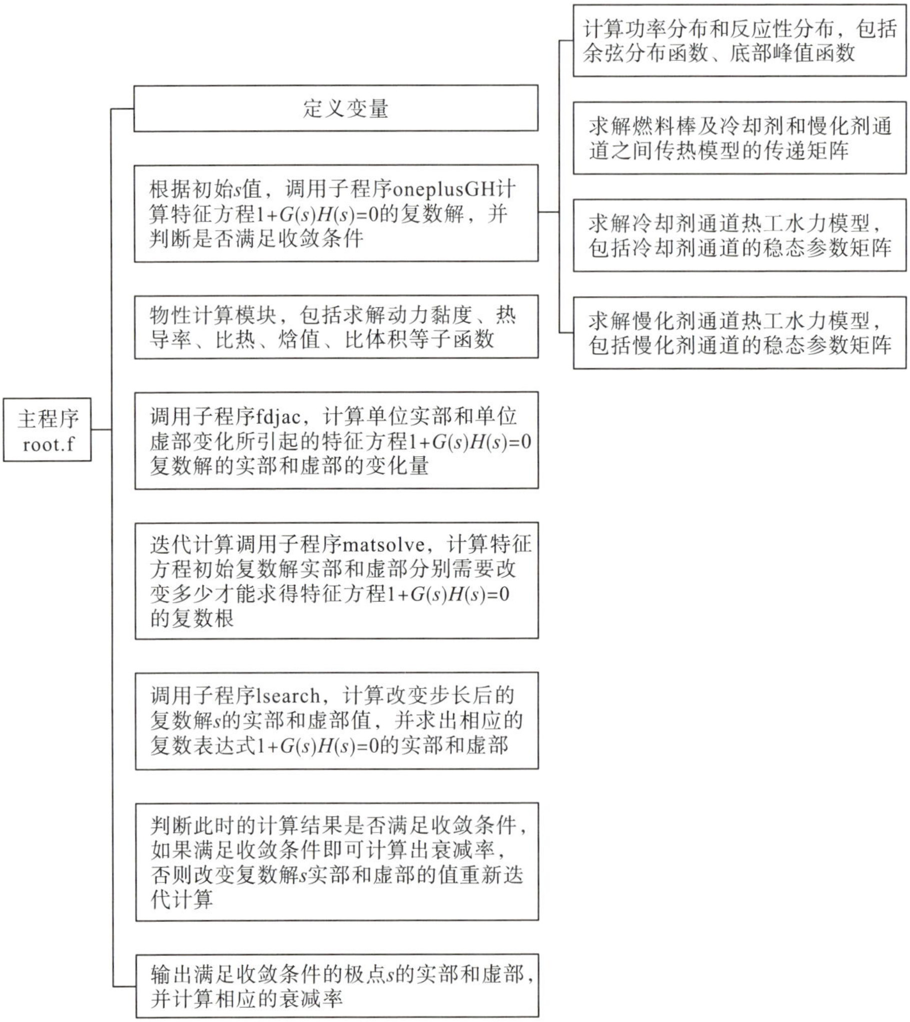

图 6-18　频域法衰减率计算程序框图

第6章 超临界水并联通道两相流动不稳定性

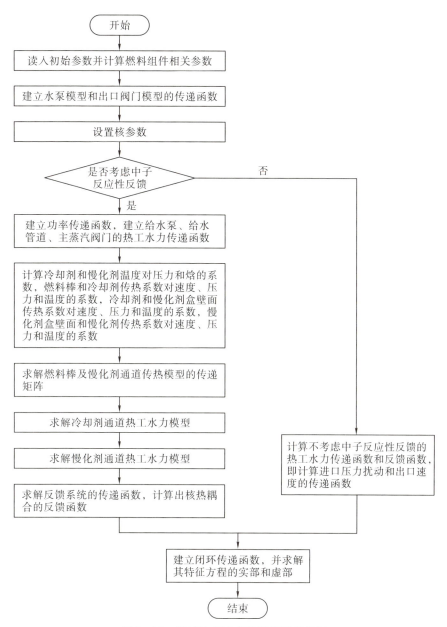

图 6-19 频域法衰减率计算程序流程图

具体计算过程如下:

(1)读入稳态参数计算程序得到的结果计算反应堆堆芯燃料组件的相关参数。

核动力系统的流动不稳定性

(2)当计算超临界水堆热力学两相流动不稳定性时,首先利用进口孔板模型得出系统的传递函数。然后利用三大守恒方程求出反馈传递函数,即出口速度扰动与进口压力扰动之间的传递函数。联立传递函数和反馈函数,得出系统的闭环传递函数及特征方程。最后通过牛顿-拉弗森(Newton-Raphson)方法求出特征方程的主特征根,并代入衰减率计算公式得出不同工况下系统的衰减率。

(3)当计算核热耦合流动不稳定性时,首先通过点堆动力学模型建立起反应性扰动和功率扰动之间的传递函数。然后结合燃料棒和水棒通道的导热模型、冷却剂和慢化剂的热工水力模型及稳态参数与传热系数之间的传递函数得到核热耦合两相流动不稳定性分析中反馈系统的传递函数。最终采用与求解热力学不稳定性特征方程相同的方法计算系统衰减率。

6.2.9 平均通道计算结果及分析

选取反应堆堆芯中最典型的两种通道研究其两相流动不稳定性,分别是平均通道和热通道。首先采用经过初步验证的频域法稳态参数计算程序研究不同的功率和流量运行工况对堆芯两个流程衰减率及关键热工水力参数的影响。

1. 功率对衰减率的影响

图6-20给出了不同功率份额对堆芯第一流程平均通道内冷却剂两相流动不稳定性的影响。可以看出第一流程平均通道的衰减率随着功率的增加而增大,即增加功率会给系统带来不稳定效应。但是因为平均通道组件内的线功率密度和冷却剂进出口温差都较小,所以第一流程平均通道的衰减率在整个额定功率范围内都很小,因而选择较小的进口阻力系数(K_{in})即可满足系统稳定性要求,并且增大进口阻力系数可以明显降低衰减率,提高系统的稳定性。

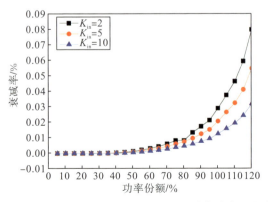

图6-20 功率份额对第一流程平均通道衰减率的影响

第6章 超临界水并联通道两相流动不稳定性

图 6-21 给出了不同的功率份额对堆芯第二流程平均通道内冷却剂两相流动不稳定性的影响。从图 6-21 中可以看出第二流程平均通道的衰减率要比第一流程大很多，且当功率份额过高时甚至超出了稳定性标准 0.5%，所以需要通过增加进口阻力系数来减小衰减率，提高系统稳定性(进口阻力系数可以选择 24)。深入分析发现，产生这种现象的原因是经过堆芯第一流程平均通道燃料棒加热的第二流程平均通道冷却剂进口温度较高，使得冷却剂从进口到出口跨过了拟临界温度 385 ℃，导致其进出口密度差很大，系统两相流动不稳定性也大大增加，因此第二流程的衰减率远远大于第一流程的衰减率。同时可以看出不同于第一流程衰减率的变化趋势，第二流程的衰减率随着功率份额的增加呈先逐渐增大后急剧减小的趋势，尤其当功率份额达到 120% 时，衰减率减小到接近于 0。这是因为随着功率的增加第二流程进口温度不断增加，当功率达到一定值时第二流程进口温度增大到超过了拟临界温度 385 ℃，从而使得冷却剂进出口密度变化很小，系统也变得很稳定。

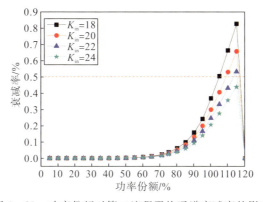

图 6-21 功率份额对第二流程平均通道衰减率的影响

2. 功率对最高包壳表面温度的影响

在设计反应堆堆芯的过程中，不仅需要保证系统在额定工况下稳定运行，尽量避免堆芯中发生两相流动不稳定现象，同时还要满足反应堆堆芯热工水力参数方面的安全要求。而其中最高包壳表面温度则是影响反应堆安全运行的一个关键热工水力参数，所以有必要计算不同功率份额对堆芯内燃料棒最高包壳表面温度的影响。图 6-22 和图 6-23 分别给出了不同运行功率对第一流程和第二流程平均通道燃料棒最高包壳表面温度的影响。从图中可以看出随着功率份额的增加，两个流程平均通道的燃料棒最高包壳表面温度不断增加，其中第一流程燃料棒的最高包壳表面温度在整个额定功率范围内都小

核动力系统的流动不稳定性

于 650 ℃，满足反应堆的安全设计准则。而第二流程燃料棒的最高包壳表面温度在功率份额大于 115% 时超出了温度限值 650 ℃，不能满足安全设计要求。为了给燃料棒的热力学设计留有充分的安全裕量，有必要进一步增加冷却剂流量，以便降低燃料棒最高包壳表面温度。

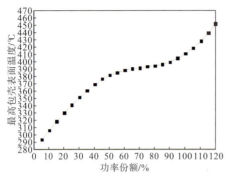

图 6-22 功率份额对第一流程平均通道最高包壳表面温度的影响

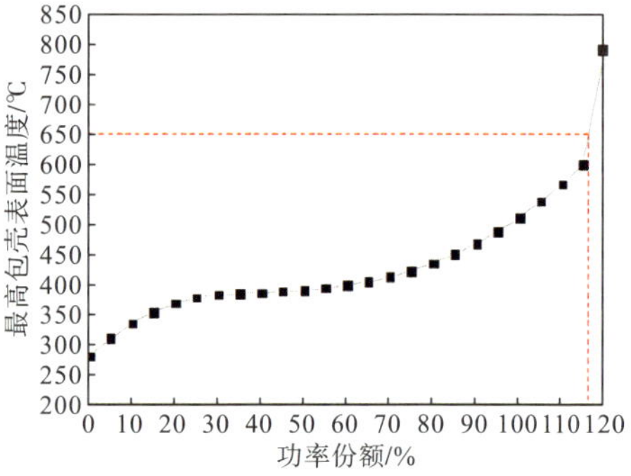

图 6-23 功率份额对第二流程平均通道最高包壳表面温度的影响

3. 功率对压降的影响

图 6-24 和图 6-25 分别给出了不同的功率份额对堆芯两个流程平均通道压降的影响。由图 6-24 可以看出第一流程平均通道的压降随着功率份额的增加是降低的，原因是第一流程冷却剂是自上而下流动，所以第一流程平均通道内的压降可以用式(6-74)计算而得：

$$\Delta p = p_{\text{in}} - p_{\text{out}} = (\rho_{\text{out}} v_{\text{out}}^2 - \rho_{\text{in}} v_{\text{in}}^2) + \frac{2fLG^2}{D\rho} - \rho g L \quad (6-74)$$

图 6-24 中取的是绝对值，即：

$$-\Delta p = p_{\text{out}} - p_{\text{in}} = \rho g L - (\rho_{\text{out}} v_{\text{out}}^2 - \rho_{\text{in}} v_{\text{in}}^2) - \frac{2fLG^2}{D\rho} \quad (6-75)$$

式中，p_{in} 为冷却剂进口压力，MPa；p_{out} 为冷却剂出口压力，MPa；v_{in} 为冷却剂进口流速，m·s^{-1}；v_{out} 为冷却剂出口流速，m·s^{-1}；L 为第一流程冷却剂通道长度，m；ρ_{in} 为第一流程冷却剂进口密度，kg·m^{-3}；ρ_{out} 为第一流程冷却剂出口密度，kg·m^{-3}；D 为通道热力学直径，m；f 为摩擦阻力系数；g 为重力加速度，m·s^{-2}；ρ 为冷却剂平均密度，kg·m^{-3}；G 为冷却剂平均流速，m·s^{-1}。

由公式(6-75)可以看出随着功率的增加，冷却剂平均密度减小，即重位压降部分减小，而摩擦压降和加速压降部分则增加，所以通道内总体压降随着功率的增加是减小的。

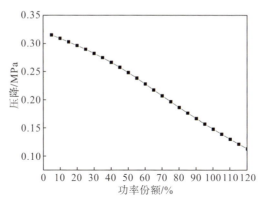

图 6-24　功率份额对第一流程平均通道压降的影响

图 6-25 显示第二流程平均通道的压降随着功率份额的增加先略有降低后逐渐增大,呈该趋势的原因:堆芯第二流程的冷却剂是自下而上流动的,所以第二流程的压降关系式可以用式(6-76)来表示:

$$\Delta p = p_{in} - p_{out} = (\rho_{out} v_{out}^2 - \rho_{in} v_{in}^2) + \frac{2fLG^2}{D\rho} + \rho g L \quad (6-76)$$

由公式(6-76)可以发现同样由于冷却剂的平均密度 ρ 随着功率的增加而减小,通道中加速压降和摩擦压降增加,而重位压降却减小,所以压降曲线的最终变化趋势取决于哪部分阻力压降变化占优势,因此压降有可能出现先减小后增大的变化趋势。

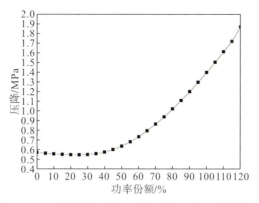

图 6-25　功率份额对第二流程平均通道压降的影响

4. 流量对衰减率的影响

图 6-26 和图 6-27 分别显示了不同流量份额对第一流程和第二流程平

核动力系统的流动不稳定性

均通道内流体衰减率的影响。从图 6-26 可以看出第一流程平均通道衰减率随着流量的增加而减小，且低流量下的流量份额对其衰减率的影响很大，因此需要选择较大的进口阻力系数并且流量份额不能低于一定限值才能满足稳定性要求。如图 6-26(b)所示，当进口阻力系数取 25 时，流量份额需达到 35% 以上才能满足稳定性要求。所以在进行堆芯参数设计时，第一流程的流量份额不能过低。

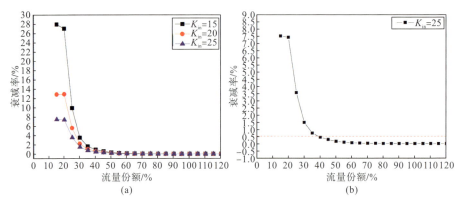

图 6-26　流量份额对第一流程平均通道衰减率的影响

图 6-27 给出了第二流程平均通道流体的衰减率与流量份额的关系。不同于第一流程平均通道流体衰减率的单调变化，第二流程平均通道的衰减率随着流量份额的增加呈现从缓慢变化到逐渐增加最后降低的非单调变化趋势。当第一阶段给水流量份额为 5%~85% 时，由于流量过小使得第二流程的进口温度过高超过了拟临界温度 385 ℃，因而第二流程冷却剂的进出口密度变化很小，不易发生两相流动不稳定性，即衰减率很低，在该工况范围内，随着流量的增加，衰减率变化很小。当第二阶段流量份额超过 85% 时，衰减率出现先增大后减小的波动趋势，这是因为第二流程的衰减率同时受到给水流量和进口温度两个参数的影响。刚开始由于流量的增加使得第二流程的进口温度低于拟临界温度 385 ℃，所以第二流程冷却剂的进出口密度变化增大，容易发生两相流动不稳定性，衰减率明显增加。此外，流量增加的同时第二流程进口温度减小，而第二流程的进口温度处于低过冷度区域，进口温度的降低使得系统稳定性变弱，衰减率增大，即进口温度减小所带来的不稳定性效应超过了流量增加所带来的稳定性效应，衰减率出现持续上升的趋势。第三阶段随着流量的继续增加，进口温度的下降幅度减小，当流量份额达到 130% 以上时，与进口温度降低带来的不稳定性效应相比，流量增加带来的稳定性效应占主导地位，所以衰减率出现降低的趋势。综上所述，当流量过小

第6章 超临界水并联通道两相流动不稳定性

时,两相流动不稳定性容易发生在第一流程,而当流量增大到一定值时,两相流动不稳定性将会发生在第二流程,所以也有必要计算第二流程的衰减率,但是可以通过选择合适的进口阻力系数降低衰减率,稳定系统。

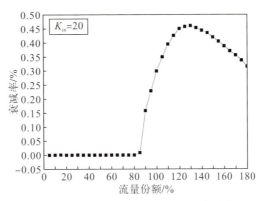

图 6-27 流量份额对第二流程平均通道衰减率的影响

5. 流量对最高包壳表面温度的影响

图 6-28 和图 6-29 分别给出了不同流量份额对第一流程和第二流程平均通道最高包壳表面温度的影响。从图中可以看出随着流量份额的增加,两个流程的最高包壳表面温度逐渐减小,但第一流程的流量份额必须达到 55% 以上最高包壳表面温度才能低于其安全限值,同样第二流程的流量份额必须达到 85% 以上才能保证其最高包壳表面温度小于安全限值 650 ℃。

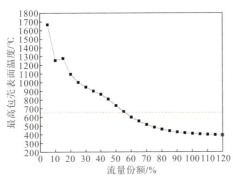 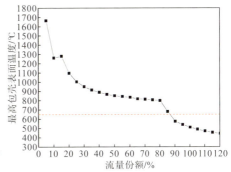

图 6-28 流量份额对第一流程平均通道最高包壳表面温度的影响　　图 6-29 流量份额对第二流程平均通道最高包壳表面温度的影响

6. 流量对压降的影响

图 6-30 和图 6-31 显示了不同流量份额对第一流程和第二流程平均通

道进出口压降的影响。由于流量的增加会导致反应堆堆芯中冷却剂平均密度和摩擦阻力的增加,所以根据压降计算公式可知第一流程和第二流程的压降都是随着流量的增加而增大的。

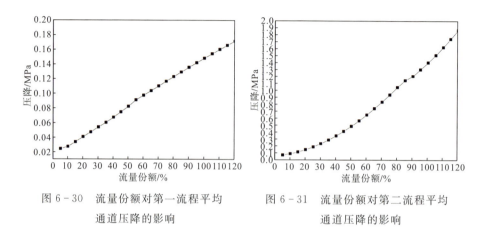

图 6-30　流量份额对第一流程平均通道压降的影响

图 6-31　流量份额对第二流程平均通道压降的影响

6.2.10　热通道计算结果及分析

考虑到反应堆物理设计、机械制造偏差及冷却剂流动等一些复杂因素,通常需要在平均通道的基础上引入热通道因子以便研究热通道流体的两相流动不稳定性。在本章的计算程序中,将两个流程的组件通道分别简化为一个平均通道和一个热通道。保守假设认为热通道和平均通道的流量相同,并且热通道的轴向功率分布也与平均通道相同,具体可以表示为

$$q_{hot}(z) = q_{ave}(z) \cdot F_r \quad (6-77)$$

式中,q_{hot} 为热通道燃料棒的轴向线功率密度,$W \cdot m^{-1}$;q_{ave} 为平均通道燃料棒的轴向线功率密度,$W \cdot m^{-1}$;F_r 为径向热通道因子。

实际工程应用中,径向热通道因子 F_r 的值由反应堆堆芯和燃料组件的具体设计结构来决定,本节计算过程中根据超临界水冷堆 CSR1000 的概念设计取其热通道因子为 2.617。

1. 功率对衰减率的影响

图 6-32 和图 6-33 分别给出了反应堆不同的功率份额对第一流程和第二流程热通道衰减率的影响。从图中可以看出第二流程的衰减率要小于第一流程的衰减率,即第二流程的稳定性较好,因为第二流程的冷却剂和慢化剂是逆向流动,使得冷却剂进出口温度变化减小,密度变化也较小。当选择合适的进口阻力系数时,两个流程都能满足稳定性要求。第一流程的衰减率是

随着功率的增加而增大的。第二流程的衰减率先随着功率的增加而增大,但是在功率增加的同时,第二流程的进口温度也在升高,即进口过冷度在减小,在低过冷度区域过冷度减小会使系统变得稳定,但是增加功率又会增加系统的不稳定性。刚开始由于增加功率带来的不稳定性占优势,所以衰减率是增大的;之后进口温度升高带来的稳定性效应占主导,衰减率又开始减小;而当第二流程进口温度升高到超过拟临界温度 385 ℃时,冷却剂进出口密度差变得很小,衰减率急剧减小。

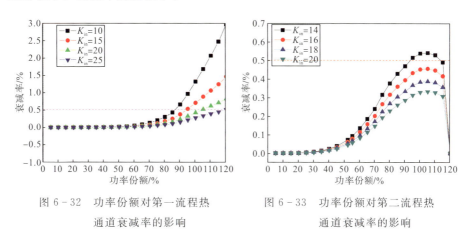

图 6-32 功率份额对第一流程热通道衰减率的影响

图 6-33 功率份额对第二流程热通道衰减率的影响

2. 功率对最高包壳表面温度的影响

图 6-34 和图 6-35 分别给出了不同功率份额对第一流程和第二流程热通道最高包壳表面温度的影响。由于热通道线功率密度远大于平均通道,所以第一流程和第二流程热通道都不能保证在整个额定功率范围内最高包壳表面温度不超过安全限值 650 ℃。

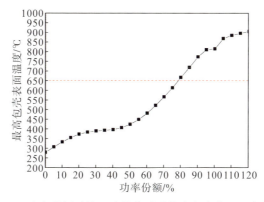

图 6-34 功率份额对第一流程热通道最高包壳表面温度的影响

核动力系统的流动不稳定性

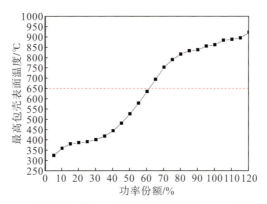

图 6-35　功率份额对第二流程热通道最高包壳表面温度的影响

3. 功率对压降的影响

图 6-36 和图 6-37 显示了不同的反应堆功率份额对第一流程和第二流程热通道内压降的影响。与第一流程平均通道的压降变化趋势相似，第一流程热通道的压降也是随着功率的增加而减小的，但是热通道的压降反而比平均通道的压降小。这是因为热通道的线功率密度高于平均通道，使得热通道密度更小，根据公式(6-75)可知热通道重位压降更小，而其摩擦压降和加速压降则大于平均通道，所以导致热通道的压降小于平均通道压降。

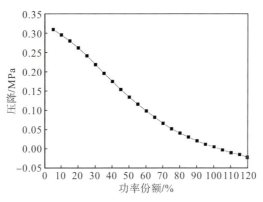

图 6-36　功率份额对第一流程热通道压降的影响

图 6-37 显示第二流程热通道的压降随着功率的增加而逐渐增大，也与平均通道的变化趋势类似。同样是因为热通道的功率高于平均通道，使得热通道密度更小，即重位压降更小，而摩擦压降和加速压降则大于平均通道，所以最终压降的变化趋势取决于各项压降的变化大小。

第6章 超临界水并联通道两相流动不稳定性

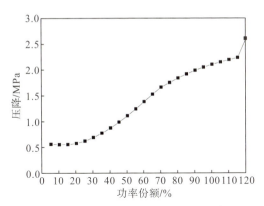

图 6-37 功率份额对第二流程热通道压降的影响

4. 流量对衰减率的影响

图 6-38 和图 6-39 分别给出了不同流量份额对第一流程和第二流程热通道衰减率的影响。图 6-38 显示第一流程热通道的衰减率随着流量的增大而减小，在低流量下系统衰减率很大，同样需要选择较大的进口阻力系数，同时流量必须达到一定份额才能满足稳定性要求。

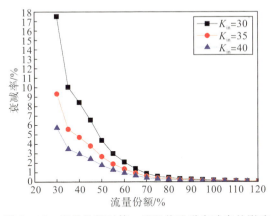

图 6-38 流量份额对第一流程热通道衰减率的影响

从图 6-39 可以看出当流量较低时，第二流程进口温度过高超过了拟临界温度 385 ℃，使得第二流程冷却剂进出口密度差很小，不易发生两相流动不稳定性；而当流量增大到一定值时，冷却剂进口温度减小到拟临界温度以下，使得冷却剂进出口密度差突然增大，衰减率也随之急剧上升；之后随流量持续增加，衰减率又呈下降趋势。

核动力系统的流动不稳定性

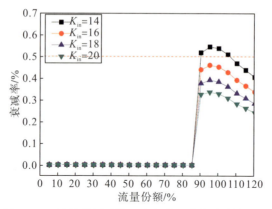

图 6-39　流量份额对第二流程热通道衰减率的影响

5. 流量对最高包壳表面温度的影响

图 6-40 和图 6-41 分别显示了不同流量份额对第一流程和第二流程热通道最高包壳表面温度的影响。从图上可以看出虽然两个流程热通道的最高包壳表面温度均随着流量的增加而降低，但它们的最高包壳表面温度在整个堆芯额定流量范围内都超过了安全限值 650 ℃，无法满足最高包壳表面温度的安全要求。同时也可以看出流量对系统稳定性和热力学参数的影响远大于功率的影响，因此在设计堆芯时需要选择合适的堆芯给水流量。

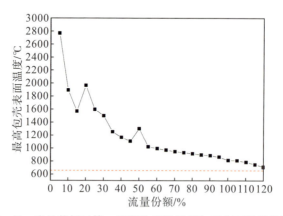

图 6-40　流量份额对第一流程热通道最高包壳表面温度的影响

第6章 超临界水并联通道两相流动不稳定性

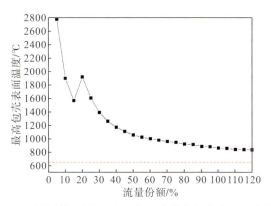

图 6-41 流量份额对第二流程热通道最高包壳表面温度的影响

6. 流量对压降的影响

图 6-42 和图 6-43 分别给出了不同流量份额对第一流程和第二流程热通道压降的影响。不同于第一流程平均通道压降随流量的变化趋势，第一流程热通道的压降随着流量的增加是减小的。这可以通过第一流程压降计算公式(6-75)来解释。随着流量的增加，冷却剂的平均密度是增大的，所以重位压降是增加的，但是加速压降和摩擦压降的变化则是不确定的，因此此时通道的压降变化比较复杂，有可能出现减小的趋势。而第二流程热通道的压降则是随着流量份额的增加而增大的，与第二流程平均通道压降变化类似。

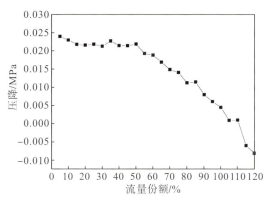

图 6-42 流量份额对第一流程热通道压降的影响

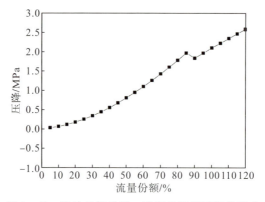

图 6-43 流量份额对第二流程热通道压降的影响

6.2.11 CSR1000 安全稳定运行区域分析

虽然在以上小节中已经充分讨论了反应堆不同功率流量对堆芯第一流程和第二流程组件内平均通道和热通道的稳定性及最高包壳表面温度等关键热工水力参数的影响，但是为了更加直观清晰地确定超临界水堆 CSR1000 的稳定安全运行工况，本节通过绘制衰减率图、最高包壳表面温度图及稳定性边界图来确定其安全稳定运行边界。通过之前的分析讨论发现第二流程热通道由于具有较高的功率密度，所以相较于平均通道更容易发生两相流动不稳定性，也更容易导致最高包壳表面温度过高，甚至超出温度限值 650 ℃。因此，应建立第一流程和第二流程热通道的稳定运行区域。

1. 衰减率图

图 6-44 和图 6-45 分别给出了不同的反应堆功率流量比对第一流程和第二流程热通道衰减率的影响。从衰减率图可以直观清晰地确定保证反应堆稳定运行的功率流量比。

图 6-44 显示了要使第一流程热通道在整个额定功率范围内都满足稳定性要求，堆芯给水流量份额需达到约 90% 以上；同样要使得第一流程热通道在整个额定流量范围内都满足稳定性要求，则堆芯功率份额需在约 50% 以下。

从图 6-45 则可以看出由于第二流程热通道的衰减率不是随功率和流量呈单调变化的趋势[如图 6-45(b)所示]，所以它的衰减率图也并不像第一流程热通道衰减率图那样呈直线分布，而是呈折线分布，如图 6-45(a)所示，衰减率较小，满足稳定性要求，即第二流程热通道不易发生两相流动不稳定性。

第6章 超临界水并联通道两相流动不稳定性

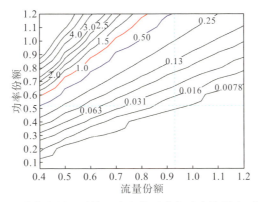

图 6-44 功率流量比对第一流程热通道衰减率的影响(单位:%)

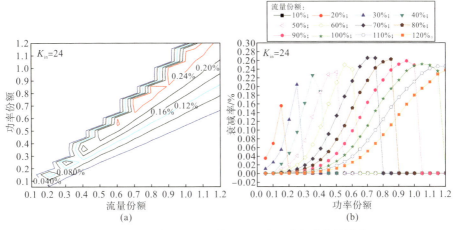

图 6-45 功率流量比对第二流程热通道衰减率的影响

2. 最高包壳表面温度图

图 6-46 和图 6-47 分别给出了基于不同功率流量比得到的第一流程和第二流程热通道的最高包壳表面温度图。从图 6-46 可以看出，为了保证超临界水堆 CSR1000 堆芯第一流程的热通道的燃料棒最高包壳表面温度在整个额定流量范围内都能达到低于 650 ℃ 的安全要求，反应堆的运行功率不能超过额定运行功率的 95%。此外，即使第一流程的流量达到额定流量的 120% 也不能保证堆芯的最高包壳表面温度在整个功率范围内不超过安全限值。

从图 6-47 则可以发现，要保证超临界水堆 CSR1000 堆芯第二流程热通道的燃料棒最高包壳表面温度在整个额定流量范围内达到低于 650 ℃ 的安全要求，反应堆的运行功率必须不超过额定功率的 75%，同时即使第二流程的流量达到额定流量的 120%,也不能保证堆芯的最高包壳表面温度在整个功率范围内不超过安全限值。

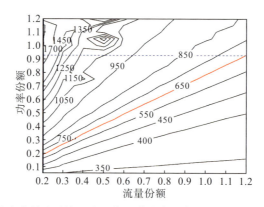

图 6-46 功率流量比对第一流程热通道最高包壳表面温度的影响(单位:℃)

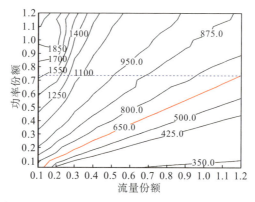

图 6-47 功率流量比对第二流程热通道最高包壳表面温度的影响(单位:℃)

3. 稳定性边界图

早在 20 世纪 60 年代就有学者[23]建立了无量纲群来分析亚临界压力下两相流动不稳定性。之后随着世界各国的学者对超临界水冷堆两相流动不稳定性的深入研究,不少学者采用类似于亚临界两相流的方法建立了用于超临界水堆流动稳定性分析的无量纲参数群。其中 Zhao 等[13-14]针对超临界流体提出了一种新形式的无量纲参数群并验证了其适用性,Ambrosini 和 Sharabi[18]也针对超临界流体提出了一种新形式的无量纲参数群并验证了其适用性。本节将采用 Ambrosini 和 Sharabi 定义的无量纲参数绘制超临界水堆 CSR1000 的不稳定性边界图。无量纲参数的具体表达式如下:

拟进口过冷度数定义为

$$N_{SPC} = \frac{\beta_{pc}}{c_{p,pc}}(h_{pc} - h_{in}) \qquad (6-78)$$

拟相变数定义为

$$N_{TPC} = \frac{\beta_{pc}}{c_{p,pc}} \frac{Q}{W} \qquad (6-79)$$

式中，h_{in} 为进口冷却剂比焓，kJ·kg^{-1}；h_{pc} 为拟临界点流体比焓，kJ·kg^{-1}；$c_{p,pc}$ 为拟临界点流体定压比热，J·kg^{-1}·K^{-1}；β_{pc} 为拟临界点等压热膨胀系数，K^{-1}；Q 为流体总加热量，W；W 为通道总流量，kg·s^{-1}。

用上式所定义的拟进口过冷度数和拟相变数得出的超临界水堆 CSR1000 不稳定性边界图如图 6-48 所示。

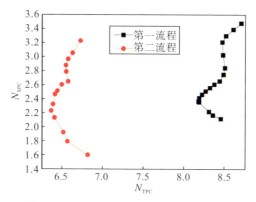

图 6-48 CSR1000 热管不稳定性边界图

从图中可以看出第一流程比第二流程流动稳定性边界大很多。这是由于第二流程的进口冷却剂温度较高，堆芯中达到拟临界温度 385 ℃ 的点更可能出现在第二流程，因此两相流动不稳定性发生在第二流程的可能性更大，从而应该对第二流程的流动稳定性给予更多的关注。除此以外，图中所呈现的双"L"结构清楚地表明了超临界水堆 CSR1000 中两种主要的流动不稳定现象的存在，即动力学密度波振荡（下部"L"形）和静态流量漂移（上部"L"形）。Ambrosini 等[18]也在研究中得到了这种双"L"结构。这也证明了本章所用的数学模型和所开发的程序能够预测超临界水冷堆 CSR1000 的不稳定性边界。

6.2.12 小结

采用初步验证后的频域法分析程序 FREDOCSR1000 分别研究了不同功率和流量运行工况对超临界水堆 CSR1000 第一流程和第二流程平均通道和热

通道内衰减率及关键热工水力参数的影响。分析功率对衰减率的影响时发现第一流程平均通道和热通道的衰减率均随着功率的增加而增加,但热通道的衰减率远大于平均通道,需要选择较大的进口阻力系数来达到稳定性要求。第二流程平均通道和热通道衰减率均随着功率的增加呈先缓慢增大后急剧减小的趋势。因为它的衰减率同时受到进口温度增加和功率增加两个因素的影响,且拟临界温度 385 ℃出现的位置随着功率而变化。分析流量对衰减率影响时发现第一流程平均通道和热通道的衰减率随着流量的增加而减小,且在低流量下远远超过稳定性标准。第二流程平均通道和热通道衰减率均随着流量的增加先保持一个非常低的水平随后出现先增加后减小的趋势。同样也是因为进口温度和流量变化两个因素影响的叠加效应及拟临界点温度位置的变化。研究功率对压降的影响时,可知第一流程平均通道和热通道的压力随着功率的增加而减小,而第二流程平均通道和热通道的压力则随着功率的增加而增大。流量对第一流程平均通道和热通道的影响结果不一致,主要取决于加速压降和摩擦压降的具体变化大小。而第二流程平均通道和热通道压降则随着流量的增加而增大。研究功率和流量对最高包壳表面温度的影响时得出第一流程和第二流程平均通道和热通道最高包壳表面温度均随着功率的增加而增大,随着流量的增加而减小;且流量对最高包壳表面温度的影响远大于功率对最高包壳表面温度的影响,尤其是热通道,因此必须适当增加给水流量来保证最高包壳表面温度不超过安全限值。

在之前分析的基础上,建立了超临界水堆 CSR1000 的衰减率图、最高包壳表面温度图及稳定性边界图,利用这些图可以更加直观清晰地预测使反应堆系统稳定安全运行的功率流量比和相应的进口温度及临界加热功率密度。

6.3 基于时域方法的 CSR1000 两相流动不稳定性分析

与频域分析法不同,时域分析法是根据系统的微分方程或传递函数,求出在输入信号作用下系统输出随时间变化的表达式或响应曲线,以分析系统稳定性、动态性能及稳态性能。该方法具有直观、准确的优点。而非线性稳定性分析中广泛采用的是两种方法,一种是对时域非线性微分方程进行数值迭代求解。许多成熟的瞬态程序例如 RAMONA－5B、RELAP5、RETRAN－3D 和 TRAC－G 都能够进行这样的分析计算。另一种方法是理论方法,例如霍普夫(Hopf)的分叉法[24],李雅普诺夫(Lyapunov)方法和谐波拟线性化方法。虽然理论方法能够研究两相流动不稳定性的本质并识别简单模型的稳定性边界,但是随着数值计算方法的不断改进,目前广泛采用瞬态时域法程序来研究系统的非线性稳定性。

6.3.1 时域法数学模型

1. 热工水力模型

由于超临界水的物性是连续的，可以将其作为单相理想流体来处理。模拟其流动传热过程，需要求解一维单相流体流动传热的基本控制方程，其中包括：

质量守恒方程：

$$\frac{\partial \rho}{\partial t} + \frac{\partial (\rho u)}{\partial z} = 0 \tag{6-80}$$

动量守恒方程：

$$\frac{\partial \rho u}{\partial t} + \frac{\partial (\rho u^2)}{\partial z} = -\frac{\partial p}{\partial z} - \rho g - \Delta p_f - \Delta p_r \tag{6-81}$$

能量守恒方程：

$$\frac{\partial (\rho h)}{\partial t} + \frac{\partial (\rho h u)}{\partial z} = q_h + \frac{\partial p}{\partial t} \tag{6-82}$$

在数值模拟两相流动不稳定性时，必须考虑流体的可压缩性，同时为了封闭和求解上述三个方程，增加了一个物性场方程：

$$\rho = \rho(p, h) \tag{6-83}$$

动量守恒方程中的摩擦压降的计算采用达西摩擦压降计算公式：

$$\Delta p_f = \frac{fL}{2D} \rho u^2 \tag{6-84}$$

在同进出口处由于节流阀、孔板、流道截面的突变会产生额外的局部压降：

$$\Delta p_r = \frac{1}{2} K \rho u^2 \tag{6-85}$$

其中摩擦系数根据不同的流型采用不同的计算公式：

$$f = \begin{cases} \dfrac{64}{Re}, & Re \leqslant 2200 \\ \max\left(\dfrac{64}{Re}, \dfrac{0.3164}{Re^{0.25}}\right), & 2200 < Re < 3000 \\ \dfrac{0.3164}{Re^{0.25}}, & Re \geqslant 3000 \end{cases} \tag{6-86}$$

为方便计算，通过式(6-83)，可以得到：

$$\frac{\partial \rho}{\partial t} = \frac{\partial \rho(p, h)}{\partial h} \frac{\partial h}{\partial t} + \frac{\partial \rho(p, h)}{\partial p} \frac{\partial p}{\partial t} \tag{6-87}$$

转换成以下形式：

$$\frac{\partial \rho(p,h)}{\partial h}\frac{\partial h}{\partial t}+\frac{\partial \rho(p,h)}{\partial p}\frac{\partial p}{\partial t}+\frac{\partial(\rho u)}{\partial z}=0 \quad (6-88)$$

$$\frac{\partial \rho(p,h)}{\partial h}+\rho\frac{\partial h}{\partial t}+\left[\frac{\partial \rho(p,h)}{\partial p}-1\right]\frac{\partial p}{\partial t}+\frac{\partial(\rho h u)}{\partial z}=q_h \quad (6-89)$$

通过上述变换，联立方程(6-86)至(6-89)就可以得到一个偏微分方程组，可以通过有限差分等方式方便地对其进行求解。

2. 数值方法

为了方便且快速地求解偏微分方程组，本节采用了如图6-49所示的有限差分方式求解。有限差分是通过对偏微分方程组时间相和空间相进行合理的离散，将偏微分方程组转换成可方便精确求解的常微分方程组。而采用有限差分方法需要对计算结构进行控制体划分，通常采用同位网格划分或交错网格划分方式。

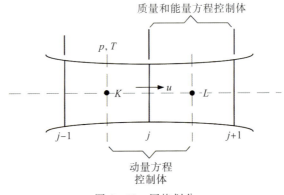

图6-49 网格划分

同位网格是将流体的物理状态参数(压力p、温度T、密度ρ、比焓h)和流动速度(u)存放于相同的控制体中心，交错网格将流体的物理状态参数分别存放于不同的控制体中心处。首先将控制体划分为质量和能量方程控制体(图6-49中的控制体K和控制体L)及动量方程控制体(图6-49中的控制体j、$j-1$和$j+1$)两类。上述两类控制体两两交错半个控制长度，依次排列。质量和能量方程控制体(K、L)边界位于两侧动量方程控制体中心处，而相应的动量方程控制体(j、$j-1$、$j+1$)边界位于两侧质量和能量方程控制体中心处。将压力、温度和比焓等物性存放在质量和能量方程控制体中心处，而将流体速度存放在质量和能量控制体边界处(动量方程控制体中心处)，如图6-49所示。

第6章 超临界水并联通道两相流动不稳定性

因此，动量方程控制体与能量和质量方程控制体交错半个控制体。图6-49中，K、L 为质量和能量控制体编号，$j-1$、j、$j+1$ 为动量控制体编号。由于采用交错网格技术，K、L 控制体的压力可以通过动量控制体(j)的动量守恒方程相互影响，从而可以省略同位网格技术中的迭代步骤，提高计算速度。由于完全隐式差分方程求解困难而且耗时较多，所以本节对时间项的离散采用半隐式差分方式。半隐式差分已经被证明精度完全符合工程要求而且在许多核反应堆安全分析软件(RELAP5、RETRAN等)上得到广泛的应用。

将动量、质量及能量方程离散化，可以转变成如下形式：

动量守恒方程：

$$V_j \frac{\rho_j^n u_j^{n+1} - \rho_j^n u_j^n}{\Delta t} + \rho_L^n (U_L^n)^2 A_L - \rho_K^n (U_K^n)^2 A_K =$$

$$-(p_L^{n+1} A_L - p_K^{n+1} A_K) - \frac{f}{2D_e} \rho (U_j^n)^2 A_j - k\rho (U_j^n)^2 A_j \quad (6-90)$$

质量守恒方程：

$$V_L \left[\frac{\partial \rho(p,h)}{\partial h}\bigg|_L^n \frac{h_L^{n+1} - h_L^n}{\Delta t} + \frac{\partial \rho(p,h)}{\partial p}\bigg|_L^n \frac{p_L^{n+1} - p_L^n}{\Delta t} \right] +$$

$$\rho_{j+1}^n u_{j+1}^{n+1} A_{j+1} - \rho_j^n u_j^{n+1} A_j = 0 \quad (6-91)$$

能量守恒方程：

$$V_L \left\{ \left[\frac{\partial \rho(p,h)}{\partial h} + \rho \right]_L^N \frac{h_L^{n+1} - h_L^n}{\Delta t} + \left[\frac{\partial \rho(p,h)}{\partial h} - 1 \right]_L^n \frac{p_L^{n+1} - p_L^n}{\Delta t} \right\} +$$

$$(\rho h)_{j+1}^n u_{j+1}^{n+1} A_{j+1} - (\rho h)_j^n u_j^{n+1} A_j = \frac{q'' U_h}{A_L} \quad (6-92)$$

式中，n，$n+1$ 表示时层；V_j 为第 j 个控制体体积，m^3；q'' 为 n 时层热流密度，$W \cdot m^{-2}$；U_h 为加热管道周长，m。

上述的差分方式当满足：

$$\Delta t < \frac{\Delta z}{u} \quad (6-93)$$

时，式(6-90)至式(6-92)所采用的差分方式是稳定的和精确的。

联立式(6-91)和式(6-92)可以得到一个关于 $h^{n+1} - h^n$、$p^{n+1} - p^n$ 的方程(6-94)。其中，$\boldsymbol{A}$ 为一个 2×2 的矩阵，$\boldsymbol{b}$ 和 $\boldsymbol{f}$ 分别为一个 2×1 列向量。

$$\boldsymbol{A} \begin{bmatrix} h^{n+1} - h^n \\ p^{n+1} - p^n \end{bmatrix} = \boldsymbol{b} + \boldsymbol{f}(u^{n+1}) \quad (6-94)$$

引入表达密度、比焓和压力之间关系的物性方程使方程组闭合：

$$\partial \rho(p,h) = \left[\frac{\partial \rho(p,h)}{\partial h} \right]_p dh + \left[\frac{\partial \rho(p,h)}{\partial p} \right]_h dp \quad (6-95)$$

式中，$\left[\dfrac{\partial \rho(p, h)}{\partial h}\right]_p$ 是压力一定下流体密度对比焓的导数；$\left[\dfrac{\partial \rho(p, h)}{\partial p}\right]_h$ 是比焓一定下流体密度对压力的导数。在本章所采用的 NIST 软件物性数据库中并没有二者的值。因此引入布里奇曼(Bridgman)公式来求出 $\left[\dfrac{\partial \rho(p, h)}{\partial p}\right]_h$ 和 $\left[\dfrac{\partial \rho(p, h)}{\partial h}\right]_p$ 的值：

$$\left(\dfrac{\partial x}{\partial y}\right)_z = \dfrac{(\partial x)_z}{(\partial y)_z} \tag{6-96}$$

依照 Bridgman 公式上述两个偏导数可以化为

$$\left[\dfrac{\partial \rho(p, h)}{\partial h}\right]_p = \dfrac{(\partial \rho)_p}{(\partial h)_p} \tag{6-97}$$

$$\left[\dfrac{\partial \rho(p, h)}{\partial p}\right]_h = \dfrac{(\partial \rho)_h}{(\partial p)_h} \tag{6-98}$$

查 Bridgman 公式表可以得到以下表达式：

$$(\partial v)_p = v\alpha \tag{6-99}$$

式中，v 为比体积，$m^3 \cdot kg^{-1}$；α 为等压体积膨胀系数，Pa^{-1}。

$$(\partial h)_p = C_p \tag{6-100}$$

式中，C_p 为定压比热，$kJ \cdot kg^{-1} \cdot K^{-1}$。

$$(\partial v)_h = C_p v\beta + v^2\alpha - T(v\alpha)^2 \tag{6-101}$$

式中，β 为等温压缩系数，K^{-1}。

$$(\partial p)_h = -C_p \tag{6-102}$$

得到 $\left[\dfrac{\partial \rho(p, h)}{\partial p}\right]_h$ 和 $\left[\dfrac{\partial \rho(p, h)}{\partial h}\right]_p$ 的表达式：

$$\left[\dfrac{\partial \rho(p, h)}{\partial h}\right]_p = \dfrac{(\partial \rho)_p}{(\partial h)_p} = \dfrac{(\partial \rho)_p}{(\partial v)_p} \dfrac{(\partial v)_p}{(\partial h)_p} = -\dfrac{1}{v^2}\dfrac{v\alpha}{C_p} = -\dfrac{\alpha}{vC_p} \tag{6-103}$$

$$\left[\dfrac{\partial \rho(p, h)}{\partial p}\right]_h = \dfrac{(\partial \rho)_h}{(\partial p)_h} = \dfrac{(\partial \rho)_h}{(\partial v)_h} \dfrac{(\partial v)_h}{(\partial p)_h} = -\dfrac{1}{v^2}\dfrac{C_p v\beta + v^2\alpha - T(v\alpha)^2}{-C_p}$$

$$= \dfrac{C_p\beta + v\alpha - Tv\alpha^2}{vC_p} \tag{6-104}$$

通过以上推导，由质量、能量、动量守恒方程和物性方程组成的方程组实现了封闭性，可以由适当的数值方法进行求解。

3. 数值计算步骤

在模拟流体的瞬态流动传热过程中，根据上一节中介绍的数值方法，因

第6章 超临界水并联通道两相流动不稳定性

为偏导数 $\left[\dfrac{\partial \rho(p, h)}{\partial p}\right]_h$ 和 $\left[\dfrac{\partial \rho(p, h)}{\partial h}\right]_p$ 及壁面摩擦系数是根据上一时层的流体参数计算得到的，因此在计算开始之前需预先给定管道内流体的初始状态和管道进出口处的边界条件。

(1) 初始状态：在 $t=0$ 时刻，给定管道内所有的控制体的流体物理状态参数（压力 p、温度 T、密度 ρ、比焓 h）及流动速度（u），作为计算初始点。

(2) 边界条件：在任意时刻，管道进出口处的流体物理状态参数（压力 p、温度 T、密度 ρ、比焓 h）及进口流动速度（u）假设为恒定不变且已知的。

当流体初始状态和边界条件假定后，按以下步骤计算任意时层的每个控制体内流体流动传热状态：

①联立每个质量和能量控制体（如 K、L）的质量守恒方程、能量守恒方程和密度场方程，得出式(6-94)中矩阵 $\boldsymbol{A}$；

②采用 LU 分解法将矩阵 $\boldsymbol{A}$ 分解成三角形矩阵，然后求得 $\boldsymbol{A}$ 的逆矩阵 $\boldsymbol{A}^{-1}$；

③将式(6-94)两端同乘 $\boldsymbol{A}^{-1}$，从而使得 $h^{n+1}-h^n$、$p^{n+1}-p^n$ 项的系数为 1；

④求解质量和能量方程控制体（如 K、L）两侧的动量方程控制体（图6-49中控制体 j、控制体 $j-1$、控制体 $j+1$）的动量守恒方程，将速度 u_{j+1}^{n+1}、u_j^{n+1} 和 u_{j-1}^{n+1} 用 $p^{n+1}-p^n$ 表示出来。

⑤将 u_j^{n+1} 和 u_{j+1}^{n+1} 代入步骤③所得的方程右侧，便可以得到一个仅以 $p^{n+1}-p^n$ 为未知数的方程；

⑥对所有控制体进行步骤①至⑤的计算，便可以得到一个仅以所有控制体压力 $p^{n+1}-p^n$ 为未知数的方程组；

⑦采用追赶法求解步骤⑥中得到的方程组；

⑧求解出每个控制体的压力，再求解动量方程控制体的动量守恒方程得出所有控制体的速度 u^{n+1}；

⑨判定是否满足误差控制方程(6-93)，若满足则将速度 u^{n+1} 回代至所有控制体的质量守恒方程，利用能量守恒方程便可以求得控制体新时层的密度和比焓；若不满足误差控制方程，则降低时间步长返回步骤①。

4. 时域法程序介绍

本节采用 FORTRAN90 编制了计算机程序 TIMDO 用以计算超临界压力下并联通道内两相流动不稳定性。该程序采用了模块化方法以方便程序扩展和子程序之间的相互调用，程序的结构示意图如图6-50所示。

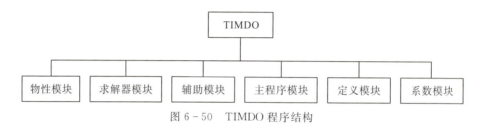

图 6-50 TIMDO 程序结构

程序主体分为求解器模块、物性模块、主程序模块、辅助模块、定义模块、系数模块。主程序模块主要作用是依次调用除其之外的计算模块,以实现系统瞬态求解。辅助模块主要是定义计算中所需要的全局变量,以及计算当前时层的所有控制体的物性状态参数供其他模块使用。系数模块是在辅助模块基础上计算当前时层的所有控制的流动传热系数(摩擦因子、重位压降、局部阻力),用以供求解器模块使用。定义模块供用户使用,用以输入结构参数和系统的进出口边界参数(如系统压力,系统流量,进、出口局部阻力系数等)。物性模块主要是计算控制体物性及离散方程中所需要的偏导数。

采用 TIMDO 程序计算时,仅需要在定义模块中输入计算结构所必需的结构参数(联箱直径、联箱高度、加热通道高度、加热通道数量、加热通道直径、控制体划分长度)和系统流动参数(系统压力、系统温度、总流量、流动方向),程序会自动采用二分法逐步逼近系统的临界不稳定工况点并最终形成输出文件。

6.3.2 并联双通道两相流动不稳定性

针对表 6-1 中的并联通道结构参数计算该系统在超临界压力下的两相流动不稳定性。首先给定计算边界条件,计算出系统稳态值。在 $t=21$ s 时,给系统加热通道的加热量引入一个幅值为 0.1%、持续时间为 1 s 的人为扰动。继续计算,观测系统流量对扰动的响应趋势。系统在不同运行区间时,扰动对其运行状态的影响是不同的。

表 6-1 并列通道详细结构参数

参数	数值	参数	数值
通道总长/m	4.0	通道Ⅰ质量流量/kg·s^{-1}	0.11
加热段长度/m	4.0	进口温度/℃	280.0
直径/mm	10	加热通道数量	2
系统压力/MPa	25	联箱截面积/m^2	0.001
通道Ⅱ质量流量/kg·s^{-1}	0.11	联箱高度/m	0.2

第6章 超临界水并联通道两相流动不稳定性

系统处于稳定运行区间时,功率扰动仍然会导致系统流量发生周期性波动,但流量的波动幅值随时间逐渐变小,最终会消失。如图 6-51 所示,并联加热通道线热流密度为 $35\ \text{kW} \cdot \text{m}^{-1}$,在加热量发生一个微小扰动后,流量产生振荡。但随着时间的推移,在系统自身各项参数的作用下,流量振荡幅值逐渐降低,最终趋于零,系统重新回归稳态。因此可以将系统视为稳定的。

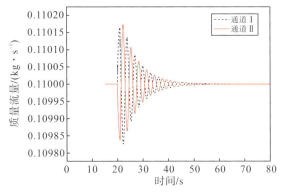

图 6-51 加热通道出口处流量随时间的变化($q_\text{L}=35\ \text{kW} \cdot \text{m}^{-1}$)

而当系统处于不稳定运行区间时,功率扰动引起流量的剧烈波动。如图 6-52 所示,并联加热通道线热流密度为 $40\ \text{kW} \cdot \text{m}^{-1}$,在加热量发生一个微小扰动后,流量产生振荡。与图 6-51 中所示工况不同的是,此时的流量振荡幅值随时间逐渐增大。两根并联加热通道的进出口处的流量波动幅值相等,相位差为 $180°$,为反相波动,如图 6-52 和图 6-53 所示。

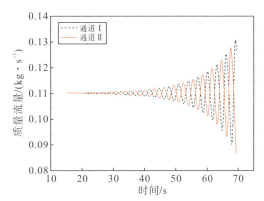

图 6-52 加热通道出口处流量随时间的变化($q_\text{L}=40\ \text{kW} \cdot \text{m}^{-1}$)

核动力系统的流动不稳定性

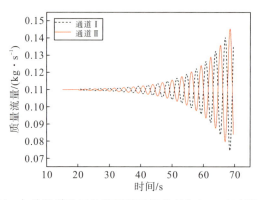

图 6-53　加热通道进口处流量随时间的变化（$q_L = 40 \text{ kW} \cdot \text{m}^{-1}$）

对比图 6-52 和图 6-53，加热通道进口处流体的流量波动幅值要大于出口处的流量波动幅值，其主要原因是加热通道进口处为低温流体区域，流体密度比出口处流体密度大，且进口流体黏度较大，导致其不可压缩性较强；另外进口处流体流速较慢，对流量扰动的响应能力较差。相反，加热通道出口处为高温流体区域，流体密度比进口处流体密度小，且出口处流体黏度较小，可压缩性较强；同时出口处流体流速较快，对流量扰动的响应能力较强，当流量发生改变时，出口流量能很快响应。因此扰动引起的进口流量波动相对较大，而且由于进出口处可压缩性不同导致进出口处的流量存在一定的相位差。

由图 6-54 所示的系统进出口流量随时间变化可以看出，在系统发生两相流动不稳定现象的初期，系统出口处总流量波动较小，可以认为是稳定的，随着加热通道内流量波动的加剧，系统出口处总流量波动逐渐加剧。即使在

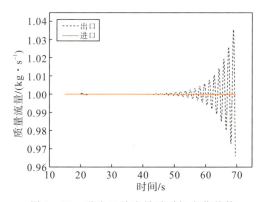

图 6-54　进出口总流量随时间变化趋势

第6章 超临界水并联通道两相流动不稳定性

流动不稳定性发生的后期，出口处总流量会产生较明显的波动（不足 4%），相对于此时加热通道内流量波动（大于 30%）仍然非常小，同样可认为其是稳定的。所以可以看出，从系统总流量的波动特性上，很难判定系统是否发生两相流动不稳定现象。即在系统总流量稳定时，系统加热通道间的流量可能已经开始发生脉动。这种脉动难以探测，非常隐蔽，对于反应堆的安全运行来说更加危险。

综合图 6-55 至图 6-59 可以看出：当系统发生两相流动不稳定现象时，两个加热通道流体密度、比焓、速度与流量的振荡趋势类似：随时间以稳态值为中心产生等幅值的发散振荡，其振荡幅值随着时间逐渐增大，而且两个加热通道内流体物性参数的脉动之间相位差为 180°。此特征与亚临界压力下的两相流动不稳定性非常相似。

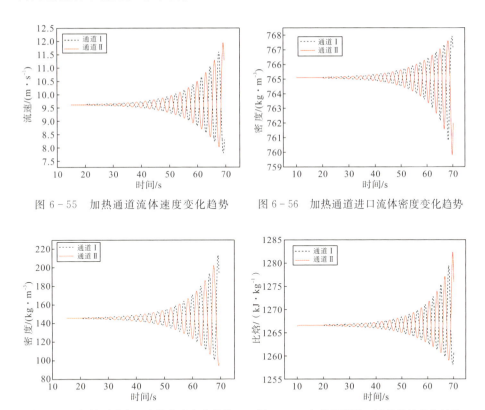

图 6-55　加热通道流体速度变化趋势　　图 6-56　加热通道进口流体密度变化趋势

图 6-57　加热通道出口流体密度变化趋势　　图 6-58　加热通道进口流体比焓变化趋势

从图 6-55 至图 6-59 比较中可以看出，加热通道出口的比焓、密度波动振幅要远远超过进口处的，这说明系统的不稳定点往往处于通道出口端或

核动力系统的流动不稳定性

者靠近通道出口端的高温区域，而此区域正是密度较小的区域，其物理性质相对单相水来说更类似于单相蒸汽。在该区域超临界水的比容对比焓的偏导数较大，即一个微小的焓值变化就会引发流体体积发生较大的变化。同时此区域的超临界水的密度较小，温度较高，使之具有非常好的可压缩性。而进口区域温度较低，密度较大，从而具有较好的刚性(不可压缩性)。当系统压力发生变化，压力在进口和出口处流体内的传播不一致，从而使得进口和出口处流体流量变化趋势不一致，振荡幅值也有所不同，进一步导致进口和出口处流体的其他物理参数振荡出现一定差异。

由图6-60可以看出，流体温度围绕稳态温度呈现一种幅值不等振荡。稳态温度上方区域的振荡幅值较大，而稳态温度下方区域内的振荡幅值较小。其主要原因如下：在对称加热条件下发生两相流动不稳定现象时，流体的比焓振荡是对称的(如图6-59所示)；而由于超临界水在拟临界点附近的定压比热有一个峰值，该区域内相同的比焓变化引起的温度变化较小；在远离拟临界点的区域，温度较高的区域内超临界水定压比热较小，相同的比焓变化引起较大的温度变化。如图6-60所示，出口处温度的波动非常剧烈(振荡幅值接近100℃)，相应地可能会导致通道壁温发生剧烈变化，从而会对核反应堆安全运行带来严重的危胁。因此，在核反应堆正常运行中应极力避免两相流动不稳定现象的发生。

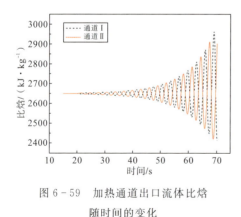

图6-59 加热通道出口流体比焓随时间的变化

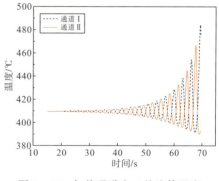

图6-60 加热通道出口处流体温度随时间的变化

系统发生两相流动不稳定性时，系统压力变化如图6-61所示。从图中可以看出，系统发生两相流动不稳定性时，系统的压力会发生一定的波动，但波动幅值非常小，可以认为此时系统的压力保持稳定。如图6-62所示，在两相流动不稳定性产生的初期，加热通道两端的压降呈等幅度的振荡，而在两相流动不稳定性产生的后期，并联加热通道两端的压降呈幅值不等的交替振荡，管间流量波动的相位差为180°。

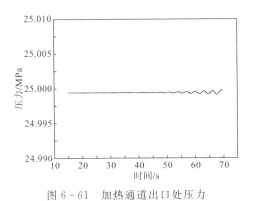

图6-61 加热通道出口处压力

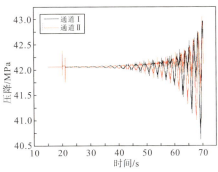

图6-62 加热通道进出口总压降

上述结果表明，亚临界水在并联通道内的两相流动不稳定性可以认为是密度波不稳定性。综合图6-51至图6-62可以看出，同样地，超临界压力下密度波不稳定性的产生可以认为是系统压力、流体密度、流量三个参数耦合作用和反馈导致的。当系统中上述三个参数发生周期性变化时，其相互的反馈影响就极易导致两相流动不稳定性的发生。

6.3.3 并联多通道两相流动不稳定性

核反应堆堆芯由多根并联组件构成，在亚临界并联多通道两相流动不稳定性的研究中发现，并联通道的数目会对系统的稳定性产生非常明显的影响。为方便计算，将并联堆芯通道简化成如图6-63所示上、下联箱并联多根加热通道结构。

针对直径1.0 cm、长度4.0 m、加热段长度4.0 m的并联四根加热通道结构，使用第5章介绍的小扰动法，分析其在25.0 MPa压力、进口温度280 ℃、进口总流量0.44 kg·s^{-1}（每一根加热通道的稳态流量为0.11 kg·s^{-1}）下的两相流动不稳定性。计算时，对并联四通道其中的一根通道（通道Ⅰ）的加热功率在20 s时施加一个

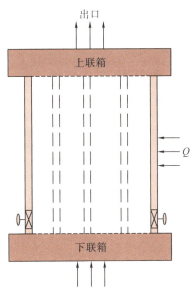

图6-63 并联堆芯通道结构

持续时间 1 s、幅度 0.1%的微小扰动。

系统对功率扰动的响应如图 6-64 至图 6-67 所示。在通道 I 的加热功率发生一个微小扰动后，所有加热通道流量发生振荡，并随着时间逐渐发散。对比图 6-52 和图 6-64 可以发现，并联多通道两相流量波动与并联双通道流量波动具有一定的相似性，即发生功率扰动的加热通道的流量波动与其他加热通道的流量波动仍然呈 180°的相位差。同时又有一定的特殊性，未发生功率扰动的加热通道流量的波动一致，而发生功率扰动的加热通道的流量波动幅值明显大于其他通道。系统总的进口流量恒定，加热通道 I 的流量波动幅值较其他通道的大。上述趋势意味着，当系统中一根加热通道的流体流量发生波动时，其余通道会以相同的趋势和波动对其进行响应。主要原因是未发生功率扰动的加热通道的流动边界（上、下联箱的压力差）和加热条件是相同的，从而其流量脉动为同一趋势。

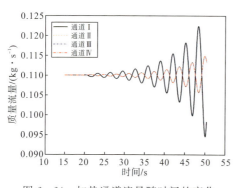

图 6-64 加热通道流量随时间的变化

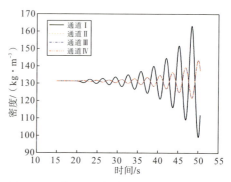

图 6-65 加热通道流体密度随时间的变化

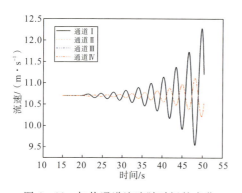

图 6-66 加热通道流速随时间的变化

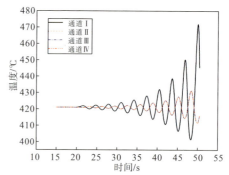

图 6-67 加热通道出口流体温度随时间的变化

第6章 超临界水并联通道两相流动不稳定性

并联通道流体的密度和速度振荡特性同其流量的振荡特性类似：发生功率扰动的加热通道的流体密度和速度波动与其他加热通道的流体密度和速度波动之间仍然有180°的相位差；未发生功率扰动的加热通道流体密度和速度的波动趋势一致，而发生功率扰动的加热通道流体的密度和速度波动幅值明显较大。

发生两相流动不稳定性时，出现功率扰动的加热通道出口处温度的振荡趋势与并联双通道出口处温度振荡类似，其温度围绕稳态温度呈现不等幅值振荡。稳态温度上方振荡幅值较大，而稳态温度下方振荡幅值较小，主要原因如下：首先该通道内流量波动较大，因此引发流体比焓波动较大。其次由于超临界水在拟临界点附近定压比热有一个峰值，相同的比焓变化引起的温度变化较小；而其在远离拟临界点的区域，定压比热较小，相同的比焓变化引起的温度变化较大。

在计算中发现流体所有状态量均围绕其稳态值上下波动，为更好地比较波动幅度的大小，本节特定义了无量纲参数：

$$\text{无量纲参数} = \frac{\text{参数瞬态值}}{\text{参数稳态值}} \quad (6-105)$$

根据上式，得到未发生扰动通道温度的无量纲参数随时间的变化趋势。如图6-68所示，与发生功率扰动的通道的温度变化趋势相比较，发现未发生功率扰动通道的温度呈等幅值振荡，而且变化幅值相对发生功率扰动的通道较小。主要原因是，所有未发生扰动的通道共同对发生功率扰动通道的流量脉动进行响应，导致其流量波动幅值较小；同时其加热功率不变，进而加热通道出口处的流体比焓波动较小；再者，未发生功率扰动的通道出口处流体的定压比热较大，而且其定压比热相对变化较小，所以该通道的温度幅值

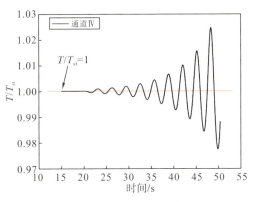

图6-68 加热通道出口温度无量纲参数随时间的变化

变化比较小。发生功率扰动的通道内流量波动较大，而且该通道出口处流体定压比热较小，导致其内流体温度波动幅值较大。因此，并联多通道系统发生两相流动不稳定性时，其中发生功率扰动的加热通道具有更大的安全隐患。

当通道数量继续增多时，其两相流动不稳定性与并联四通道两相流动不稳定性相似，即未出现功率扰动的加热通道流量的波动一致，而发生功率扰动的加热通道的流量波动幅值明显大于未发生功率扰动的通道。

加热通道的流体密度和速度的振荡特性同其流量的振荡特性类似，首先发生功率扰动的加热通道的流体密度和速度波动与其他加热通道的流体密度和速度波动之间仍有180°的相位差；其次未发生功率扰动的加热通道流体密度和速度的波动趋势一致，而发生功率扰动通道的流体密度和速度波动幅值明显大于其他未发生功率扰动通道的。发生功率扰动的加热通道出口处温度的变化同并联双通道出口处温度的变化趋势类似，即围绕稳态温度呈现一种不等幅值振荡，稳态温度上方振荡幅值较大，而稳态温度下方振荡幅值较小。

为研究通道数量对系统稳定性的影响，计算时对并联多通道的其中一根加热通道(加热通道Ⅰ)加热功率施加一个大小0.1%、持续时间1 s的人为扰动，观测系统运行一段时间之后流量的响应。由于所有加热通道的稳态流量是相同的，计算了所有通道的无量纲流量的变化趋势，可以更加直观明显地对系统所有通道的进出口流量进行比较，从而可以明确地比较加热通道数量不同的并联通道系统的稳定性。图6-69至图6-72给出了相同线热流密度$q_L = 40 \text{ kW} \cdot \text{m}^{-1}$下，并联通道数$N$不同时，发生功率扰动的加热通道的流量波动幅值和未出现扰动的加热通道的流量波动幅值对比。

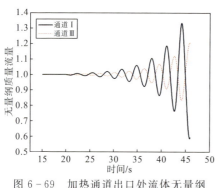

图6-69 加热通道出口处流体无量纲质量流量($N=3$)

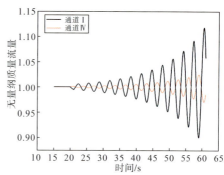

图6-70 加热通道出口处流体无量纲质量流量($N=5$)

第6章 超临界水并联通道两相流动不稳定性

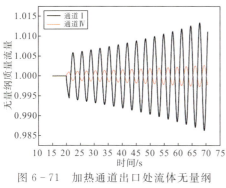

图 6-71 加热通道出口处流体无量纲质量流量（$N=6$）

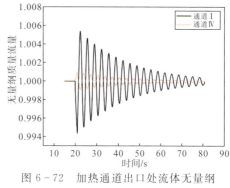

图 6-72 加热通道出口处流体无量纲质量流量（$N=7$）

可以发现，当通道数量为 3、5、6 时，功率扰动出现之后系统的加热通道的流量随时间呈现振荡发散的趋势。但是随着通道数量的增多，相同功率扰动引起的系统流量波动幅值逐渐降低。当通道数目为 7 时，系统流量波动幅值随时间逐渐变小，最终会消失。这说明，系统稳定性随着通道数量的增加而增强。主要由于随着通道数目的增加，并联通道两端总的压降，即上、下联箱的压力差增大，从而使得系统的稳定性更强。这与一些学者研究中得出的亚临界压力下加热通道数量对并联通道稳定性的影响趋势相反。

6.3.4 不对称加热条件下两相流动不稳定性

6.3.2、6.3.3 小节的计算结果均是在均匀热流密度且采取对称加热方式时得出的，在两相流动不稳定性的研究中发现加热方式对系统的稳定性产生重要的影响。本节针对图 6-63 中的并联通道结构系统，计算了并联通道结构体系在不对称加热条件下的两相流动不稳定性，计算结果如下。

计算工况如图 6-73 至图 6-78 所示，首先将并联通道的功率增加至 170 kW 并保持稳定。然后以每秒 1 kW 的速率增大通道 I 的加热功率至 230 kW，同时保持通道 II 的加热功率稳定于 170 kW。由图 6-73 可以看出，加热通道 I 的出口流量随着加热功率的增大而逐渐降低，当加热通道 I 的加热功率达到 230 kW 时，其出口流量随时间逐渐产生振荡，且振荡幅值逐渐增大，呈发散趋势。

核动力系统的流动不稳定性

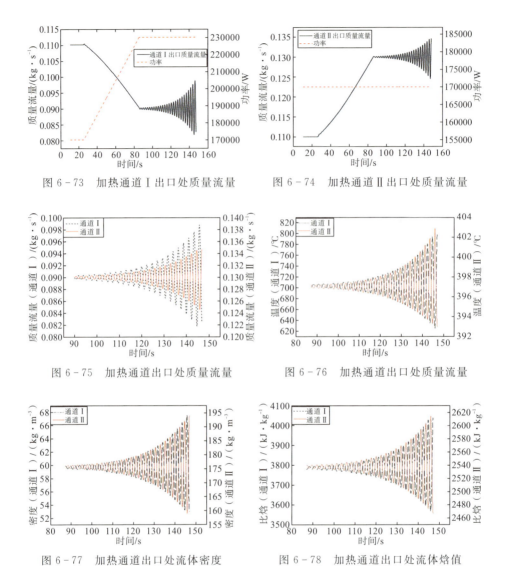

图 6-73 加热通道Ⅰ出口处质量流量

图 6-74 加热通道Ⅱ出口处质量流量

图 6-75 加热通道出口处质量流量

图 6-76 加热通道出口处质量流量

图 6-77 加热通道出口处流体密度

图 6-78 加热通道出口处流体焓值

下联箱进口处的总质量流量恒定,加热通道Ⅰ的流量振荡导致加热通道Ⅱ出口处的流量同样产生振荡。加热通道Ⅰ流量降低的主要原因是加热量的增大引起通道Ⅰ出口处的压力上升,同时加热通道Ⅰ和加热通道Ⅱ具有相同的边界条件(上、下联箱的压力),从而引起加热通道Ⅰ流量的减小和加热通道Ⅱ流量的增大。

不对称加热条件下与对称加热条件下的两相流动不稳定性具有一定的相似性,如图 6-75 所示。不对称加热条件下,加热通道Ⅰ和加热通道Ⅱ的出口处流量波动之间仍然有180°的相位差，两者反相振荡。主要的不同点在于，加热通道Ⅰ和加热通道Ⅱ的出口处流量波动幅值不同。主要原因是通道Ⅰ加热功率大，其出口处流体温度较高，密度较小，摩擦压降较小；而通道Ⅱ加热功率小，其出口处流体温度较低，密度较大，摩擦压降较大，从而使得通道Ⅱ和通道Ⅰ的流量波动幅值不等。随着通道Ⅰ的加热功率的增大，其出口处的拟相变数会增大，当其流量发生波动时，其出口处的拟相变数相应产生发散的振荡。

与对称加热条件下的两相流动不稳定性发生时流体温度趋势相似的是，通道Ⅰ和通道Ⅱ出口流体温度以180°相位差呈发散振荡。但不同的是，通道Ⅰ和通道Ⅱ出口流体温度波动幅值不等，通道Ⅰ出口处的流体温度波动幅值较大，而通道Ⅱ出口流体温度波动幅值较小，所以应主要关注加热量较大通道的流体状态。

不对称加热条件下的两相流动不稳定性现象发生时的流体密度和比焓的变化趋势与温度的变化趋势类似，即通道Ⅱ和通道Ⅰ出口流体密度和比焓相互之间呈现相位差为180°的发散振荡。通道Ⅱ出口流体比焓波动幅值较通道Ⅰ流体比焓波动幅值小，而其密度波动幅值较大。

综合图6-73至图6-78，可以将不对称加热条件下的两相流动不稳定性的规律总结如下：加热通道之间流体流量、温度、比焓、密度均呈现有规律的发散振荡，两个通道内流体物性状态的振荡之间相位差为180°；加热功率较大的通道的流体流量、温度、比焓的波动幅值较加热量较小通道的波动幅值大，而加热功率较大通道内的流体密度波动幅值较小，其原因有待进一步研究。

6.3.5 超临界压力下密度波不稳定性

两相流动不稳定性的研究表明，不仅系统的流动传热条件会对系统稳定性产生影响，而且并联通道的结构参数也会明显地影响系统稳定性。针对图6-63所示的并联通道结构系统，本节研究了系统运行参数包括系统压力、加热通道流量、加热热流密度，并联通道结构参数包括加热通道直径、进出口节流系数、上升段长度、进口段长度和加热段长度对系统稳定性的影响，通过系统的两相流动不稳定性边界比较各种参数对系统稳定性的影响。

Fukuda和Kobori[25]通过试验对并联通道的强迫循环和自然循环进行了研究，根据发生区域平衡含汽率的高低将亚临界压力下密度波不稳定性(density wave oscillation，DWO)进一步分为第一类密度波不稳定性和第二类密度

核动力系统的流动不稳定性

波不稳定性。第一类密度波不稳定性中系统的重位压降对系统的稳定性起决定作用，第二类密度波不稳定性中系统的摩擦压降对系统的稳定性起决定作用，同时压降对流量的波动起到一定的抑制作用。因此，研究超临界压力下密度波不稳定性的分类必须研究压降组成部分（摩擦压降和重位压降）对系统稳定性的影响。

为方便比较摩擦压降的大小，将摩擦因子分别假设为恒定值 0.02 和 0.025。由图 6-79 中的计算结果可以看出，当摩擦因子 f 假设为 0.025 时，系统两相流动不稳定性边界较 $f=0.02$ 时明显右移，说明随系统摩擦压降的增大，系统稳定性有所增强。

当流体水平流动时，重力加速度为零，重位压降为零，而系统两相流动不稳定性边界相较垂直向上流动时的不稳定性边界右移。其主要是由于水平流动时，重位压降为零，从而使得流速比垂直向上流动时快。流速增大进一步增大系统的摩擦压降，从而增强了系统稳定性。这说明系统稳定性主要受摩擦压降影响。

通过图 6-79 和图 6-80 的对比分析可以得出结论，超临界压力下的系统稳定性主要受系统的摩擦压降决定。这一特征与亚临界压力下第一类密度波不稳定性极为类似，即系统稳定性主要受系统的摩擦压降决定。因此，超临界压力下两相流动不稳定性可以归类为第一类密度波不稳定性。

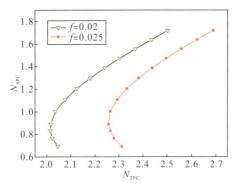

图 6-79 不同摩擦因子下系统两相流动不稳定性边界

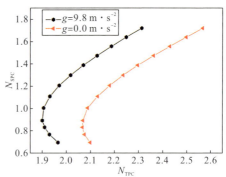

图 6-80 不同重位压降下系统两相流动不稳定性边界

1. 热工参数

1）热流密度

随着加热功率的增大，系统的稳定性呈减弱趋势。其主要原因是加热功率的增大,加剧了加热通道进出口之间的密度差,导致出口处流体物性与气体更加类似,进一步导致进出口流体的可压缩性能的差异增大,压力波在管内的传播有所不同,对相同的流量波动响应不一致,使得系统抗扰动能力降低,从而降低了系统稳定性。

2)系统压力

本节计算了通道直径为12 mm,加热通道稳态流量为 $0.1\ \mathrm{kg\cdot s^{-1}}$ 时,不同系统压力下的两相流动不稳定性边界和不稳定临界热流密度。如图6-81所示,不同压力下系统的不稳定性边界均呈现倾斜的"L"形,但是由于不同压力下拟临界点不相同,导致拟临界点处比容对比焓的偏导数在不同的压力下取值不同。从而不同压力下,相同的进口温度所对应的进口拟过冷度不同,导致系统的不稳定性边界会产生重合交叉。由图6-82系统临界不稳定热流密度随压力的变化,可明显看出,由于系统压力升高,超临界水黏度和密度相应增大,摩擦系数增大,进而系统总的压降增大,所以系统稳定性呈现增强的趋势。

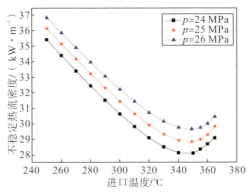

图6-81　不同压力下系统临界不稳定热流密度

3)系统流量

如图6-82所示为相同系统压力(25 MPa)、不同流量下的系统两相流动不稳定性边界,该图表明系统的稳定性随流量的增大而增强。原因有两方面:一方面,根据系统压降的计算公式,摩擦压降正比于系统流量,随着系统总流量的增大,加速压降也会增大,从而系统总的压降增大。另一方面,随着系统平均流速的增大,系统的扰动会更快地被带出系统,使得系统能迅速从扰动状态恢复到正常平稳运行状态,从而系统的稳定性随流量的增大而增强。

核动力系统的流动不稳定性

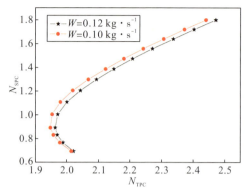

图 6-82 不同流量下系统两相流动不稳定性边界

2. 结构参数

1）通道直径

如图 6-83 所示为相同系统压力（25 MPa）和进口流量下不同通道直径时系统的两相流动不稳定性边界，表明系统的稳定性随加热通道直径的增大而降低。原因如下：一方面，根据系统压降的计算公式，摩擦压降反比于加热通道的直径，因此随着加热通道直径的减小，系统摩擦系数增大，导致系统总的压降增大，从而系统的稳定性增强。另一方面，相同流量下随着加热通道直径的减小，流体的平均速度增大，系统的压降增大，进而有助于增强系统稳定性。同时随着系统平均流速的增大，系统的扰动会被更快地带出系统，使得系统能迅速从扰动状态恢复到正常平稳运行状态，所以减小加热通道的直径有助于增强系统的稳定性。

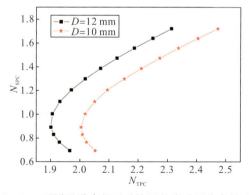

图 6-83 不同通道直径下系统两相流动不稳定性边界

2) 进口段和上升段长度

在亚临界压力下的两相流动不稳定性研究中发现，通道加热段的布置方式会对系统的稳定性产生明显影响，其中主要影响因素包括上升段长度（L_S）和进口段长度（L_E）。在超临界压力下，上升段长度和进口段长度也会对系统的稳定性产生明显的影响，如图 6-84 所示。

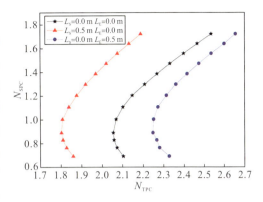

图 6-84　不同通道加热结构下系统两相流动不稳定性边界

从图 6-84 中可以看出，超临界压力下上升段长度和进口段长度对系统稳定性的影响与亚临界压力下非常类似。即随进口段长度的增长，系统稳定性增强；随上升段长度的增长，系统的稳定性降低。主要由于进口段内为温度较低、密度较大的流体，进口段的存在使通道低温流动区域增加，导致系统摩擦压降增大；而上升段内为温度较高、密度较小的流体，上升段的存在使通道高温流体流动区域增加，摩擦压降降低。

3) 进出口节流系数

进、出口处一些节流部件例如进口流量分配孔板、阀门等，会使系统的压降产生较明显的变化，引起额外的压力损失，进而对系统的稳定性产生明显影响。本节将节流部件等效成相应的节流系数用以计算节流时产生的压降变化。进口处节流部件可以增加加热通道总体压降，而相应地，出口处节流部件会降低整个系统的压降。从而随进口节流系数的增大，系统稳定性增强；随出口节流系数的增大，系统的稳定性降低，如图 6-85 所示。

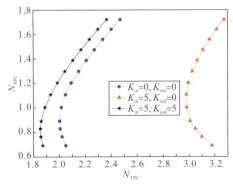

图 6-85　不同节流系数下系统两相流动不稳定性边界

核动力系统的流动不稳定性

3. 功率扰动

图 6-86 比较了加热功率增大或减小 0.1%的情况下(相应地,人为给定扰动幅值分别为 0.1%和-0.1%)系统的稳定性,可以看出,系统加热功率增大或减小 0.1%,系统的不稳定性边界几乎相同。这说明在幅值相同的扰动探测下,系统的不稳定工况点是相同的。

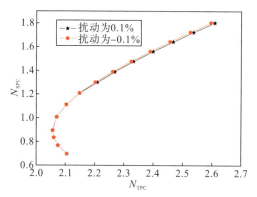

图 6-86 不同扰动下系统两相流动不稳定性边界

4. 亚临界

图 6-87 和图 6-88 为系统压力 4.18 MPa、进口温度 245 ℃下系统发生两相流动不稳定性时的通道参数变化情况。对比图 6-87 和图 6-88 可以看出,超临界压力下的并联通道系统两相流动不稳定性与亚临界压力下并联通道两相流动不稳定性具有明显区别。

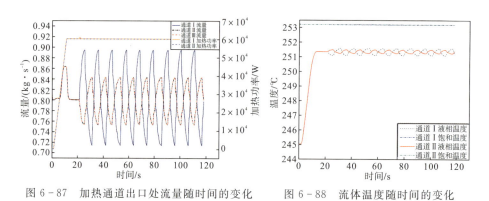

图 6-87 加热通道出口处流量随时间的变化　　图 6-88 流体温度随时间的变化

首先,在亚临界压力下系统会发生如图 6-89 所示的、流量振荡幅值相等的两相流动不稳定性,而在超临界压力下,并未发现有类似现象。

亚临界压力下，并联通道两相流动不稳定性发生时，流体主流温度和空泡份额的变化趋势如图 6-88 和图 6-89 所示。与超临界压力下不同的是，并联通道内两相流动不稳定性发生时，主流体温度波动较小。主要原因是此时流体发生相变，壁面传递的一部分热量被气液两相间相变的汽化潜热吸收，系统主流体温度不会剧烈变化，但通道出口处空泡份额会剧烈波动。亚临界压力下并联通道两相流动不稳定性发生时，加热通道内一部分液体仍未达到饱和沸腾，仍处于过冷沸腾状态。

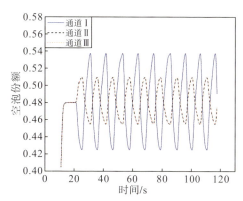

图 6-89 加热通道出口处空泡份额随时间的变化

6.3.6 小结

由于超临界水在拟临界点附近具有特殊物性，尤其是剧烈变化的流体密度，在特定的工况下极易导致系统发生两相流动不稳定性。本节针对并联通道结构，通过时域法，采用交错网格和一阶迎风差分技术编制计算机程序 TIMDO 研究了并联通道内超临界水两相流动不稳定性。根据计算结果可以得出以下结论：

(1) 在特定的运行工况下，超临界水在并联通道中会诱发两相流动不稳定性，主要发生的是密度波不稳定性，没有探测到流量漂移现象的发生；而在均匀加热的单管结构内流量漂移和密度波不稳定性均有可能发生。

(2) 通过研究压降各个组成部分对系统稳定性的影响，超临界压力下的密度波不稳定性可以认为是第一类密度波不稳定性，即其稳定性主要受系统的摩擦压降影响。

(3) 通过定义的无量纲参数得出了系统的不稳定性边界。系统不稳定性边界形状类似倾斜的"L"，与亚临界压力下的系统两相流动不稳定性边界形状相似，且在进口拟过冷度 0.9 附近存在一个明显的拐点，系统稳定性边界分

核动力系统的流动不稳定性

成明显的两个区域。在不同的进口拟过冷度区域，进口温度对系统稳定性的影响明显不同。在高进口拟过冷度区域，随着进口温度的增大，系统的稳定性降低。而在低进口拟过冷度区域，随着进口温度的增大，系统的稳定性增强。

(4) 研究系统热工参数和结构参数对系统稳定性的影响可以得出以下结论：随加热通道进口段的增长、总流量的增大、系统压力的增大及进口节流系数的增大，系统的稳定性增强；随上升段的增长、通道直径的增大和出口节流系数的增大，系统的稳定性降低。

(5) 并联多通道两相流动不稳定性发生时，出现扰动的管道内流体流量、密度、温度等物性波动幅值远远大于其他通道，其余通道内流体温度波动近似为等幅值振荡。

6.4 本章小结

对频域法和时域法所计算得到的超临界水冷堆 CSR1000 不稳定性边界进行对比，如图 6-90 所示，左边的两条曲线为采用时域分析法得到的 CSR1000 不稳定性边界图，右边三条曲线为采用频域分析法并对比不同的摩擦阻力系数公式得到的 CSR1000 不稳定性边界图。三种摩擦阻力系数公式分别为菲洛年科(Filonenko)公式，达西-魏斯巴赫(Darcy-Weisbach)公式，布拉修斯(Blausius)公式。从该图可以看出，频域法和时域法得到的不稳定性边界曲线形状相似，均可分为两个区域，分别对应流量漂移和密度波振荡两种不同类型的流动不稳定性。但两种方法得到的不稳定性边界位置存在着明显的差距，时域法得到的结果更加保守，而频域法计算的结果认为系统更加稳定。

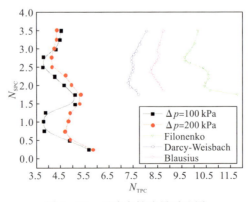

图 6-90 不稳定性边界对比图

第6章 超临界水并联通道两相流动不稳定性

通过仔细分析可知造成两者之间差距的主要原因在于：首先两种不同的分析方法采用的边界条件不同，频域法计算的边界条件为给定进口温度和进口流量，而时域法计算的边界条件为给定进口温度和进出口压力，即始终保持进出口压降为常数。因此，时域法计算了进出口压降分别为 100 kPa 和 200 kPa 下的反应堆不稳定性边界图，而在给定流量的正常运行工况下频域法计算的进出口压降可以达到 1038 kPa，即压降边界存在较大的差异。从时域法的计算结果可以看出，增加压降可以提高系统的稳定性，由此可知，因为频域法的压降边界高于时域法的压降边界，系统稳定性提高。其次，由于两种方法本身求解思路存在较大的差异，两相流动不稳定性的具体分析方法也有所不同。频域法是将两个流程看作堆芯两个不同的加热阶段，并采用单通道模型分别对两个流程的两相流动不稳定性进行分析，图 6-90 中频域法得到的曲线仅仅是针对第二流程得到的不稳定性边界图。时域法则是将两个流程看作一个整体耦合起来分析两相流动不稳定性，在给定进出口压力条件下，通过不断增加功率来寻找其不稳定性临界点。此外，由于计算条件的限制，时域法采用均匀加热，而频域法则按照给定的不均匀功率因子进行加热，两种方法不同的加热功率分布也会影响不稳定性边界的分布。

虽然时域法和频域法所得到的不稳定性边界存在一定的差异，但是反应堆运行时流体出口温度为 500 ℃，该温度所对应的无量纲参数为 $N_{TPC}=1.7109$、$N_{SPC}=1.556$，该点明显远离图 6-91 所示的不稳定运行区间，也就是说采用时域法和频域法计算分析的结果是统一的，即 CSR1000 在正常运行工况下处于稳定运行区域，不会发生两相流动不稳定性。

参考文献

[1] BUONGIORNO J, MACDONALD P E. Supercritical water reactor(SCWR), progress report for the FY-03 generation-IV R&D activities for the development of the SCWR in the US[R]. Idaho Falls: INEEL, 2003.

[2] 李满昌, 王明利. 超临界水冷堆开发现状与前景展望[J]. 核动力工程, 2006(02): 1-4, 44.

[3] PIORO I L, DUFFEY R B. Heat transfer and hydraulic resistance at supercritical pressures in power engineering applications[M]. New York: ASME Press, 2007.

[4] 严勇. 超临界水冷混合堆快谱组件研究与设计[D]. 上海: 上海交通大学, 2009.

[5] 姜涛，韩布兴. 超临界流体化学热力学[J]. 化学进展，2006(05)：657-669.

[6] 李昌莹，单建强，谭顺强，等. 超临界水热物性的快速计算方法[J]. 核动力工程，2008(02)：35-38.

[7] YI T T，KOSHIZUKA S，OKA Y. A linear stability analysis of super-critical water reactors，(Ⅰ) thermal-hydraulic stability[J]. Journal of Nuclear Science and Technology，2004，41(12)：1166-1175.

[8] YI T T，KOSHIZUKA S，OKA Y. A linear stability analysis of super-critical water reactors，(Ⅱ) coupled neutronic thermal-hydraulic stability[J]. Journal of Nuclear Science and Technology，2004，41(12)：1176-1186.

[9] TIN T Y，ISHIWATARI Y，LIU J，et al. Thermal and stability considerations of super LWR during sliding pressure startup[J]. Journal of Nuclear Science and Technology，2005，42(6)：537-548.

[10] YI T T，ISHIWATARI Y，KOSHIZUKA S，et al. Startup thermal analysis of a high-temperature supercritical-pressure light water reactor[J]. Journal of Nuclear Science and Technology，2004，41(8)：790-801.

[11] CAI J，ISHIWATARI Y，IKEJIRI S，et al. Thermal and stability considerations for a supercritical water-cooled fast reactor with downward-flow channels during power-raising phase of plant startup[J]. Nuclear Engineering and Design，2009，239(4)：665-679.

[12] ZHAO J Y，SAHA P，KAZIMI M S. Stability analysis of supercritical water cooled reactors[M]. Cambriolge：Massachusetts Institute of Technology，2005.

[13] ZHAO J Y，SAHA P，KAZIMI M S. One dimensional thermal-hydraulic stability analysis of supercritical fluid cooled reactors[C]//12th International Conference on Nuclear Engineering. New York：ASME，2004：259-268.

[14] ZHAO J Y，TSO C，TSENG K. SCWR single channel stability analysis using a response matrix method[J]. Nuclear Engineering and Design，2011，241(7)：2528-2535.

[15] AMBROSINI W. On the analogies in the dynamic behaviour of heated channels with boiling and supercritical fluids[J]. Nuclear Engineering and Design，2007，237(11)：1164-1174.

第6章 超临界水并联通道两相流动不稳定性

[16] AMBROSINI W. Discussion on the stability of heated channels with different fluids at supercritical pressures[J]. Nuclear Engineering and Design, 2009, 239(12): 2952-2963.

[17] AMBROSINI W, FERRERI J C. Prediction of stability of one-dimensional natural circulation with a low diffusion numerical scheme[J]. Annals of Nuclear Energy, 2003, 30(15): 1505-1537.

[18] AMBROSINI W, SHARABI M. Dimensionless parameters in stability analysis of heated channels with fluids at supercritical pressures[J]. Nuclear Engineering and Design, 2008, 238(8): 1917-1929.

[19] AMBROSINI W, SHARABI M B. Assessment of stability maps for heated channels with supercritical fluids versus the predictions of a system code[J]. Nuclear Engineering and Technology, 2007, 39(5): 627.

[20] AMBROSINI W, BILBAO Y L S, YAMADA K. Analysis of the IAEA benchmark exercise on flow stability in heated channels with supercritical fluids[C]//Proceedings of ICAPP 2011. Paris: SFEN, 2013: 146-152.

[21] GÓMEZ T O, CLASS A, LAHEY R T, et al. Stability analysis of a uniformly heated channel with supercritical water[J]. Nuclear Engineering and Design, 2008, 238(8): 1930-1939.

[22] ISHIWATARI Y, OKA Y, KOSHIZUKA S. Safety of the super LWR [J]. Nuclear Engineering and Technology, 2007, 39(4): 257.

[23] ISHII M, ZUBER N. Thermally induced flow instabilities in two phase mixtures[C]//Proceedings of the 4th International Heat Transfer Conference. Versailles: Elsevier Publishing CO., 1970: 1-12.

[24] LAHEY R T, PODOWSKI M Z. On the analysis of various instabilities in two-phase flows[J]. Multiphase Science and Technology, 1989, 4(1-4): 183-370.

[25] FUKUDA K, KOBORI T. Classification of two-phase flow instability by density wave oscillation model[J]. Journal of Nuclear Science and Technology, 1979, 16(2): 95-108.

>>> 第 7 章
流量脉动条件下的临界热流密度

7.1 概述

流动沸腾传热是单一流体工质伴随气液相变过程的传热形式[1]。流体相变在带来巨大相变潜热显著提升换热能力的同时,也存在两个关乎传热系统安全的严重缺陷。

(1)流体沸腾相变中气液两相间的显著密度及摩擦阻力特性差异给传热系统带来两相流动不稳定性,导致传热系统中出现流量和压力波动、壁温振荡、热疲劳等两相流动不稳定现象。

(2)流体相变产生换热热阻较大的气相是触发换热表面沸腾危机的根本原因,进而导致加热壁面壁温飞升、管壁烧毁。

这两种伴随流动沸腾的现象严重威胁传热系统的安全,极大地限制了流动沸腾传热的应用场景和工作工况范围。同时,两相流动沸腾传热中的两相流动不稳定性也可能提前触发沸腾危机[2-5]。在核电站功率瞬态及事故工况时或者船用核动力传热系统自然循环低功率运行时都可能在核动力系统内出现各种两相流动不稳定性,在较低换热热流密度下提前触发沸腾危机。为了保证复杂外部或内部工况所引起的两相流动不稳定性条件下的高热流密度传热系统的安全,对两相流动不稳定性条件下的临界热流密度特性研究有着非常重要的经济及安全意义。

本章基于已有稳态及瞬态临界热流密度(CHF)试验和理论研究基础,对流量脉动条件下单通道的临界热流密度进行探索性的试验研究和理论分析,这对复杂工况下核动力系统的安全有重要意义。

7.2 试验研究

7.2.1 试验回路

本章开展的两相流动不稳定性条件下临界热流密度试验是在如图 7-1 所示的热工水力试验回路平台上进行的。整个试验回路主要包括高压循环主泵、稳压系统、蛇形管预热器、U 形管预热器、质量流量计、流量脉动发生系统、试验段、冷却系统、补水系统、电加热系统和测量系统等。其特点是拥有可以调节脉动幅值和脉动周期的柱塞式流量脉动发生器。

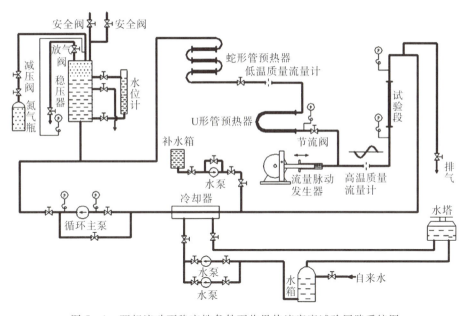

图 7-1　两相流动不稳定性条件下临界热流密度试验回路系统图

1. 水处理系统

热工水力试验回路中存在大量的直接通电加热管段。为了保证试验过程的安全，试验回路中的工质采用高纯度去离子水。试验前必须采用 DDS-11A 型电导率仪对储水箱内去离子水的水质进行检测。要求储水箱内去离子水的电导率低于 $1.0\ \mu S/cm$，才能将其经过给水泵打入试验回路中。

2. 稳压系统

试验过程中整个闭式热工水力试验回路内的系统压力由主泵出口处的稳压系统进行调节维持。如图 7-1 所示，稳压系统主要由高压氮气瓶、减压阀、不锈钢稳压器、水位计、手动放气阀及安全阀组成。在试验准备阶段，利用回路排气的过程将高压氮气瓶内的高压氮气通过减压阀注入稳压器的顶部，并将稳压器内的液位维持在容器高度的 1/2 至 2/3。试验过程中通过氮气瓶上的减压阀和稳压容器顶部放气阀向稳压顶部充放氮气，将回路压力调节至预定试验压力值。

3. 电加热系统

本试验主要采用低电压大电流的直接电加热方式对试验回路内工质进行升温控制。整个回路的电加热系统分为预热段的交流电加热系统和试验段的直流电加热系统两部分。为了达到较高的试验段进口流体比焓，预热段由蛇形管预热段和 U 形管预热段两部分组成，逐级稳定提高回路内流体温度。

4. 冷却系统

经过预热段和试验段加热后的高温流体工质由一个与试验主回路独立的闭式循环冷却回路来进行冷却。冷却回路由壳管式冷却器、两台并联冷却水循环泵、水塔、水箱及相应的管道组成。

5. 流量脉动发生器

在试验段进口处产生各种恒定周期和幅值的正弦流量脉动是保证流量不稳定性条件下临界热流密度试验成功的关键。在试验过程中，为了达到要求的试验工况范围，笔者团队自行设计加工了一台能够产生标准正弦流量脉动，并且脉动幅值和脉动周期可以方便调节的柱塞式流量脉动发生器。

流量脉动发生器的工作原理是通过连接在主回路上柱塞往返运动，不间断地将回路中流体抽入柱塞缸后再重新打入回路中，从而在主流的平均流量上叠加脉动流量。整个流量脉动发生器由动力控制组件、运动转换组件和柱塞缸筒套件三大部分构成。

图 7-2 中给出了流量脉动发生器各部件的组装图，该柱塞式流量脉动发生器已获得了国家发明专利授权（CN101403406A）[6]。图中零件 15 在零件 12 之前、零件 16 之后，以此图视角无法显示。

第7章 流量脉动条件下的临界热流密度

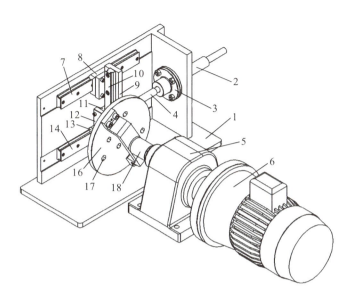

1—基座；2—缸筒；3—缸筒端盖；4—柱塞杆；5—减速器；6—电动机；7—导向直线导轨；8—导向滑块；9—推进导轨基座；10—推进直线导轨；11—推进滑块；12—推进滑块基座；13—导向滑块；14—导向直线导轨；15—推进轴；16—转盘；17—定位孔；18—输出轴连接提手。

图7-2 柱塞式流量脉动发生器结构图

在工作状态下，柱塞杆由推进滑块基座带动在缸筒内做往复直线运动，不断将回路中流体吸入和推挤出缸筒，在缸筒前端出口处形成脉动流量。柱塞杆的往复运动瞬时速度即为推进轴水平方向的速度分量 u_1：

$$u_1 = 2\pi f R \sin(2\pi f t) \tag{7-1}$$

式中，u_1 为推进轴水平方向瞬时速度，m·s^{-1}；R 为推进轴在转盘上的转动半径，m；f 为圆盘转动频率，Hz；t 为推进轴与起始转动相位的间隔时间，s。

对于试验段进口前的单相水，其压缩性可以忽略。因此，试验段进口流量的脉动值 ΔG 可以表示为

$$\Delta G = u_1 \cdot \rho \pi r^2 = 2\pi f R \cdot \rho \pi r^2 \sin(2\pi f t) \tag{7-2}$$

式中，ΔG 为流量脉动发生器产生的流量脉动，kg·s^{-1}；ρ 为流体密度，kg·m^{-3}；r 为柱塞杆半径，m。

流量脉动 ΔG 为一标准的正弦波，流量脉动的周期 τ 由数字变频器控制，可以表示为

$$\tau = \frac{1}{f} \tag{7-3}$$

式中，τ 为流量脉动的周期，s。

流量脉动的幅值 ΔG_{max} 为

$$\Delta G_{max} = \frac{2\rho\pi^2 r^2 R}{\tau} \tag{7-4}$$

如图 7-1 所示，流量脉动发生器被安装在 U 形管预热器出口与试验段进口之间的试验回路上。在流量脉动发生器与 U 形管预热器出口之间设置一节流阀门，在节流阀门前后两端产生大幅压降，使流量脉动发生器产生的脉动流量向下游试验段进口处传播。在流量脉动发生器上游的试验主回路内，屏蔽泵驱动主回路流体以恒定流量 G_{av} 流动。在节流阀门后，U 形管预热段出口处的恒定流量 G_{av} 与流量脉动发生器产生的正弦流量脉动 ΔG 叠加后，以一定脉动幅值进入试验段。试验段进口流量 G 的表达式如下：

$$G = G_{av} + \Delta G = G_{av} + \sin\left(\frac{2\pi t}{\tau}\right)\Delta G_{max} \tag{7-5}$$

式中，G 为试验段进口流量，$kg \cdot s^{-1}$；G_{av} 为试验回路平均流量，$kg \cdot s^{-1}$。

测量临界热流密度的试验段为 2 根内径分别为 10 mm 和 6 mm，壁厚为 2 mm 的 1Cr18Ni9 不锈钢竖直圆管。如图 7-3 所示，试验段分为绝热进口段、加热段和绝热上升段三部分。试验加热段由低电压大电流的数字直流电

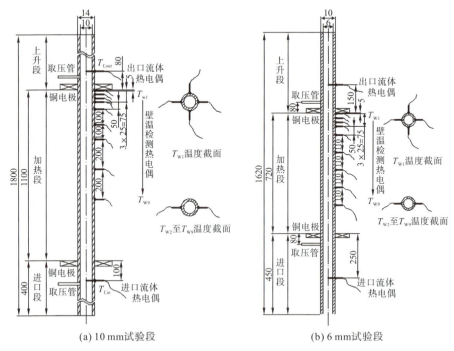

图 7-3　10 mm 及 6 mm 试验段结构示意图（单位：mm）

源直接通电进行加热。加热段两端采用银钎焊与 6 mm 厚的铜电极板焊接，极大降低了加热段与两端铜电极间的接触电阻，减少了接触面处的电功率损失。在绝热进口段和上升段的流道中心分别布置镍铬-镍硅铠装热电偶来监测记录试验加热段进口流体温度($T_{f,in}$)和出口流体温度($T_{f,out}$)。在加热段外侧，靠近电极板处分别布置了上、下 2 个取压管，用来采集、记录试验段进口压力及试验加热段沿程压降。为了监测流量脉动条件下管壁温度的波动特性并判断沸腾危机的起点，从加热段出口沿轴向方向在加热段圆管外管壁依次布置 9 个壁温测量截面，测量温度 T_{w1}，T_{w2}，…，T_{w9}。由于加热段直接通电加热，管壁热流密度沿轴向均匀分布，沸腾危机一般出现在加热段出口端面。壁温测量截面的间距也是从出口到进口方向依次增大。其中，最靠近试验加热段出口端的壁温测量截面(T_{w1})，仅布置在出口端电极板下方 5 mm 处，且在外管壁周向布置了 4 个镍铬-镍硅热电偶。

7.2.2 试验方法及步骤

在内径为 10 mm 和 6 mm 的竖直不锈钢圆管试验段上进行了恒定进口过冷度下，进口流量正弦脉动时的临界热流密度试验。试验操作流程如下：

(1) 启动试验回路中的测量系统，在计算机的数据采控平台上检测输入测量信号，调整相关试验测量设备至一切正常。

(2) 启动补水回路上的注水泵，将储水箱内合格的去离子水注入试验回路。在注水过程中，分别从回路高点排气管、稳压器顶端、屏蔽主泵顶部及流量脉动发生器处进行排气；与试验段连接的压力变送器和差压变送器也要从其排气阀处排气。排气过程重复多次，直至确保主回路及屏蔽泵中无气后，停止排气并关闭补水回路。

(3) 启动与主回路内冷却器相连的冷却回路。

(4) 将氮气瓶内高压高纯氮气经减压阀缓慢充入稳压器顶部，回路内多余去离子水经屏蔽泵顶端排出。观测稳压器上的水位计，将液位稳定于稳压器 1/2～2/3 高度后，逐渐提升稳压器内氮气压力至试验所需的压力值。

(5) 按屏蔽泵启动规程启动主回路上的屏蔽泵。启动过程中注意观测屏蔽泵是否处于正常工作状态，观察屏蔽泵进出口压差，应保持在 1.5 个标准大气压左右，并监听叶轮运转声音。

(6) 调节屏蔽泵出口试验回路上的流量调节阀及旁通支路上的调节阀，通过观察质量流量计信号，使试验段进口流量达到该试验工况下进口脉动流量的平均流量值。

(7) 逐渐提升蛇形管预热器、U 形管预热器的加热电功率，缓慢提升流

核动力系统的流动不稳定性

体温度,使试验段进口处的流体温度达到并维持在试验工况所需要的进口流体过冷度。

(8) 启动直流电源提升试验加热段电功率,进行热平衡试验。测量并记录试验段热效率后,关闭直流电源。

(9) 设置柱塞缸筒组件中柱塞杆半径 r 及推进滑块的转动半径 R,确定流量脉动幅值;设置变频器输出频率 f,确定流量脉动的频率;然后启动流量脉动发生器,在试验主回路的平均流量上叠加设定幅值和频率的正弦流量脉动。

(10) 启动直流电源,在数据采控系统监测控制下,逐渐阶梯状提升加热功率。加热功率的提升要缓慢,在保证当前工况稳定后,才能进一步提升功率。功率提升过程中,数据采控系统自动对各试验参数(进口脉动流量,壁温截面外管壁温波动等)的变化进行测量记录;监测功率提升过程中管壁壁温的波动,在判定试验段内沸腾危机发生后通过数据采控系统紧急切断直流电源输出;记录并保存沸腾危机发生时刻的试验工况及加热电功率。由于试验加热段功率上升过程中,回路内流体温度的升高,会引起回路压力的变化,可通过适量充放稳压器顶端的氮气,保证在整个试验进程中压力基本恒定。

(11) 维持系统压力、平均进口流量恒定,改变变频器输出频率 f,重复步骤(10),进行不同流量脉动周期下的临界热流密度测量。

(12) 维持系统压力、平均进口流量恒定,通过改变推进滑块的转动半径 R 及柱塞缸筒组件中柱塞杆半径 r,重复步骤(10)和(11),进行不同流量脉动幅值下的临界热流密度测量。

(13) 依次改变试验参数(平均进口流量、试验系统压力),重复步骤(4)~(12),在试验工况范围内完成设定的正弦流量脉动下竖直圆管中临界热流密度的测量。

试验参数范围如表 7-1 所示。

表 7-1 试验参数范围

试验参数	范围
系统压力 p/MPa	0.5~3.5
平均质量流速 G_{av}/(kg·m^{-2}·s^{-1})	90~500
进口过冷度 T_{in}/℃	55
相对脉动幅值 $\Delta G_{max}/G_{av}$	0~3.5
脉动周期 τ/s	1~11

7.2.3 流量脉动下的临界热流密度特性试验研究

为了对比分析流量的脉动相较稳定流动在沸腾危机时对临界热流密度的影响,将流量脉动下的临界热流密度与平均流量的稳定流动下临界热流密度之比定义为无量纲临界热流密度:

$$F_p = \frac{q_{p,\text{CHF}}}{q_{\text{av,CHF}}} \quad (7-6)$$

式中,F_p 为间歇型干涸相对临界热流密度(CHF);$q_{p,\text{CHF}}$ 为进口流量正弦脉动下的间歇型干涸临界热流密度,$\text{kW} \cdot \text{m}^{-2}$;$q_{\text{av,CHF}}$ 为稳定流动下进口流量为脉动流量平均值时的临界热流密度,$\text{kW} \cdot \text{m}^{-2}$。

$$F_c = \frac{q_{c,\text{CHF}}}{q_{\text{av,CHF}}} \quad (7-7)$$

式中,F_c 为持续型干涸相对临界热流密度(CHF);$q_{c,\text{CHF}}$ 为进口流量正弦脉动下的持续型干涸临界热流密度,$\text{kW} \cdot \text{m}^{-2}$。

下面将对进口流量脉动时的脉动周期、相对脉动幅值、平均质量流速及系统压力对间歇型干涸相对 CHF(F_p)和持续型干涸相对 CHF(F_c)的影响分别进行系统分析。

1. 脉动周期及相对脉动幅值对 F_p 的影响

图 7-4 中给出了不同脉动周期下的 F_p 及 F_c 随相对脉动幅值 $\Delta G_{\max}/G_{\text{av}}$ 的变化曲线。由图 7-4(a)、(b)、(c)及(d)中可以看出:在各脉动周期下,当相对脉动幅值 $\Delta G_{\max}/G_{\text{av}} > 0$,即进口流量发生脉动时,间歇型干涸相对 CHF($F_p$)明显低于 1;并且随 $\Delta G_{\max}/G_{\text{av}}$ 的增大,F_p 发生显著的减小;在小 $\Delta G_{\max}/G_{\text{av}}$ 下,短脉动周期下的 F_p 减小速度较快;但随 $\Delta G_{\max}/G_{\text{av}}$ 的增大,短脉动周期下的 F_p 减小速度迅速衰减,趋近于一个高的阈值 $F_{p,\lim}$;长脉动周期下的 F_p 在大 $\Delta G_{\max}/G_{\text{av}}$ 下持续减少,趋近的阈值低于短脉动周期下的 $F_{p,\lim}$。

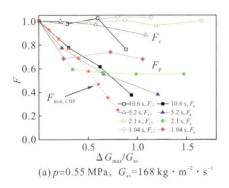

(a) $p=0.55$ MPa,$G_{\text{av}}=168 \text{ kg} \cdot \text{m}^{-2} \cdot \text{s}^{-1}$

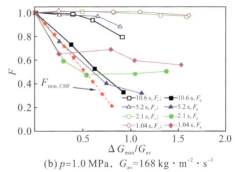

(b) $p=1.0$ MPa,$G_{\text{av}}=168 \text{ kg} \cdot \text{m}^{-2} \cdot \text{s}^{-1}$

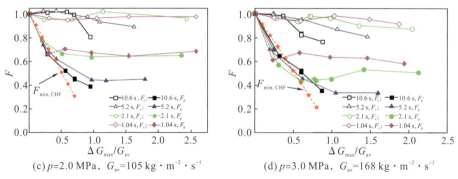

(c) $p=2.0$ MPa, $G_{av}=105$ kg·m^{-2}·s^{-1} (d) $p=3.0$ MPa, $G_{av}=168$ kg·m^{-2}·s^{-1}

图 7-4 流量脉动时 F_p 及 F_c 随 $\Delta G_{max}/G_{av}$ 和 τ 的变化

间歇型干涸判别方法：间歇型干涸由进口流量脉动导致环状流区域液膜波动使波谷处的液膜蒸干所触发。图 7-5 中给出 Okawa 试验[7]中记录的稳定流动及进口流量脉动所带来的环状流区域液膜的波动特性曲线。对于进口流量恒定的稳态工况，管道内流体进入环状流区域后，随含汽率的逐渐提升，汽芯流速迅速提高。液膜-汽芯的交界面上汽芯与液膜流速差逐渐增大，气液交界面上发生开尔文-亥姆霍兹（Kelvin-Helmholtz）不稳定现象，在液膜表面上产生小的扰动。在进口流量周期脉动条件下，环状流区域内液膜流速产生同频波动，导致液膜厚度发生同周期的大幅波动。

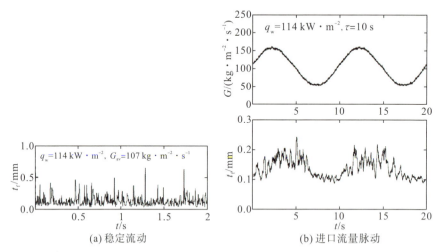

(a) 稳定流动   (b) 进口流量脉动

图 7-5 稳定流动及进口流量脉动时环状流区域内的液膜厚度波动

图 7-5 中，进口流量脉动带来的液膜波动幅值明显大于液膜表面处 Kelvin-Helmholtz 不稳定现象的波动幅值。稳定流动工况下，随加热功率的进一步增加，液膜厚度因蒸发或夹带而逐渐减小。稳定流动下间歇型干涸，

第7章 流量脉动条件下的临界热流密度

一般认为在出口处液膜厚度接近 0 时,扰动液膜波谷底部被触发。随后液膜消失,壁温持续飞升,产生持续型干涸。在流量脉动条件下,进口流量脉动带来了大幅液膜波动,在波动谷底处液膜被瞬态蒸干时,管壁裸露在蒸汽中,壁温产生飞跃。随着波峰液膜的到来,管壁又重新被润湿,管壁壁温回落。管壁随流量脉动间歇地裸露在蒸汽中导致壁温周期脉动,触发间歇型干涸。

在准稳态假设下,进口脉动流量 $[G_{av}+\Delta G_{max} \cdot \sin(2\pi t/\tau)]$ 在 t_0 时刻带来的出口液膜厚度等于相同管壁热流密度下稳定流量 $[G_{av}+\Delta G_{max} \cdot \sin(2\pi t_0/\tau)]$ 对应出口液膜厚度。进口流量脉动引发液膜波谷处产生间歇型干涸时的热流密度 $q_{p,CHF}$,应为进口脉动波谷流量 $(G_{av}-\Delta G_{max})$ 对应的稳态临界热流密度 $q_{min,CHF}$。

在图 7-4 中进口脉动波谷流量对应的稳态相对临界热流密度定义如下:

$$F_{min,CHF}=\frac{q_{min,CHF}}{q_{av,CHF}} \tag{7-8}$$

式中,$F_{min,CHF}$ 为进口脉动波谷流量稳态相对临界热流密度。

在图 7-6 中,进口的流量脉动导致环状流区域不同液膜厚度处的液膜流速间存在速度差。随着向出口处的流动,液膜波谷速度 u_{f1} 与波峰速度 u_{f2} 间速度差带来了液膜波动的轴向搅混,从而导致在环状流区域液膜波动幅值逐渐衰减。在环状流区域,液膜波峰与液膜波谷发生相互影响所需要的距离 z_0,与液膜波峰波谷间的轴向距离 $\frac{\tau u_{f1}}{2}$ 成正比,与其相对速度差 $\frac{u_{f2}-u_{f1}}{u_{f2}}$ 成反比,则 z_0 可以表示为

$$z_0=\frac{\tau u_{f1} u_{f2}}{2(u_{f2}-u_{f1})} \tag{7-9}$$

式中,u_{f1} 为液膜波谷流速,$m \cdot s^{-1}$;u_{f2} 为液膜波峰流速,$m \cdot s^{-1}$。

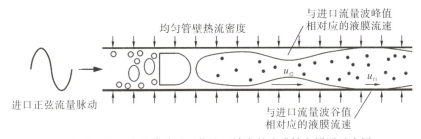

图 7-6 进口流量脉动时环状流区域内的液膜轴向搅混示意图

相同脉动周期下,随相对脉动幅值增大,环状流区域液膜波峰流速 u_{f2} 与波谷流速 u_{f1} 的速度差变大,波峰与波谷处液膜发生相互影响所需要的距离 z_0

减小。大脉动幅值下，液膜波动衰减较严重，导致随 $\Delta G_{max}/G_{av}$ 的增大 F_p 衰减速率减缓，而逐渐偏离 $F_{min,CHF}$，流量脉动下各脉动周期的 F_p 处于 $F_{min,CHF}$ 和 1 之间。

相同平均质量流速的等幅值流量脉动下，周期短的流量脉动对应液膜波动影响距离 z_0 较短。因此，环状流区域内短周期下的液膜波动在大脉动幅值时迅速衰减，短周期下的 F_p 在大脉动幅值下趋近于较高的衰减阈值。

图 7-4 中显示：在小 $\Delta G_{max}/G_{av}$ 区域，特别是小脉动周期下流量脉动的 F_p 会低于波谷流量对应下的稳态流动 $F_{min,CHF}$。在环状流区域，液膜厚度受液膜蒸发及液滴夹带的影响，液滴夹带一般认为由汽芯将液膜表面的波动峰剪切后卷带入汽芯主流内部形成，而进口流量脉动及 Kelvin-Helmholtz 不稳定性在环状流区域产生的液膜波动的波峰正是液滴夹带发生的主要位置。同时，进口的流量脉动所带来的液膜波动极大提高了液膜与汽芯的接触表面。进口流量脉动下环状流区域液膜的明显波动，将强化液膜表面处的液滴夹带。因此，在环状流初期汽芯内部还未达到平衡夹带份额前，液膜波动下的高夹带率导致液膜平均厚度会低于稳定流动下的液膜厚度。在小 $\Delta G_{max}/G_{av}$ 区域，液膜搅混强度不高，出口处液膜波动衰减不明显。液膜平均厚度的减小导致间歇型干涸触发时的 CHF 可能低于波谷流量对应下的稳态流动 CHF。

2. 脉动周期及相对脉动幅值对 F_c 的影响

管道出口处间歇型干涸发生后，随管壁热流密度的增大，在环状流液膜波谷处出现周期性短暂干涸现象。在图 7-7(a)、(b)和(c)中给出了在 $\tau=10.6$ s 的流量脉动下，间歇型干涸发生后，随管壁热流密度 q 的提升，出口温度截面 1 及温度截面 6 处管壁温度波动的特性曲线。

在图 7-7(a)、(b)和(c)中，壁温波动时间 t_p 定义为一个脉动周期中壁温高出壁温谷底温度 1% 的持续时间。壁温波动幅值 T_p 定义为在一个壁温波动时间 t_p 下，壁温波动的幅值。在间歇型干涸发生后，随管壁热流密度 q 的提升，出口截面 1 处壁温波动时间及幅值逐渐增大。在图 7-7(d)中，出口截面 1 处壁温波动的时间 t_p 也随管壁热流密度的提升，逐渐逼近流量脉动周期 $\tau=10.6$ s。同时出口截面上游管壁也逐渐发生壁温波动，间歇型干涸逐渐向上游传递。

随管壁热流密度的增大，环状流起始点逐渐向管道进口端迁移，出口端各温度截面处的液膜平均厚度减小，各截面处向上游方向依次发生间歇型干涸。同时由于液膜平均厚度的减小，间歇型干涸发生后，波峰液膜需要更长时间来重新润湿管壁。管壁干涸时间段变长，带来壁温波动幅值的增大。在

图 7-7(c)中，出口截面 1 处壁面波动幅值 T_p 可达 150.7 ℃，峰值温度超过 400 ℃。间歇型干涸在高管壁热流密度下，给加热管壁带来了剧烈的热冲击，给传热系统带来非常大的安全隐患。

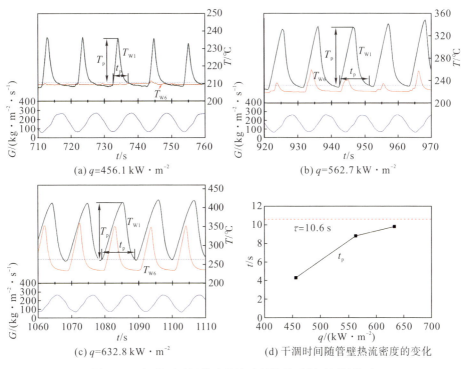

图 7-7 间歇型干涸的壁温波动幅值及干涸时间随管壁
热流密度的变化（$\Delta G_{max}/G_{av}=0.59$）

环状流区域液膜波谷处的间歇型干涸，随热流密度的增大给管壁带来明显壁温波动。随热流密度进一步提升，壁温波动时间逐渐趋近进口流量脉动周期，壁温波动峰值逐渐增大，最终触发持续型干涸。图 7-4 中在各流量脉动周期下，当相对脉动幅值 $\Delta G_{max}/G_{av}<0.6$ 时，F_c 基本维持在 1；即小进口流量脉动时，持续型干涸 CHF 相对平均流量下的稳态 CHF 基本不变；流量脉动周期分别为 10.6 s 与 5.2 s 时，随 $\Delta G_{max}/G_{av}$ 的增大，F_c 发生了显著的减小；流量脉动周期分别为 2.1 s 与 1.04 s 时，随 $\Delta G_{max}/G_{av}$ 的增大，F_c 略有减小。

图 7-8 中给出了不同脉动周期及脉动幅值的进口流量脉动下，持续型干涸发生前，管壁出口壁温 T_{W1} 波动的峰值 $T_{W1,CHF}$。

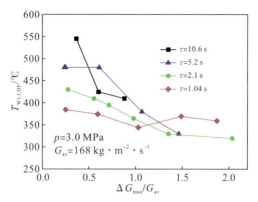

图 7-8 流量脉动下持续型干涸发生前管壁出口壁温 T_{W1} 波动的峰值

在图 7-8 中可以看出：持续型干涸发生前的 $T_{W1,CHF}$ 随相对脉动幅值 $\Delta G_{max}/G_{av}$ 的增大呈减小趋势，且各脉动周期下的 $T_{W1,CHF}$ 并不一致。持续型干涸并没有在达到一个固定的壁温波动峰值时被触发。

在小脉动幅值下，长脉动周期时持续型干涸发生前的 $T_{W1,CHF}$ 明显高于短脉动周期时的 $T_{W1,CHF}$。但各脉动周期下的持续型干涸 F_c 基本维持在 1.0，相对平均流速下的稳定流动 CHF 没有被提前触发。根据稳定流动下沸腾危机触发机理，液膜厚度持续减小直至液膜完全消失是干涸型沸腾危机发生的最基本条件。因此，环状流区域波动液膜的平均厚度降至 0 附近时，才触发了持续型干涸。环状流区域液膜波动带来的管壁温度峰值并不是触发持续型干涸的绝对条件。

在大脉动幅值下，长脉动周期（$\tau=10.6$ s，5.2 s）时持续型干涸发生前的 $T_{W1,CHF}$ 随相对脉动幅值 $\Delta G_{max}/G_{av}$ 的增大呈减小趋势。同时，持续型干涸 F_c 随 $\Delta G_{max}/G_{av}$ 的增大明显减小。大脉动幅值下持续型干涸被提前触发，环状流区域波动液膜的平均厚度远未达到 0。

小 $\Delta G_{max}/G_{av}$ 下，F_p 较大，间歇型干涸发生在高含汽率环状流区域。此时，管道壁面上液膜受到高速汽芯流拉动，液膜内的流速非常高，与管壁间的换热性能较强。间歇型干涸发生后，随着液膜波峰流量的到来，管壁将再次润湿。因此，小流量脉动在高含汽率下带来的间歇型干涸并没有能够提前触发持续型干涸。随 $\Delta G_{max}/G_{av}$ 的增大，F_p 显著减小，特别在长脉动周期时。大 $\Delta G_{max}/G_{av}$ 下，间歇型干涸发生时环状流区域含汽率较低。此时，管道中心处汽芯流速较低，壁面附近液膜内流速也不高。间歇型干涸发生后，液膜波峰难以再次将管壁润湿，于是持续型干涸被提前触发。

第7章 流量脉动条件下的临界热流密度

3. 平均质量流速对 F_p 及 F_c 的影响

图 7-9(a)、(b)、(c) 和 (d) 中给出了不同脉动周期下，$G_{av}=105\ kg \cdot m^{-2} \cdot s^{-1}$ 及 $168\ kg \cdot m^{-2} \cdot s^{-1}$ 时 F_p 和 F_c 随 $\Delta G_{max}/G_{av}$ 的变化。

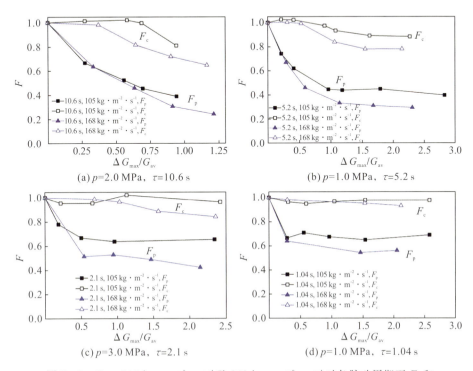

图 7-9 $G_{av}=105\ kg \cdot m^{-2} \cdot s^{-1}$ 及 $168\ kg \cdot m^{-2} \cdot s^{-1}$ 时各脉动周期下 F_p 和 F_c 随 $\Delta G_{max}/G_{av}$ 的变化

图 7-9 中，在小 $\Delta G_{max}/G_{av}$ 下，各脉动周期的 F_p 对 G_{av} 的增大不敏感；但在大 $\Delta G_{max}/G_{av}$ 下，各脉动周期的 F_p 在 $G_{av}=168\ kg \cdot m^{-2} \cdot s^{-1}$ 时会有明显衰减；$G_{av}=168\ kg \cdot m^{-2} \cdot s^{-1}$ 时的 F_p 衰减阈值明显低于 $G_{av}=105\ kg \cdot m^{-2} \cdot s^{-1}$ 时的 F_p 衰减阈值。高质量流速下，在试验加热段出口处达到相同的热力状态需要更高的管壁热流密度。在流量脉动情况下，高管壁热流密度时管壁对环状流区域液膜的波动反应更为强烈。在大 $\Delta G_{max}/G_{av}$ 下，环状流区域液膜波动在轴向的搅混增强，导致 F_p 随 $\Delta G_{max}/G_{av}$ 增大的衰减速率变缓。但高 G_{av} 下对应的高管壁热流密度，使得 F_p 随 $\Delta G_{max}/G_{av}$ 增大而衰减的速率低于低 G_{av} 下的情况。因此，高 G_{av} 时，F_p 在大 $\Delta G_{max}/G_{av}$ 下的衰减速率高于低 G_{av} 时 F_p 衰减速率。

在图 7-9 中，在大 $\Delta G_{max}/G_{av}$ 下，各脉动周期的 F_c 随 G_{av} 的增大也有明显减小。高 G_{av} 下，F_p 的衰减导致间歇型干涸在相对低的含汽率下被触发，进一步带来持续型干涸的提前触发。

4. 系统压力对 F_p 及 F_c 的影响

图7-10(a)、(b)、(c)和(d)中给出了不同脉动周期下,在系统压力为 0~3.0 MPa 时 F_p 及 F_c 随 $\Delta G_{max}/G_{av}$ 的变化。

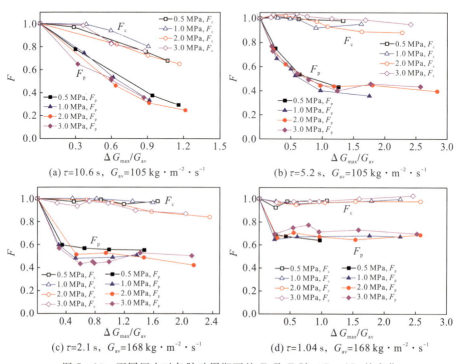

图7-10 不同压力时各脉动周期下的 F_p 及 F_c 随 $\Delta G_{max}/G_{av}$ 的变化

在图7-10中,各脉动周期下的 F_p 及 F_c 随 $\Delta G_{max}/G_{av}$ 增大而衰减的趋势在系统压力 0~3.0 MPa 间并没有明显的改变。在试验中各系统压力下都保证进口过冷度恒定,维持在 55 ℃左右。在 0~3.0 MPa 压力范围内,进口过冷焓与饱和焓升之比在 0.11 左右,变化很小。相同流量脉动下,在此区间的系统压力改变并没有带来管道内单相区长度与两相区长度之间的比例的变化,因此压力改变对间歇型干涸和持续型干涸的影响都很小。

5. 6mm 管径试验参数影响分析

图7-11中给出了 6 mm 管径试验中所测量的稳定流量下的临界热流密度分别与 Katto 等[8]的临界热流密度预测公式、Bowring[9]的临界热流密度预测公式及2006临界热流密度查询表[10]的对比。在 6 mm 管径下的稳定流量试验中,沸腾危机发生时进口流动不稳定性较为明显,进口流量的自发波动的

最大相对幅值可达到 7.6%。但根据 10 mm 管径试验结果的分析,相对幅值低于 10% 的短周期进口流量脉动对持续型干涸临界热流密度几乎无影响。因此认为流量稍有自发波动下的沸腾危机热流密度值仍为稳态下的临界热流密度。

图 7-11 中,6 mm 管径稳定流量下的临界热流密度试验值 q_{EXP} 远低于各预测公式及

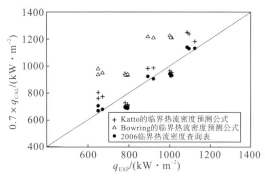

图 7-11 稳定流动时临界热流密度试验结果与理论预测对比($D_i=6$ mm)

查询表的预测值 q_{CAL}。试验中的临界热流密度值基本为各预测值的 70%。

图 7-12 给出了 6 mm 管径试验段进口流量相对脉动幅值、脉动周期、平均质量流速及系统压力对相对临界热流密度的影响。

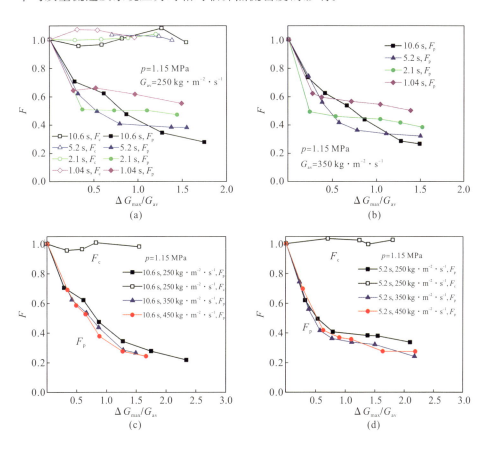

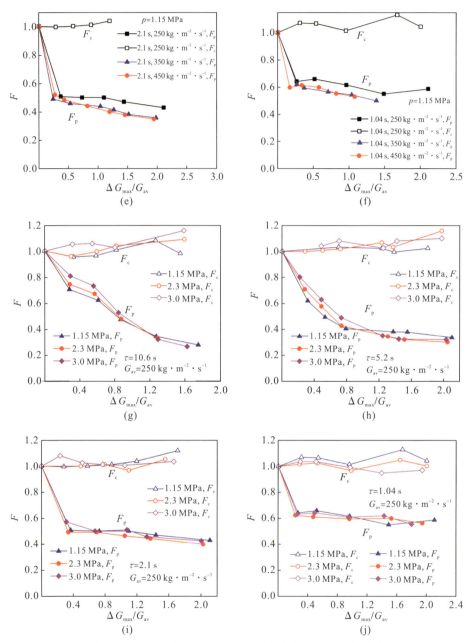

图7-12 6 mm管径下各参数对相对临界热流密度的影响

对于间歇型干涸:6 mm管径试验下的F_p随各试验参数的变化趋势基本与10 mm管径试验下的变化趋势一致:F_p随相对脉动幅值的增大而减小;短脉动周期下,F_p衰减速率虽然较快,但衰减速率迅速减缓趋近于一较高衰减阈值；长脉动周期下，F_p持续衰减至一个较低的衰减阈值；在较高平均质量流速下F_p的衰减较显著；在0~3.0 MPa区间，系统压力对F_p的影响依旧非常有限。

在高出口含汽率下，6 mm管径试验段进口处发生强烈的两相流动不稳定性。系统两相流动不稳定性带来的试验段进口无规则自发流量与产生的进口正弦脉动相比拟，相应流量脉动工况下的持续型干涸试验数据缺失。在已有F_c试验结果中（$G_{av}=250\ \text{kg}\cdot\text{m}^{-2}\cdot\text{s}^{-1}$），6 mm管径试验下的$F_c$基本维持在1.0附近，在长脉动周期的大脉动幅值下也没有出现减小的趋势。

7.3 理论研究

7.3.1 无量纲参数对间歇型干涸影响分析及间歇型干涸相对临界热流密度的预测

采用10 mm管径试验段间隙型干涸临界热流密度的试验结果对误差逆传播人工神经网络进行训练，通过分析训练成熟的神经网络预测结果随各参数的变化趋势，得到了由进口流量相对脉动幅值、脉动周期、进口平均质量流速、系统压力构成的无量纲参数（相对脉动周期、相对脉动幅值及饱和气液相密度比）对F_p的影响。在无量纲参数影响分析及下降阈值$F_{p,\text{lim}}$理论预测的基础之上，拟合了一个相对间歇型干涸临界热流密度预测半经验关系式。

1. 人工神经网络方法分析无量纲参数对间歇型干涸影响

1）人工神经网络的构建及训练

(1) 人工神经网络背景介绍及算法简介。

人工神经网络（artifical neural networks，ANN）亦称神经网络，是模拟人脑神经突触连接结构进行信息处理的数学模型。其具有分布存储信息、并行计算处理、稳健性强等人脑神经学习认识事物的特点。人工神经网络与遗传算法、模糊技术等一起被称为软计算技术。基于误差逆传播算法（back propagation algorithm，BP算法）的多层前馈神经网络是由D. E. Rumelhart 和 J. L. McCelland 及其研究小组在1986年研究并设计出来的。BP算法已成为目前应用最为广泛的人工神经网络学习算法，据统计有80%~90%的人工神经网络应用基于BP算法[11]。

如图7-13所示，BP神经网络由输入层、一个或多个隐含层及输出层组成。前一层网络上神经元的输出值经加权求和后成为后一层网络的输入值。

第 k 层上第 j 个神经元的输入的计算式如下：

$$I_k^j = \sum_i (\omega_{k-1,k}^{i,j} O_{k-1}^i) - \theta_k^j \qquad (7-10)$$

式中，I 为神经元输入值；ω 为神经元间连接权值；O 为神经元输出值；θ 为神经元阈值。

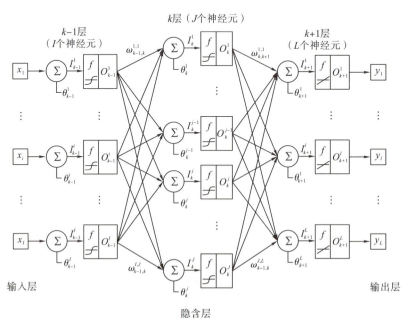

图 7-13 BP 神经网络结构示意图

输入值 I_k^j 经传递函数得到如下输出值：

$$O_k^j = f(I_k^j) = f\left[\sum_i (\omega_{k-1,k}^{i,j} O_{k-1}^i) - \theta_k^j\right] \qquad (7-11)$$

其中，输出层神经元一般采用线性传递函数，隐含层中的神经元一般采用可微的 sigmoid 型传递函数：

$$f(x) = \frac{1}{1+e^{-x}} \qquad (7-12)$$

BP 神经网络自学习的实现方式是将训练参数集载入神经网络，由神经网络上神经元的初始权值和阈值计算得到输出值。根据神经网络输出值与期望值的偏差，对神经元权值及阈值进行修正，使神经网络整体误差沿负梯度方向下降。将训练参数自动重新载入配备修正后权值和阈值的神经网络，通过误差梯度下降算法继续修正权值和阈值，直至神经网络输出值与期望值之间误差达到允许范围，神经网络学习训练过程完成。

第 k 层上第 j 个神经元的误差函数可以表示为

第7章 流量脉动条件下的临界热流密度

$$E_k^j = \frac{1}{2}(O_k^i - R_k^i)^2 \tag{7-13}$$

式中，E 为误差函数；R 为期望输出值。

整个神经网络的误差函数 E 为

$$E = \sum_k \sum_j E_k^j \tag{7-14}$$

为保证权值及阈值的修正使得误差向负梯度方向变化，权值和阈值的修正量可以表示为

$$\Delta \omega_{k-1,k}^{i,j} = -\eta_\omega \frac{\partial E}{\partial \omega_{k-1,k}^{i,j}} \tag{7-15}$$

$$\Delta \theta_k^j = -\eta_\theta \frac{\partial E}{\partial \theta_k^j} \tag{7-16}$$

式中，$\Delta \omega$ 为权值修正量；$\Delta \theta$ 为阈值修正量；η 为学习速率，$\eta > 0$。

对于权值修正：

$$\frac{\partial E}{\partial \omega_{k-1,k}^{i,j}} = \frac{\partial E}{\partial I_k^j} \frac{\partial I_k^j}{\partial \omega_{k-1,k}^{i,j}} = \frac{\partial E}{\partial I_k^j} O_{k-1}^i \tag{7-17}$$

令 $\delta_k^j = \frac{\partial E}{\partial I_k^j}$，则：

$$\delta_k^j = \frac{\partial E}{\partial I_k^j} = \frac{\partial E}{\partial O_k^j} \frac{\partial O_k^j}{\partial I_k^j} = \frac{\partial E}{\partial O_k^j} f'(I_k^j) \tag{7-18}$$

将式(7-17)及式(7-18)代入式(7-15)中，可得权值修正量的表达式为

$$\Delta \omega_{k-1,k}^{i,j} = -\eta_\omega \delta_k^j O_{k-1}^i \tag{7-19}$$

对于阈值修正：

$$\frac{\partial E}{\partial \theta_k^j} = \frac{\partial E}{\partial I_k^j} \frac{\partial I_k^j}{\partial \theta_k^j} = -\frac{\partial E}{\partial I_k^j} \tag{7-20}$$

将式(7-18)及式(7-20)代入式(7-16)中，可得阈值修正量的表达式为

$$\Delta \theta_k^j = \eta_\theta \delta_k^j \tag{7-21}$$

若 k 层为输出层，则：

$$O_k^j = y_j \tag{7-22}$$

$$\frac{\partial E}{\partial O_k^j} = \frac{\partial[(y_j - R_j)^2/2]}{\partial O_k^j} = \frac{\partial[(O_k^j - R_j)^2/2]}{\partial O_k^j} = O_k^j - R_j \tag{7-23}$$

$$\delta_k^j = \frac{\partial E}{\partial O_k^j} f'(I_k^j) = (O_k^j - R_j) f'(I_k^j) \tag{7-24}$$

若 k 层为隐含层，则：

$$\sum_l (\omega_{k,k+1}^{j,l} O_k^j) - \theta_{k+1}^l = I_{k+1}^l \tag{7-25}$$

$$\frac{\partial E}{\partial O_k^j} = \sum_l \left(\frac{\partial E}{\partial I_{k+1}^l} \frac{\partial I_{k+1}^l}{\partial O_k^j} \right) = \sum_l (\delta_{k+1}^l \omega_{k,k+1}^{j,l}) \tag{7-26}$$

$$\delta_k^j = \frac{\partial E}{\partial O_k^j} f'(I_k^j) = \Big[\sum_l (\delta_{k+1}^l \omega_{k,k+1}^{j,l})\Big] f'(I_k^j) \qquad (7-27)$$

即：

$$\delta_k^j = \begin{cases} (O_k^j - R_j) f'(I_k^j), k\text{ 层为输出层} \\ \Big[\sum_l (\delta_{k+1}^l \omega_{k,k+1}^{j,l})\Big] f'(I_k^j), k\text{ 层为隐含层} \end{cases} \qquad (7-28)$$

为保证神经网络误差收敛过程稳定，权值和阈值的修正过程中加入了动量因子 α：

$$\Delta\omega(t+1) = -\eta_\omega \frac{\partial E}{\partial \omega(t)} + \alpha_\omega \Delta\omega(t) \qquad (7-29)$$

$$\Delta\theta(t+1) = -\eta_\theta \frac{\partial E}{\partial \theta(t)} + \alpha_\theta \Delta\theta(t) \qquad (7-30)$$

式中，α 为动量因子，$0 \leqslant \alpha < 1$。

(2) 人工神经网络的构建。

BP 算法保证了 BP 神经网络具有对复杂非线性现象进行自学习的能力。将试验工况和试验结果分别设为 BP 神经网络的输入参数及预测目标参数后，BP 神经网络通过 BP 算法自发调节神经网络隐含层中各神经元间的连接权值及神经元内阈值，使得 BP 神经网络的输出值不断逼近预测目标参数。进而将输入参数与预测目标间的内部联系，固化到神经网络中神经元内阈值及神经元间的连接权值上。但 BP 神经网络的自学习也具有盲目性，容易陷入各种不符合基本物理机理的局部最小中。为了保证 BP 神经网络对试验中热工水力现象的自学习处于基本物理机理的范围内，根据热工水力基本理论来确立一定的限制条件就非常必要。在热工水力现象的机理分析中，基本上都需要用各种无量纲准则来从理论上分析各试验参数对试验工况的影响。选择合适的可以表明试验工况范围及各种参数影响的无量纲参数作为人工神经网络的输入参数，能够帮助神经网络排除一些不必要的信息干扰，使得神经网络向符合基本热工水力准则的方向去优化。

根据 7.2.3 节中各试验参数对间歇型干涸相对临界热流密度影响的分析结果，描述单管内进口流量脉动时的间歇型干涸临界热流密度的无量纲参数，即神经网络输入参数，选择如下：

管壁几何结构由管壁截面与流通截面之比来表示：

$$x_1 = \frac{(D_o^2 - D_i^2)}{D_i^2} = \Big(\frac{D_o}{D_i}\Big)^2 - 1 \qquad (7-31)$$

系统压力取为饱和液相和气相密度比：

$$x_2 = \frac{\rho_f}{\rho_g} \qquad (7-32)$$

第7章 流量脉动条件下的临界热流密度

进口过冷度取进口过冷焓($h_f - h_{in}$)与气液相比焓差(h_{fg})之比：

$$x_3 = \frac{h_f - h_{in}}{h_{fg}} \tag{7-33}$$

进口流量的脉动幅值取流量相对脉动幅值：

$$x_4 = \frac{\Delta G_{max}}{G_{av}} \tag{7-34}$$

脉动周期 τ、进口平均质量流速 G_{av} 及加热段长度 L_h 由相对脉动周期，即脉动周期 τ 与流体通过试验加热段的时间 t_{tr} 之比来表示：

$$x_5 = \frac{\tau}{t_{tr}} = \frac{\tau}{L_h / (G_{av} / \rho_{g,in})} \tag{7-35}$$

式中，t_{tr} 为流体通过试验加热段的时间，s；$\rho_{f,in}$ 为进口流体密度，kg·m^{-3}。

输出参数选为间歇型干涸相对临界热流密度：

$$y = F_p \tag{7-36}$$

175 组 10 mm 管径工况下的稳定流动和流量脉动时的原始试验工况参数转化为上述 5 个无量纲参数形式后作为神经网络的训练数据集，其中稳定流动下的 F_p 取为 1，流量相对脉动幅值和脉动周期都取为 0。各试验工况对应的间歇型干涸相对临界热流密度试验结果作为神经网络的目标数据集。表 7-2 中给出了训练数据集和目标数据集的工况范围。

表 7-2 神经网络训练数据集和目标数据集的工况范围

训练数据集		目标数据集	
参数	范围	参数	范围
$(D_o / D_i)^2 - 1$	0.96	F_p	0.25~1
ρ_f / ρ_g	50~400		
$(h_f - h_{in}) / h_{fg}$	0.1~0.16		
$\Delta G_{max} / G_{av}$	0~3		
τ / t_{tr}	0~1.7		

神经网络选用 3 层神经元隐含层，以保证训练结果的精度。各隐含层上的神经元节点数分别为 6、9、3。隐含层神经元节点成中间大、两端小的鱼腹形，用来保证训练过程的稳定性。各隐含层神经元节点上的传递函数选用 sigmoid 函数，输出层神经元节点上的传递函数选用线性函数。

(3) 人工神经网络的训练及预测精度分析。

利用上述 10 mm 管径试验数据构成的训练数据集和目标数据集，采用动量梯度下降的 BP 算法对神经网络进行训练。训练成熟的神经网络预测结果与目标值的对比如图 7-14 所示。由图 7-14 可以看出，神经网络预测结果 $F_{\text{p,ANN}}$ 与试验结果 $F_{\text{p,EXP}}$ 的误差基本在 ±15% 之内，平均绝对误差为 6.2%。

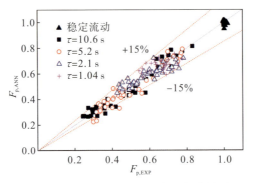

图 7-14　神经网络预测结果与目标值的对比

图 7-15 给出了两种工况下神经网络预测结果与试验结果随 $\Delta G_{\max}/G_{\text{av}}$ 变化趋势的对比。可以看出，在不同脉动周期下预测结果与试验结果符合得相当理想。两者之间出现一些偏差的原因：一是由于训练后神经网络的预测值与试验值仍存在一定误差；二是由于在试验过程中，每个流量脉动试验的工况（系统压力、进口平均质量流速、进口过冷度）与标定的稳态工况存在一定偏差。

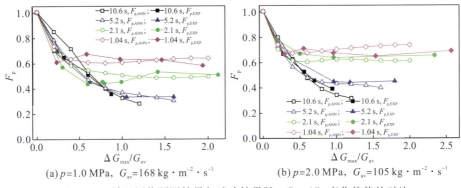

图 7-15　神经网络预测结果与试验结果随 $\Delta G_{\max}/G_{\text{av}}$ 变化趋势的对比

神经网络预测值与试验值的误差分析及参数变化趋势分析表明，该神经网络已经训练成熟，试验工况范围内 F_{p} 的预测误差可以接受。后面将采用此神经网络预测试验工况范围内某一参数连续变化下的 $F_{\text{p,ANN}}$，以此分析该参数对 F_{p} 的影响。

2)人工神经网络预测结果分析——试验参数影响分析

(1)脉动周期及相对脉动幅值对 F_p 的影响。

图 7-16 给出了在 $G_{av}=100\ kg\cdot m^{-2}\cdot s^{-1}$,130 $kg\cdot m^{-2}\cdot s^{-1}$,165 $kg\cdot m^{-2}\cdot s^{-1}$ 工况下,当 $\tau=1.5\ s$,3 s,6 s,9 s 时,神经网络预测值 $F_{p,ANN}$ 随 $\Delta G_{max}/G_{av}$ 的变化趋势。

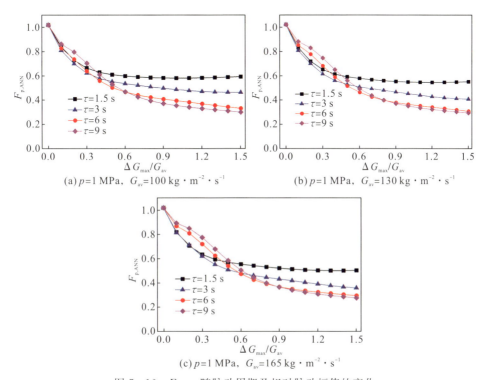

图 7-16 $F_{p,ANN}$ 随脉动周期及相对脉动幅值的变化

由图 7-16 可以看出,$F_{p,ANN}$ 随 $\Delta G_{max}/G_{av}$ 的增大而减小;但随 $\Delta G_{max}/G_{av}$ 的增大,在各脉动周期工况下 $F_{p,ANN}$ 衰减趋势逐渐减缓;短脉动周期下,$F_{p,ANN}$ 衰减得较快,在 $\tau=1.5\ s$ 时 $F_{p,ANN}$ 趋近于一个衰减阈值;长脉动周期下,$F_{p,ANN}$ 的初始衰减速率较小,衰减速率的衰减也比较慢。

(2)平均质量流速对 F_p 的影响。

图 7-17 给出了在 $\tau=1\ s$,2 s,5 s,10 s 工况下,当 $G_{av}=100\ kg\cdot m^{-2}\cdot s^{-1}$,120 $kg\cdot m^{-2}\cdot s^{-1}$,140 $kg\cdot m^{-2}\cdot s^{-1}$,160 $kg\cdot m^{-2}\cdot s^{-1}$ 时,神经网络预测值 $F_{p,ANN}$ 随 $\Delta G_{max}/G_{av}$ 的变化趋势。

核动力系统的流动不稳定性

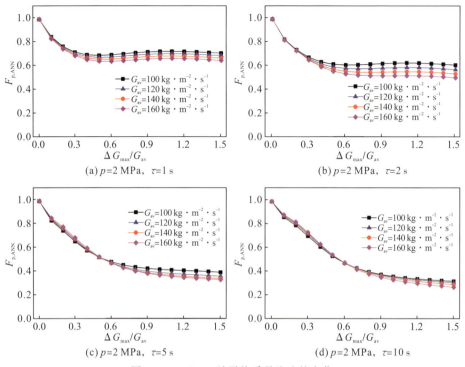

图 7-17　$F_{p,ANN}$ 随平均质量流速的变化

图 7-17 显示,在各脉动周期工况下,$F_{p,ANN}$ 随相对脉动幅值 $\Delta G_{max}/G_{av}$ 的增大而减小;小 $\Delta G_{max}/G_{av}$ 下,不同 G_{av} 时的 $F_{p,ANN}$ 衰减速率基本一致;大 $\Delta G_{max}/G_{av}$ 下,$F_{p,ANN}$ 在高 G_{av} 时的衰减趋势更明显,$F_{p,ANN}$ 随 G_{av} 的增大而减小。

(3) 系统压力对 F_p 的影响。

图 7-18 给出了在 $\tau=1$ s,2 s,5 s,10 s 工况下,当 $p=0.7$ MPa,1.4 MPa,2.1 MPa,2.8 MPa 时,神经网络预测值 $F_{p,ANN}$ 随 $\Delta G_{max}/G_{av}$ 的变化趋势。

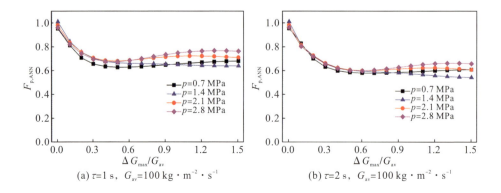

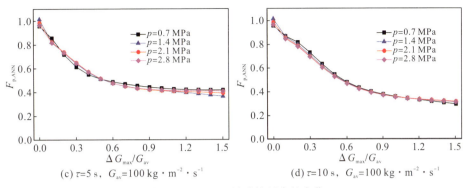

(c) $\tau=5$ s, $G_{av}=100$ kg·m^{-2}·s^{-1} (d) $\tau=10$ s, $G_{av}=100$ kg·m^{-2}·s^{-1}

图 7-18　$F_{p,ANN}$ 随系统压力的变化

图 7-18 显示，在不同脉动周期工况下，$F_{p,ANN}$ 随 $\Delta G_{max}/G_{av}$ 的增大而减小；在小 $\Delta G_{max}/G_{av}$ 时，$F_{p,ANN}$ 衰减趋势随系统压力增大无明显变化。在图 7-18(a)和(b)中，在脉动周期 $\tau=1$ s，2 s 的大 $\Delta G_{max}/G_{av}$ 区间内，不同系统压力下的 $F_{p,ANN}$ 有明显波动，但 $F_{p,ANN}$ 随系统压力无单调的变化趋势。在图 7-18(c)和(d)中，当 $\tau=5$ s，10 s 时，系统压力对 $F_{p,ANN}$ 的下降趋势基本无影响。

根据原始试验参数分析，采用训练成熟的神经网络预测了新试验参数工况下各参数对 F_p 的影响。由于神经网络能够在保证其他试验参数固定时连续改变同一参数输入，预测结果中 F_p 随各参数的变化趋势得到更为连续及明确的表现。训练成熟的神经网络对试验参数影响的分析结果与试验分析结果基本一致，进一步证实了神经网络没有陷入训练的局部最小，下面将采用此神经网络分析各无量纲参数对 F_p 的影响。

3) 人工神经网络预测结果分析——无量纲参数影响分析

由于训练神经网络的数据集中仅包含一个几何参数，且相对进口过冷焓的变化范围较小，导致神经网络对 F_p 随此两个无量纲参数变化的趋势学习不足。在此仅利用神经网络预测结果分析试验工况范围内 $\Delta G_{max}/G_{av}$、τ/t_{tr} 及 ρ_f/ρ_g 对 F_p 的影响。在神经网络预测过程中保持 $(D_o/D_i)^2-1=0.96$，$(h_f-h_{in})/h_{fg}=0.12$。

(1) $\Delta G_{max}/G_{av}$ 对 F_p 的影响。

图 7-19 给出了在 $\rho_f/\rho_g=50$，80，170 工况下，当相对脉动周期 $\tau/t_{tr}=0.2$，0.3，0.5，1.0，1.6 时，神经网络预测值 $F_{p,ANN}$ 随 $\Delta G_{max}/G_{av}$ 的变化趋势。图 7-19 中显示，在各 τ/t_{tr} 工况下，保持其他无量纲参数恒定时，$F_{p,ANN}$ 随 $\Delta G_{max}/G_{av}$ 的增大而近似呈指数形式衰减，并趋近于衰减阈值 $F_{p,lim}$。

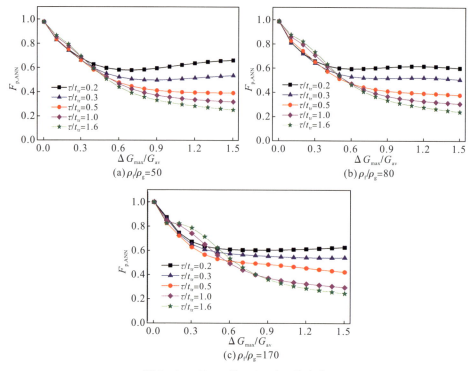

图 7-19 $F_{p,ANN}$ 随 $\Delta G_{max}/G_{av}$ 的变化

图 7-20 给出了 $F_{p,ANN}$ 随 $e^{-(\Delta G_{max}/G_{av})}$ 的变化趋势。由图中可以看出不同 τ/t_{tr} 工况下，$F_{p,ANN}$ 衰减至衰减阈值 $F_{p,lim}$ 的过程基本与 $e^{-(\Delta G_{max}/G_{av})}$ 呈线性关系，即：

$$(F_{p,ANN} - F_{p,lim}) \propto k \cdot e^{(-\Delta G_{max}/G_{av})} \tag{7-37}$$

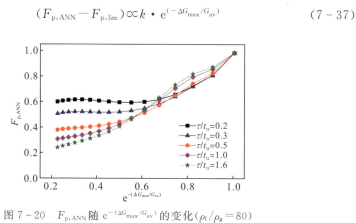

图 7-20 $F_{p,ANN}$ 随 $e^{-(\Delta G_{max}/G_{av})}$ 的变化（$\rho_f/\rho_g = 80$）

(2) τ/t_{tr} 对 F_p 的影响。

图 7-21 给出了在 $\rho_f/\rho_g = 50$, 80, 170 工况下,当 $\Delta G_{max}/G_{av} = 0.2$, 0.4, 0.6, 0.8, 1.0, 1.2, 1.4 时,神经网络预测值 $F_{p,ANN}$ 随 τ/t_{tr} 的变化趋势。图 7-21 中显示,在各 $\Delta G_{max}/G_{av}$ 工况下,保持其他无量纲参数恒定时,$F_{p,ANN}$ 随 τ/t_{tr} 的增大也近似呈指数形式衰减。随 $\Delta G_{max}/G_{av}$ 的增大,$F_{p,ANN}$ 趋近于一个更低的阈值。相对脉动周期 τ/t_{tr} 为进口流量脉动周期与管道通过时间之比。$\tau/t_{tr} \to 0$ 时,表明进口的流量脉动在达到管道出口之前,在可压缩的两相区域(包含泡状流和环状流)内,流量脉动幅值被充分衰减。此时,管壁出口发生干涸时的管壁热流密度趋近稳定流动下进口流量平均值对应的临界热流密度,即 $F_p \to 1$。$\tau/t_{tr} \to \infty$ 时,表明进口的流量脉动在达到管道出口时,流量脉动幅值基本无衰减。此时,管壁出口发生干涸时的管壁热流密度趋近进口流量脉动波谷值对应的稳态临界热流密度。由于大 $\Delta G_{max}/G_{av}$ 时,进口流量脉动波谷值对应较低的临界热流密度,因此 F_p 衰减阈值随着 $\Delta G_{max}/G_{av}$ 的增大而减小。

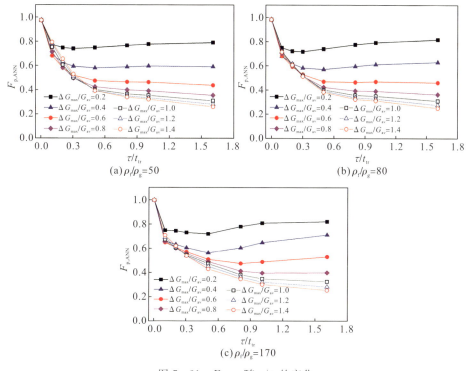

图 7-21 $F_{p,ANN}$ 随 τ/t_{tr} 的变化

(3) ρ_f/ρ_g 对 F_p 的影响。

图 7-22 给出了在相对脉动周期 $\tau/t_{tr} = 0.2$, 0.5, 0.8, 1.0 工况下,当

核动力系统的流动不稳定性

$\rho_f/\rho_g=50,100,150,200,250,300,350$ 时，神经网络预测值 $F_{p,ANN}$ 随 $\Delta G_{max}/G_{av}$ 的变化趋势。图 7-22 显示：在各 ρ_f/ρ_g 工况下，保持其他无量纲参数恒定时，$F_{p,ANN}$ 随 $\Delta G_{max}/G_{av}$ 的增大也近似呈指数形式衰减；当 $\rho_f/\rho_g=50\sim350$ 时，ρ_f/ρ_g 对 F_p 的衰减速率无明显影响。

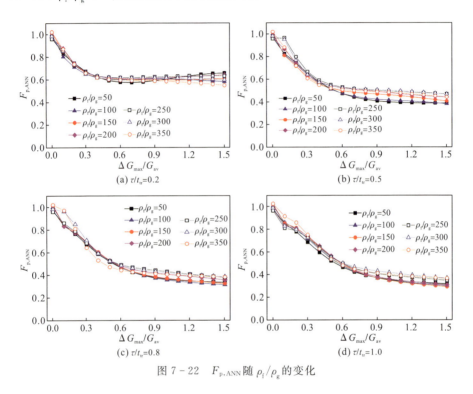

图 7-22　$F_{p,ANN}$ 随 ρ_f/ρ_g 的变化

2. 间歇型干涸相对临界热流密度的预测

1) 间歇型干涸 F_p 的无量纲表达式

在上述无量纲参数对 F_p 影响分析中，在进口流量脉动下，F_p 随相对脉动幅值 $\Delta G_{max}/G_{av}$ 的增大呈指数衰减，最终趋近于一个衰减阈值 $F_{p,lim}$；由脉动的周期 τ、进口平均质量流速 G_{av} 及几何尺寸 L_h 构成的相对脉动周期 τ/t_{tr} 与 F_p 的变化趋势相同，也呈指数形式衰减；在中低压范围内，进口过冷度恒定下，系统压力 ρ_f/ρ_g 的影响可以忽略。因此，F_p 可以由上述无量纲参数表示如下：

$$F_p = F_{p,lim} + a e^{b(\Delta G_{max}/G_{av})^m (\tau/t_{tr})^n} \tag{7-38}$$

式中，$F_{p,lim}$ 为 F_p 衰减阈值；a、b、m、n 为待拟合的常量；$\Delta G_{max}/G_{av}$ 为相对脉动幅值；τ/t_{tr} 为相对脉动周期。

第7章 流量脉动条件下的临界热流密度

为了保证在 $\Delta G_{max}/G_{av} \to 0$ 时，即无流量脉动条件下，$F_p=1$ 自动满足，常量 a 简化为

$$a = 1 - F_{p,lim} \tag{7-39}$$

将式(7-39)代入式(7-38)，即可得到中低压进口流量脉动下 F_p 的无量纲参数表达形式：

$$F_p = F_{p,lim} + (1 - F_{p,lim}) e^{b(\Delta G_{max}/G_{av})^m (\tau/t_{tr})^n} \tag{7-40}$$

式中，b、m、n 为待拟合的常量。

2) 衰减阈值 $F_{p,lim}$ 的预测

Umekawa 等[5]采用集中参数的方法对管壁温度波动进行建模，得到干涸区壁温变化函数。对于正弦流量脉动，试验段环状流区域液膜波动周期与进口流量波动周期相对应，环状流区域波动液膜厚度低于液膜平均厚度的时间段为脉动周期 τ 的一半。在非常大的脉动幅值下，液膜波谷触发间歇型干涸的时间段趋近于脉动周期的一半。根据发生间歇型干涸时的壁面过热度 θ_{CHF} 和最大干涸时间 0.5τ，即可得到在流量脉动周期 τ 时大脉动幅值下触发间歇型干涸的最小热流密度 $q_{W,min}$：

$$q_{W,min} = \frac{h\theta_{CHF}}{1 - e^{-0.5\tau/\tau_W}} \tag{7-41}$$

式中，$q_{W,min}$ 为大脉动幅值下触发间歇型干涸的最小加热热流密度，$kW \cdot m^{-2}$；h 为壁面与流体间的对流换热系数，$kW \cdot m^{-2} \cdot ℃^{-1}$；$\theta_{CHF}$ 为间歇型干涸时的壁面过热度，℃；τ_W 为管壁响应时间常数。

管壁响应时间常数 τ_W 的表达式为

$$\tau_W = \left(c_W \rho_W \frac{D_o^2 - D_i^2}{4D_i}\right)/h \tag{7-42}$$

式中，c_W 为管壁壁温 T_W 下的热容，$kJ \cdot kg^{-1} \cdot K^{-1}$；$\rho_W$ 为管壁壁温 T_W 下的流体密度，$kg \cdot m^{-3}$；D_o 为外管径，m；D_i 为内管径，m。

壁面与饱和流体间的对流换热系数 h 由迪图斯-贝尔特(Dittus-Boelter)公式[12]计算：

$$h = \frac{Nu\lambda}{D_i} = \frac{(0.023 Re^{0.8} Pr^{0.4})\lambda}{D_i} \tag{7-43}$$

式中，Nu 为努塞特数；λ 为流体传热系数，$W \cdot m^{-1} \cdot K^{-1}$；$Re$ 为雷诺数；Pr 为普朗特数。其中，无量纲参数中使用的定性温度为饱和蒸汽温度。

各脉动周期下 F_p 衰减阈值 $F_{p,lim}$ 可以表示为

$$F_{p,lim} = \frac{q_{W,min}}{q_{av,CHF}} = \frac{h\theta_{CHF}/(1 - e^{-0.5\tau/\tau_W})}{q_{av,CHF}} \tag{7-44}$$

式中，$q_{av,CHF}$ 为稳定流动下进口流量为平均流量时的临界热流密度，$kW \cdot m^{-2}$；$F_{p,lim}$ 为各脉动周期下 F_p 在大相对脉动幅值 $\Delta G_{max}/G_{av}$ 下不断逼近的衰减阈值，将大 $\Delta G_{max}/G_{av}$ 下 F_p 趋于水平后最小值的 99% 定义为 $F_{p,lim}$。

表 7-3 给出了试验中各工况下的 $F_{p,lim}$。其中，脉动周期 $\tau = 10.6$ s 工况下，在试验的 $\Delta G_{max}/G_{av}$ 范围内 F_p 持续下降。故在 $\tau = 10.6$ s 时，$F_{p,lim}$ 设为 0。

表 7-3　流量脉动时各工况下的 $F_{p,lim}$

p	$F_{p,lim}$					
	$G_{av} = 105$ kg·m^{-2}·s^{-1}			$G_{av} = 168$ kg·m^{-2}·s^{-1}		
	$\tau = 5.2$ s	$\tau = 2.1$ s	$\tau = 1.04$ s	$\tau = 5.2$ s	$\tau = 2.1$ s	$\tau = 1.04$ s
0.55 MPa	0.428	0.606	0.634	0.369	0.547	0.664
1.0 MPa	0.356	0.481	0.665	0.32	0.477	0.557
2.0 MPa	0.394	0.647	0.641	0.293	0.42	0.537
3.0 MPa	0.398	0.593	0.691	0.33	0.435	0.574

图 7-23 和图 7-24 给出了模型预测值与试验值的对比。其中，间歇型干涸时的壁面过热度取各脉动周期工况下壁温发生波动时出口温度截面过热度的平均值。图 7-23 中，$\tau = 10.6$ s 时，试验工况未能显示衰减阈值，$F_{p,lim}$ 取为 0。从图 7-23 和图 7-24 中可以看出，该模型能基本预测出流量脉动下间歇型干涸相对临界热流密度的衰减阈值。

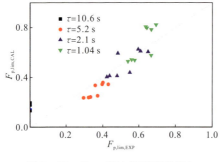

图 7-23　$F_{p,lim}$ 理论模型预测值与试验值的对比

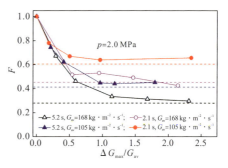

图 7-24　F_p 衰减趋势与 $F_{p,lim}$ 预测值的对比

3) F_p 预测关系式的拟合

试验参数变化趋势及神经网络预测分析结果表明，F_p 随 τ/t_{tr} 的增大呈指数衰减。如图 7-25 所示，在 2.0 MPa 和 3.0 MPa 压力下，F_p 衰减过程最为完整的 $\tau = 5.2$ s 时的工况被用来分析确定式(7-38)中待拟合的常量。

第7章 流量脉动条件下的临界热流密度

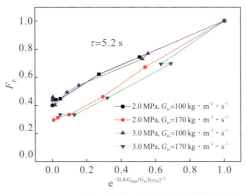

图 7 - 25　F_p 随 $e^{-2(\Delta G_{max}/G_{av})(t_{tr}/\tau)}$ 的变化趋势

图 7 - 25 中显示，F_p 随 $e^{-2(\Delta G_{max}/G_{av})(t_{tr}/\tau)}$ 基本呈线性增长，且斜率为 $(1-F_{p,lim})$。间歇型干涸相对临界热流密度 F_p 的最终预测式可以表示为

$$F_p = F_{p,lim} + (1 - F_{p,lim}) e^{-2(\Delta G_{max}/G_{av})(t_{tr}/\tau)} \tag{7-45}$$

式中，衰减阈值 $F_{p,lim}$ 由式 (7-44) 进行求解。

4) 预测结果分析比较

表 7 - 4 给出了现有的流量脉动下的间歇型干涸相对临界热流密度 F_p 关系式。其中，Kim 和 Baek 利用自己的两相流动不稳定性下的临界热流密度试验数据和 Okawa 等在低压低质量流速下流量脉动时的临界热流密度试验数据，采用最小均方误差的方法拟合了一个预测流量脉动下相对临界热流密度的经验关系式[13]。Okawa 等[7]建立环状流液膜波动衰减模型，通过数值模拟流量脉动下环状流区域液膜波动的衰减，拟合了一个预测间歇型干涸相对临界热流密度的经验关系式。

表 7 - 4　流量脉动下间歇型干涸相对临界热流密度 F_p 预测公式

关系式		适用范围
$F_p = 1 - \left(\dfrac{\Delta G_{max}}{G_{av}}\right)^{0.4606} \left(\dfrac{\tau}{t_{tr}}\right)^{0.215} \left(\dfrac{\sigma \rho_l}{G_{av}^2 D_l}\right)^{-0.1366} \left(\dfrac{\Delta h_i}{h_{fg}}\right)^{0.591}$	Kim 等[13]	$G_{av} < 400 \text{ kg} \cdot \text{m}^{-2} \cdot \text{s}^{-1}$, $p < 0.4$ MPa, $\tau < 20$ s
$F_p = 1 - \left[1 - \tanh\left(0.4 \dfrac{2L}{\tau u_{f0}}\right)\right](1 - q_{min,CHF}/q_{av,CHF})$, $u_{f0} = \dfrac{G_{av}}{\sqrt{\rho_l \rho_v}} \left(\dfrac{\Delta G_{max}}{G_{av}}\right)^{-0.2}$	Okawa 等[14]	$G_{av} < 2000 \text{ kg} \cdot \text{m}^{-2} \cdot \text{s}^{-1}$, $p < 9$ MPa, $\tau < 32$ s, $\Delta G_{max}/G_{av} < 1.0$
$F_p = F_{p,lim} + (1 - F_{p,lim}) e^{-2(\Delta G_{max}/G_{av})(t_{tr}/\tau)}$, $F_{p,lim} = [h\theta_{CHF}/(1 - e^{-0.5\tau/\tau_w})]/q_{av,CHF}$	式 (7-45) 式 (7-44)	$G_{av} < 200 \text{ kg} \cdot \text{m}^{-2} \cdot \text{s}^{-1}$, $p < 3.0$ MPa, $1 \text{ s} < \tau < 10$ s

图 7-26(a)、(b)及(c)分别给出了各公式预测结果与 10 mm 管径试验段数据的对比。图 7-26 中对比结果显示，Kim 公式的预测结果较为发散，有 1/3 的结果落到±30% 预测精度之外；Okawa 公式只能对 $\Delta G_{max}/G_{av} < 1.0$ 的工况进行预测，且在 $F_{p,EXP}$ 较小时的预测结果更偏低；公式(7-45)由于直接采用 10 mm 管径工况进行拟合，公式预测结果与试验结果符合较为理想，各脉动周期工况下的预测结果基本位于±20% 预测精度之内，全部工况预测平均相对误差为 14.1%。

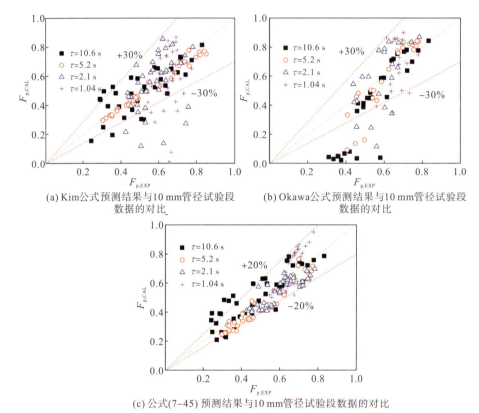

(a) Kim 公式预测结果与 10 mm 管径试验段数据的对比

(b) Okawa 公式预测结果与 10 mm 管径试验段数据的对比

(c) 公式(7-45)预测结果与 10 mm 管径试验段数据的对比

图 7-26　10 mm 管径试验段数据与各公式预测结果的对比

图 7-27(a)、(b)及(c)分别给出了各公式预测结果与 6 mm 管径试验段数据的对比。图 7-27 中对比结果显示，Kim 公式对各脉动周期下的预测结果基本落在±30% 预测精度之内；Okawa 公式预测结果发散，且对 $\tau=1.04$ s，2.1 s 工况下的预测结果全部偏大；公式(7-45)对 6 mm 管径试验工况的预测精度有所下降，长脉动周期 $\tau=10.6$ s，5.2 s 工况下的预测结果全部偏大，但短脉动周期 $\tau=1.04$ s，2.1 s 工况下的预测结果与试验结果符合较好。

第7章 流量脉动条件下的临界热流密度

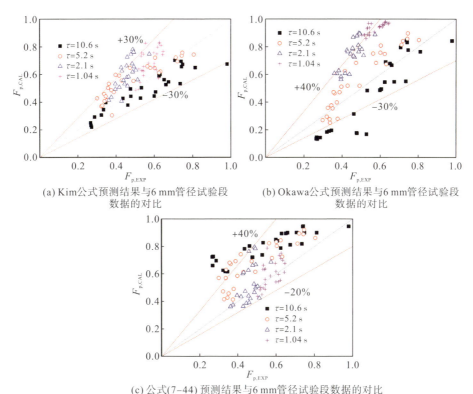

(a) Kim公式预测结果与6 mm管径试验段数据的对比

(b) Okawa公式预测结果与6 mm管径试验段数据的对比

(c) 公式(7-44)预测结果与6 mm管径试验段数据的对比

图 7-27 6 mm 管径试验段数据与各公式预测结果的对比

7.3.2 间歇型干涸后换热特性及触发持续型干涸的数值模拟

本节基于构建的壁温反馈集中参数模型，对流量脉动下间歇型干涸发生后的换热特性进行数值模拟。模型考虑了间歇干涸过程中液膜对壁面再润湿和再干涸时的换热特性，分析了间歇型干涸触发点平均含汽率 x_i 及管壁热流密度 q_w 对持续型干涸的影响。

1. 间歇型干涸后理论模型

7.2.3 节间歇型干涸触发机理分析中认为，脉动的进口流量导致环状流区域液膜发生同频的波动。在液膜波谷处流量为 0 时，管壁间歇裸露，触发间歇型干涸。液膜质量流量 W_f 的相对脉动幅值在间歇型干涸触发点处为 100%。Okawa 等[7]的环状流区域脉动流量衰减数值分析结果显示：进口流量的脉动对环状流区域内汽芯及夹带液滴流速的影响较为有限，汽芯流量 W_g 及液滴流量 W_d 基本恒定。

核动力系统的流动不稳定性

在均匀加热的无限长圆管内,进口处一定幅值的正弦流量脉动在某一含汽率 x_i 下的环状流区域触发间歇型干涸。间歇型干涸点下游管壁由波动液膜周期润湿,随液膜蒸发间歇干涸时间逐渐增大。对圆管间歇型干涸后的流动换热建立理论模型,假设:

(1)环状流气液两相处于热力学平衡状态;

(2)管壁轴向无导热,径向温度一致,管壁比热及密度不随温度发生变化;

(3)环状流汽芯及其夹带液滴流量恒定,且流速一致;

(4)在间歇型干涸触发位置,液膜流量脉动的相对幅值为100%,流量为正弦分布;

(5)在间歇型干涸点下游,液膜内的流量分布不变,液膜内流量的减小仅由蒸发引起;

(6)管壁与流体间的对流换热量全部转化为液膜蒸发所需能量。

在含汽率 x_i 下,间歇型干涸起始点处液膜流量 W_f^i 可以表示为

$$W_f^i = W_{av}(1-x_i)(1-E_{eq})\left[1+\sin\left(2\pi\frac{t}{\tau}-\frac{\pi}{2}\right)\right], \quad 0 \leqslant t \leqslant \tau \quad (7-46)$$

其中:

$$W_{av} = \frac{G_{av}\pi D_i^2}{4} \quad (7-47)$$

式中,W_f^i 为间歇型干涸起始点处液膜流量,$kg \cdot s^{-1}$;W_{av} 为平均进口流量,$kg \cdot s^{-1}$;x_i 为间歇型干涸起始点处平均含汽率;E_{eq} 为热平衡态条件下的夹带份额;τ 为脉动周期,s;G_{av} 为平均进口质量流速,$kg \cdot m^{-2} \cdot s^{-1}$;$D_i$ 为管壁内径,m。

间歇型干涸起始点处质量流速的相对脉动幅值 $(\Delta G_{max}/G_{av})_i$ 可以表示为

$$(\Delta G_{max}/G_{av})_i = \frac{(W_f^i)_{max}-(W_f^i)_{av}}{W_{av}} = (1-x_i)(1-E_{eq}) \quad (7-48)$$

间歇型干涸点下游,润湿区内液膜流量 W_f 及对应的当地平均含汽率 x 可以表示为

$$W_f = W_{av}(1-x_i)(1-E_{eq})\left[\sin\left(2\pi\frac{t}{\tau}-\frac{\pi}{2}\right)-\sin\left(\pi\frac{t_{DRY}}{\tau}-\frac{\pi}{2}\right)\right],$$

$$\frac{t_{DRY}}{2} \leqslant t \leqslant \tau - \frac{t_{DRY}}{2} \quad (7-49)$$

式中,W_f 为间歇型干涸点后液膜流量,$kg \cdot s^{-1}$;t_{DRY} 为干涸区持续时间,s。

第7章 流量脉动条件下的临界热流密度

$$x = \frac{x_i W_{av} + \left(\int_0^\tau W_f^i dt - \int_{t_{DRY}/2}^{\tau - t_{DRY}/2} W_f dt\right)/\tau}{W_{av}} \quad (7-50)$$

式中，x 为间歇型干涸点下游干涸区持续时间为 t_{DRY} 时对应当地平均含汽率。

图 7-28 为间歇型干涸点下游壁面周期干涸传热示意图，一个流量脉动周期内管壁上的外加热流密度经干涸区的弥散流对流换热及润湿区的液膜流动沸腾换热求出：

$$\begin{aligned} q_W \tau &= \int_{-t_{DRY}/2}^{t_{DRY}/2} h_{df}(T_W^t - T_{SAT})dt + c_W\rho_W(T_W^{t_{DRY}/2} - T_W^{-t_{DRY}/2})\frac{(D_o^2 - D_i^2)}{4D_i} \\ &+ \int_{t_{DRY}/2}^{\tau - t_{DRY}/2} h_{tp}(T_W^t - T_{SAT})dt + c_W\rho_W(T_W^{\tau - t_{DRY}/2} - T_W^{t_{DRY}/2})\frac{(D_o^2 - D_i^2)}{4D_i} \end{aligned}$$
$$(7-51)$$

式中，q_W 为外加管壁热流密度，$kW \cdot m^{-2}$；h_{df} 为弥散流对流换热系数，$kW \cdot m^{-2} \cdot \text{℃}^{-1}$；$T_W^t$ 为 t 时刻的壁温，℃；T_{SAT} 为流体饱和温度，℃；c_W 为管壁壁温 T_W 下的比热，$kJ \cdot kg^{-1} \cdot \text{℃}^{-1}$；$\rho_W$ 为管壁壁温 T_W 下的密度，$kg \cdot m^{-3}$；D_o 为管壁外径，m；h_{tp} 为流动沸腾换热系数，$kW \cdot m^{-2} \cdot \text{℃}^{-1}$。

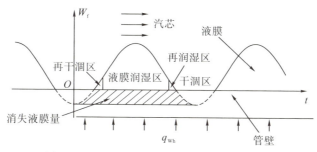

图 7-28 间歇型干涸点下游壁面传热示意图

液膜润湿区域传导热量 $\int_{t_{DRY}/2}^{\tau - t_{DRY}/2} h_{tp}(T_W^t - T_{SAT})dt$ 直接对应液膜蒸发潜热，干涸区传导热量 $\int_{-t_{DRY}/2}^{t_{DRY}/2} h_{df}(T_W^t - T_{SAT})dt$ 通过转换为润湿区的附加热源对应液膜蒸发潜热。液膜润湿区管壁热流密度 $q_{W,tp}$ 可以表示为

$$q_{W,tp} = q_W + \frac{4\int_{-t_{DRY}/2}^{t_{DRY}/2} h_g(T_W^t - T_{SAT})dt}{\pi D_i^2 (\tau - t_{DRY})} \quad (7-52)$$

式中，$q_{W,tp}$ 为液膜润湿区管壁热流密度，$kW \cdot m^{-2}$。

在液膜润湿区两端流量较小区域，管壁热流密度对应的输出热量大于液膜流量的潜热。在液膜被蒸干后，管壁仍无法被润湿。在液膜润湿区的前端和后端的再润湿区和再干涸区，管壁处仍为弥散流对流换热。再润湿区和再干涸区的管壁热流密度 $q_{W,rw}$ 和 $q_{W,rd}$，等效于管壁加热热流密度减去壁面液膜的蒸发潜热，表示如下：

$$q_{W,rw} = q_{W,tp} - \frac{h_{fg} \int_{t_{DRY}/2}^{t_{DRY}/2+t_{RW}} W_f dt}{t_{RW}} \qquad (7-53)$$

$$q_{W,rd} = q_{W,tp} - \frac{h_{fg} \int_{\tau-t_{DRY}/2-t_{RD}}^{\tau-t_{DRY}/2} W_f dt}{t_{RD}} \qquad (7-54)$$

式中，$q_{W,rw}$ 为再润湿区管壁热流密度，$kW \cdot m^{-2}$；h_{fg} 为饱和气液相比焓差，$kJ \cdot kg^{-1}$；t_{RW} 为再润湿区持续时间，s；$q_{W,rd}$ 为再干涸区管壁热流密度，$kW \cdot m^{-2}$；t_{RD} 为再干涸区持续时间，s。

假设管壁壁温沿径向一致，轴向无传热，外管壁绝热，对管壁建立一维能量守恒方程：

$$q_{W,i} - h(T_W^t - T_{SAT}) = c_W \rho_W \frac{(D_o^2 - D_i^2)}{4D_i} \frac{dT_W^t}{dt} \qquad (7-55)$$

式中，$q_{W,i}$ 为管壁处热流密度，$kW \cdot m^{-2}$；h 为壁面与流体间的换热系数，$kW \cdot m^{-2} \cdot \text{℃}^{-1}$。

对于干涸区：$q_{W,i}$ 取为外加管壁热流密度 q_W；h 取为弥散流对流换热系数 h_{df}。

对于再润湿区：$q_{W,i}$ 取为 $q_{W,rw}$；h 取为弥散流对流换热系数 h_{df}。

对于液膜润湿区：$q_{W,i}$ 取为 $q_{W,tp}$；h 取为平均液膜流速下的流动沸腾换热系数 h_{tp}。其中，液膜润湿区液膜平均厚度 δ 由液膜与壁面间摩擦力 $M_{w,f}$ 和液膜表面与汽芯间摩擦力 $M_{i,f}$ 平衡求得。

对于再干涸区：$q_{W,i}$ 取为 $q_{W,rd}$；h 取为弥散流对流换热系数 h_{df}。

对于均匀加热无限长圆管，在间歇型干涸触发点下游，逐步提升平均含汽率及干涸时间，计算间歇型干涸触发点下游的壁温周期波动特性。当平均含汽率提高至一定值后，壁温波动失稳。持续型干涸的判定依据：壁温持续波动上升的时间超过3个流量脉动周期。

2. 流动换热模型

汽芯内平衡夹带份额 E_{eq} 采用 Ishii 和 Mishima 环状流区域汽芯内液滴平衡夹带份额计算关系式[15]：

第7章 流量脉动条件下的临界热流密度

$$E_{eq} = \tanh(7.25 \times 10^{-7} We_g^{1.25} Re_{Jf}^{0.25}) \qquad (7-56)$$

其中：

$$We_g = \frac{\rho_g J_g^2 D_i}{\sigma} \left(\frac{\rho_f - \rho_g}{\rho_g}\right)^{1/3} \qquad (7-57)$$

$$Re_{Jf} = \frac{(\rho_f J_f D_i)}{\mu_f} \qquad (7-58)$$

式中，E_{eq} 为平衡夹带份额；We_g 为气相韦伯（Weber）数；ρ_g 为饱和蒸汽密度，$kg \cdot m^{-3}$；J_g 为气相表观速度，$m \cdot s^{-1}$；ρ_f 为饱和水密度，$kg \cdot m^{-3}$；D_i 为管壁内径，m；σ 为气液相间的表面张力，$N \cdot m^{-1}$；Re_{Jf} 为由液相表观速度计算的液相雷诺数；J_f 为液相表观速度，$m \cdot s^{-1}$；μ_f 为饱和水的动力黏性系数，$kg \cdot m^{-1} \cdot s^{-1}$。

液膜与壁面间摩擦力 $M_{w,f}$ 为

$$M_{w,f} = \frac{2 f_w}{D_i} \rho_f u_f^2 \qquad (7-59)$$

其中，壁面摩擦系数 f_w 由 Wallis 公式[16]计算：

$$f_w = \max\left(\frac{16}{Re_{Jf}},\ 0.005\right) \qquad (7-60)$$

式中，$M_{w,f}$ 为液膜与壁面间摩擦力，$N \cdot m^{-3}$；f_w 为壁面摩擦系数；u_f 为液膜内平均流速，$m \cdot s^{-1}$；Re_{Jf} 为由液相表观速度计算的液相雷诺数；ρ_f 为饱和水密度，$kg \cdot m^{-3}$。

液膜表面与汽芯间摩擦力 $M_{i,f}$ 为

$$M_{i,f} = \frac{2(D_i - \delta) f_i}{D_i^2} \rho_g (u_g - u_f)^2 \qquad (7-61)$$

其中，液膜表面摩擦系数 f_i 由 Wallis 公式[16]计算：

$$f_i = 0.005 \left(\frac{1 + 300\delta}{D_i}\right) \qquad (7-62)$$

式中，$M_{i,f}$ 为液膜表面与汽芯间摩擦力，$N \cdot m^{-3}$；δ 为液膜平均厚度，m；f_i 为液膜表面摩擦系数；u_g 为饱和蒸汽流速，$m \cdot s^{-1}$。

壁面与夹带液滴的饱和蒸汽弥散流的对流换热系数 h_{df} 由 Groeneveld[17]弥散流换热公式求解：

$$h_{df} = \frac{Nu_{df} \lambda_g}{D_i} \qquad (7-63)$$

$$Nu_{df} = 1.09 \times 10^{-3} \left\{ Re_{Jg} \left[x + \frac{(1-x)\rho_f}{\rho_g} \right] \right\}^{0.989} (Pr_g)_W^{1.41} Y^{-1.15} \qquad (7-64)$$

$$Re_{\mathrm{Jg}} = \frac{\rho_{\mathrm{g}} J_{\mathrm{g}} D_{\mathrm{i}}}{\mu_{\mathrm{g}}} \tag{7-65}$$

$$Y = 1 - 0.1 \left(\frac{\rho_{\mathrm{f}}}{\rho_{\mathrm{g}}} - 1\right)^{0.4} (1-x)^{0.4} \tag{7-66}$$

式中，h_{df} 为蒸汽弥散流的对流换热系数，$kW \cdot m^{-2} \cdot ℃^{-1}$；$Nu_{\mathrm{df}}$ 为蒸汽弥散流的对流换热努塞特数；λ_{g} 为饱和蒸汽传热系数，$W \cdot m^{-1} \cdot ℃^{-1}$；$Re_{\mathrm{Jg}}$ 为由气相表观速度计算的雷诺数；J_{g} 为气相表观速度，$m \cdot s^{-1}$；μ_{g} 为饱和蒸汽的动力黏性系数，$kg \cdot m^{-1} \cdot s^{-1}$；$(Pr_{\mathrm{g}})_{\mathrm{w}}$ 为以壁温为定性温度的气相普朗特数；x 为平衡含汽率。

壁面与环状液膜间的两相流动沸腾换热系数 h_{tp} 由库捷波夫夹带环状流流动沸腾换热公式[18]求解：

$$h_{\mathrm{tp}} = \begin{cases} 900 \cdot k_{\mathrm{tp}}^{0.55} h_{\mathrm{spl}}, & k_{\mathrm{tp}} > 0.4 \times 10^{-5} \\ h_{\mathrm{spl}}, & k_{\mathrm{tp}} \leqslant 0.4 \times 10^{-5} \end{cases} \tag{7-67}$$

其中，

$$k_{\mathrm{tp}} = \left(\frac{D_{\mathrm{i}}}{16}\right)^{0.285} \frac{q_{\mathrm{w}}}{\rho_{\mathrm{g}} h_{\mathrm{fg}} u_{\mathrm{f}}} \left(\frac{\rho_{\mathrm{g}}}{\rho_{\mathrm{f}}}\right)^{1.45} \left[\frac{h_{\mathrm{fg}}}{c_{\mathrm{w}}(273.15 + T_{\mathrm{SAT}})}\right]^{0.333} \tag{7-68}$$

$$h_{\mathrm{spl}} = \frac{(0.023 Re_{\mathrm{f}}^{0.8} Pr_{\mathrm{f}}^{0.37})\lambda_{\mathrm{f}}}{D_{\mathrm{i}}} \tag{7-69}$$

$$Re_{\mathrm{f}} = \frac{\rho_{\mathrm{f}} u_{\mathrm{f}} D_{\mathrm{i}}}{\mu_{\mathrm{f}}} \tag{7-70}$$

式中，h_{tp} 为两相流动沸腾换热系数，$kW \cdot m^{-2} \cdot ℃^{-1}$；$q_{\mathrm{w}}$ 为壁面热流密度，$W \cdot m^{-2}$；h_{fg} 为饱和气液相比焓差，$kJ \cdot kg^{-1}$；u_{f} 为液膜内平均流速，$m \cdot s^{-1}$；c_{w} 为管壁壁温 T_{w} 下的比热，$kJ \cdot kg^{-1} \cdot ℃^{-1}$；$T_{\mathrm{SAT}}$ 为饱和温度，℃；h_{spl} 为单相液膜流动换热系数，$kW \cdot m^{-2} \cdot ℃^{-1}$；$\lambda_{\mathrm{f}}$ 为饱和水传热系数，$W \cdot m^{-1} \cdot ℃^{-1}$；$Re_{\mathrm{f}}$ 为由液膜平均速度计算的液相雷诺数；Pr_{f} 为由液膜平均速度计算的液相普朗特数；μ_{f} 为饱和水的动力黏性系数，$kg \cdot m^{-1} \cdot s^{-1}$。

水和水蒸气物性计算模型来源于物性计算程序 IF67 和水物性计算程序 NIST32。圆管管壁材质为 1Cr18Ni9 不锈钢，管壁比热 c_{w} 为 0.5 $kJ \cdot kg^{-1} \cdot ℃^{-1}$，管壁密度 ρ_{w} 为 7930.0 $kg \cdot m^{-3}$。

3. 程序流程

图 7-29 给出了间歇型干涸发生后壁温波动特性计算程序的流程图。

第7章 流量脉动条件下的临界热流密度

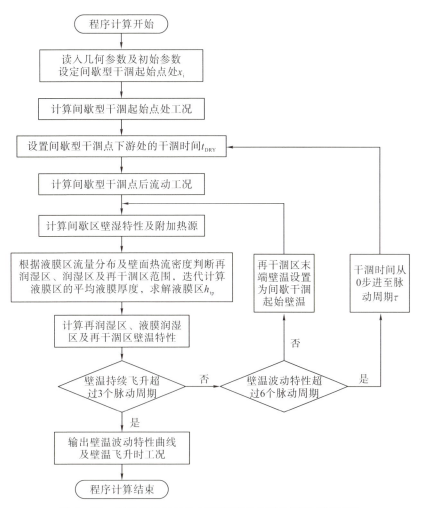

图7-29 间歇型干涸发生后壁温波动特性计算程序流程图

4. 数值结果分析

1) x_i 影响分析

图7-30(a)、(b)和(c)分别给出了间歇型干涸起始点处含汽率 $x_i = 0.5$、0.7和0.9时,间歇型干涸触发点下游的壁温波动特性曲线。

在图7-30中,随含汽率的增大,间歇型干涸触发点下游壁温波动幅值依次增大;在相同平均含汽率下,低含汽率触发间歇型干涸后,下游壁温脉动幅值比高含汽率触发间歇型干涸后的下游壁温脉动幅值大;低间歇型干涸触发含汽率 x_i 下,持续型干涸发生时的平均含汽率 x_{CHF} 较小。

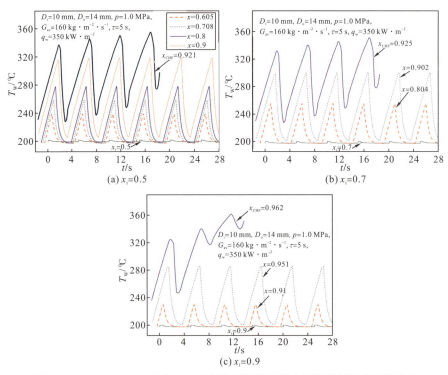

图 7-30　$x_i=0.5$，0.7 和 0.9 时间歇型干涸触发点下游壁温波动特性曲线

图 7-31 中持续型干涸发生时的流体相对比焓 Δh_{CHF} 的计算式为

$$\Delta h_{CHF}=\frac{x_{CHF}h_g+(1-x_{CHF})h_f}{h_g} \tag{7-71}$$

式中，x_{CHF} 为持续型干涸发生时的含汽率。

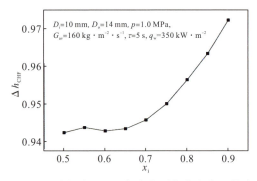

图 7-31　Δh_{CHF} 随间歇型干涸触发点平均含汽率 x_i 的变化趋势

图 7-31 显示，随间歇型干涸触发点平均含汽率 x_i 的增大，持续型干涸

在较高 Δh_{CHF} 时被触发。在 7.2.3 节试验结果分析中发现：大的进口流量脉动 $\Delta G_{\max}/G_{\text{av}}$ 将会在较低 F_p 时触发间歇型干涸；同时持续型干涸 F_c 也随相对脉动幅值 $\Delta G_{\max}/G_{\text{av}}$ 的增大而减小。因此，大相对脉动幅值 $\Delta G_{\max}/G_{\text{av}}$ 下，触发间歇型干涸点处的平均含汽率 x_i 较低；在低平均含汽率 x_i 下发生的间歇型干涸进一步提前触发了持续型干涸。图 7-31 中持续型干涸触发点处相对比焓 Δh_{CHF} 随间歇型干涸触发点平均含汽率 x_i 的变化趋势与试验结果基本一致。

2) q_w 影响分析

图 7-32(a)、(b)、(c) 和 (d) 分别给出了管壁加热热流密度 $q_w = 150\ \text{kW}\cdot\text{m}^{-2}$，$250\ \text{kW}\cdot\text{m}^{-2}$，$350\ \text{kW}\cdot\text{m}^{-2}$，$600\ \text{kW}\cdot\text{m}^{-2}$ 时，间歇型干涸触发点下游的壁温波动特性曲线。

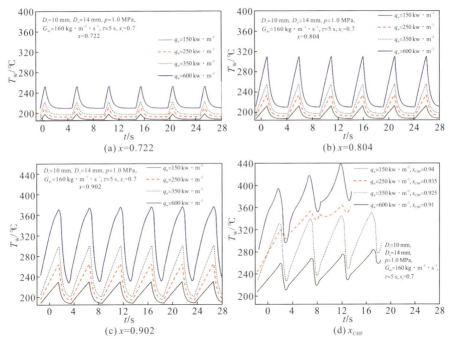

图 7-32　$q_w = 150\ \text{kW}\cdot\text{m}^{-2}$，$250\ \text{kW}\cdot\text{m}^{-2}$，$350\ \text{kW}\cdot\text{m}^{-2}$，$600\ \text{kW}\cdot\text{m}^{-2}$ 时间歇型干涸触发点下游壁温波动特性曲线

在间歇型干涸触发点下游，相同平均含汽率下，随管壁加热热流密度的增大，壁温波动幅值依次增大；高管壁加热热流密度下，将会在较小 x_{CHF} 时触发持续型干涸。间歇型干涸发生后，高管壁加热热流密度下的管壁壁温对后干涸区的极低的弥散流对流换热系数的响应更显著，壁温波动幅值随管壁加热热流密度的增大而增大。在图 7-32(d) 持续型干涸发生前，高管壁加热

热流密度下的管壁壁温波动区间即高于低管壁加热热流密度下的管壁壁温波动区间。强烈的壁温波动导致高管壁加热热流密度下持续型干涸在小 x_{CHF} 时发生。图 7-33 显示持续型干涸触发点处相对比焓 Δh_{CHF} 随管壁加热热流密度的增大持续减小。

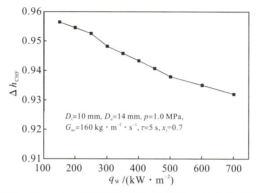

图 7-33　Δh_{CHF} 随管壁加热热流密度 q_w 的变化趋势

试验中进口流量脉动下两种沸腾危机的工况参数均对应加热圆管出口端的触发点参数。在间歇型干涸发生后逐步提升管壁加热热流密度,间歇型干涸触发点逐渐向试验段进口端移动。流量脉动下有限长度圆管内临界热流密度试验中,间歇型干涸后流动传热触发持续型干涸的过程是上述 Δh_{CHF} 随间歇型干涸触发点平均含汽率 x_i 及管壁加热热流密度 q_w 变化趋势的耦合。

7.4　本章小结

两相流动不稳定性是核反应堆内难以避免的复杂流动传热耦合现象。随着核动力装备应用范围的扩大,核反应堆系统设计安全标准的提升,两相流动不稳定性所引发加热通道内流量波动对两相流动传热的影响,特别是对临界热流密度的影响值得进一步的系统试验和理论研究。

(1)进行流量脉动条件下环状流区域液滴夹带率、沉积率的试验研究。环状流区域的液滴夹带率、沉积率与液膜波动、汽芯流速密切关联,至今还没有相关试验和理论研究。确立流量脉动条件下的液滴夹带率、沉积率是建立流量脉动下两相三流体模型,精确预测流量脉动下临界热流密度的关键。

(2)在上述机理试验基础上,建立流量脉动条件下临界热流密度的理论模型,对流量脉动条件下的临界热流密度进行准确预测。

进行不同频率和脉动幅值相叠加的复合型流量脉动条件下的临界热流密

度研究。在两相流动传热系统中,两相流动不稳定性并不是单独发生的,各种静态和动态两相流动不稳定性相互影响、相互耦合,形成传热系统内复杂的流量波动现象。在对单一频率流量脉动影响分析的基础上,进行不同脉动耦合下的流量波动对流动传热的影响试验,分析耦合脉动中分脉动间的相互影响,进一步认识实际工况中复杂流量波动下的流动传热特性。

参考文献

[1] TONG L S, TANG Y S. Boiling heat transfer and two-phase flow[M]. London: Taylor & Trancis, 1997.

[2] UMEKEWA H, OZAWA M, MIYAZAKI A, et al. Dryout in a boiling channel under oscillatory flow condition[C]//Transactions of the Japan Society of Mechanical Engineers Series B. Kyoto: Japan Science and Technology Agency, 1995: 1048-1054.

[3] OZAWA M, UMEKAWA H, YOSHIOKA Y, et al. Dryout under oscillatory flow condition in vertical and horizontal tubes-experiments at low-velocity and pressure conditions[J]. International Journal of Heat and Mass Transfer, 1993, 36(16): 4076-4078.

[4] RUDDICK M. An experimental investigation of the heat transfer at high rates between a tube and water with conditions at or nearing boiling[D]. London: University of London, 1953.

[5] UMEKAWA H, OZAWA M, MURAKAMI R, et al. Mechanism of periodical dryout under oscillatory flow condition[C]. Proceeding of the 5th ASME/JSME Thermal Engineering Joint Coference. San Diego: ASME, 1999.

[6] 苏光辉,赵大卫,张友佳,等. 柱塞式流量脉动发生器: 101403406A[P]. 2009-04-08.

[7] OKAWA T, GOTO T, YAMAGOE Y. Liquid film behavior in annular two-phase flow under flow oscillation conditions[J]. International Journal of Heat and Mass Transfer, 2010, 53(5-6): 962-971.

[8] KATTO Y, OHNO H. An improved version of the generalized correlation of critical heat-flux for the forced convective boiling in uniformly heated vertical tubes[J]. International Journal of Heat and Mass Transfer, 1984, 27(9): 1641-1648.

[9] BOWRING R W. Simple but accurate round tube uniform heat flux, dry-out correlation over the pressure range 0.7 to 17 MN/m^2 (100 to 2500 psia)[R]. Winfrith Newburgh: Atomic Energy Establishment, Winfrith (England), 1972.

[10] GROENEVELD D C, SHAN J Q, VASIC A Z, et al. The 2006 CHF look-up table[J]. Nuclear Engineering and Design, 2007, 237(15-17): 1909-1922.

[11] 傅荟璇, 赵红, 王宇超, 等. MATLAB 神经网络应用设计[M]. 北京: 机械工业出版社, 2010.

[12] 徐济鋆. 沸腾传热和气液两相流[M]. 北京: 原子能出版社, 2001.

[13] KIM Y I, BAEK W P, CHANG S H. Critical heat flux under flow oscillation of a water at low-pressure, low-flow conditions[J]. Nuclear Engineering and Design, 1999, 193(1-2): 131-143.

[14] OKAWA T, GOTO T, MINAMITANI J, et al. Liquid film dryout in a boiling channel under flow oscillation conditions[J]. International Journal of Heat and Mass Transfer, 2009, 52(15-16): 3665-3675.

[15] ISHII M, MISHIMA K. Correlation for liquid entrainment in annular two-phase flow of viscous fluid[R]. Lemont: Argonne National Laboratory, 1981.

[16] WALLIS G B. One-dimensional two-phase flow[M]. New York: McGraw-Hill, 1969.

[17] GROENEVELD D C, FREUND G A. Post-dryout heat transfer at reactor operating conditions[C]//National Topical Meeting on Water Reactor Safety. Salt Lake City: American Nuclear Society, 1973: 32.

[18] 库捷波夫, 斯捷尔曼, 司求申. 蒸汽形成时的流体动力学和热交换[M]. 范从振, 撒应禄, 译. 北京: 水利电力出版社, 1983.

>>> 第 8 章
钠-水蒸汽发生器两相流动不稳定性分析

8.1 概述

两相流动不稳定性会引起流体大范围的流量振荡,该流量振荡又会引起大规模的压力振荡。这会使得系统性能退化,通常都会导致系统传热过程偏离安全稳态运行,最坏的情况将可能导致部件的损坏[1]。所以蒸汽发生器设计者必须掌握其稳定和不稳定运行工况,避免蒸汽发生器中出现两相流动不稳定性。

从结构上看,钠冷快堆核电站采用的蒸汽发生器可分为整体式(一体化直流式,once-through)和分离式(模块式,modular)两种。在整体式蒸汽发生器中,蒸发和过热两个过程是在蒸汽和水不分离的情况下进行的,并且大多数情况下,这两个过程发生在同一部件内。美国的费米(Fermi)核电站、法国的超凤凰堆(Super Phenix)和苏联的 BN-350 堆等采用的就是这种类型蒸气发生器。分离式蒸汽发生器则相反,蒸发和过热出现在不同的设备内,并在进入过热设备之前把蒸汽分离出来。美国的实验性增殖反应堆Ⅱ号(the Experimental Breeder Reactor,EBR-Ⅱ)、克林奇河增殖反应堆(Chinch River Breeder Reactor Plant,CRBRP)和中国实验快堆(China Experimental Fast Reactor,CEFR)都采用这种形式[2]。一般压力相对较高的水/蒸汽在管侧流动,二回路的钠在壳侧流动。

蒸汽发生器两相流动不稳定性计算中,对于水侧,加热方式不是以给定热流密度直接加热,而是通过钠侧间接加热,因此存在热惯性问题。由于采用钠侧加热,水侧壁面的传热系数随着管道位置的变化而变化,随着工况的变化而变化,因此热流密度分布在轴向上具有复杂性,而且分布情况在不同工况下有很大不同。我国自主设计的钠冷快堆蒸汽发生器包含蒸发器和过热器两个部分，蒸发器和过热器的总长较长，可达 10 m 的量级，因此钠-水蒸汽发生器两相流动不稳定性分析具有明显的特殊性。

本章采用时域法进行蒸汽发生器的两相流动不稳定性分析，通过建立相应的模型，开发了模拟和分析程序 COSFIAS，该程序适用于钠冷快堆钠水直流蒸汽发生器两相流动不稳定性计算，由西安交通大学核反应堆热工水力研究室独立开发。

8.2 数学物理模型

8.2.1 蒸汽发生器模型

虽然钠冷快堆核电站采用的蒸汽发生器实体形式不同，但是所用的数学描述基本是类似的。通常对钠冷快堆核电站的蒸汽发生器进行数学建模有两种方法：一种采用固定网格，通过控制容积或有限差分法求解基本方程；另一种采用可移动边界，将各区域的边界位置表示为时间的函数。可移动边界法方程较为复杂，本章采用固定网格方法对蒸汽发生器进行建模。

在直流式蒸汽发生器中，传热管外为液态金属钠，传热管内为从单相过冷水到单相蒸汽的水/蒸汽。为使模型简化，在建模过程中作出如下假设：传热管简化为按一维流动计算的单管模型；计算钠侧的流动特性时，钠冷却剂作为不可压缩流体来处理；解除动量方程和能量方程的耦合关系，动量方程通过另外一个管道模型整合到整个系统中；水侧采用不可压缩模型，两相区采用可压缩的均相流模型。

1. 管壁模型

图 8-1 为蒸汽发生器管壁传热示意图，传热管壁负责将钠侧流体的热量传递到水/蒸汽侧，是蒸汽发生器内的重要结构。

在本章研究的直流式蒸汽发生器内，传热管壁的厚度很薄，沿轴向管壁的传热可以忽略，所以传热管壁的传热方程可以简化为如下形式：

$$\rho_w V_w c_p \frac{\partial T_w(\tau)}{\partial t} = h_1 A_1 (T_1 - T_{w1}) - h_2 A_2 (T_{w2} - T_2) \quad (8-1)$$

式中，h_1 为一次侧流体与管壁的传热系数，$W \cdot m^{-2} \cdot K^{-1}$；$h_2$ 为二次侧流体与管壁的传热系数，$W \cdot m^{-2} \cdot K^{-1}$；$A_1$ 为一次侧流体与管壁的传热面积，

第8章 钠-水蒸汽发生器两相流动不稳定性分析

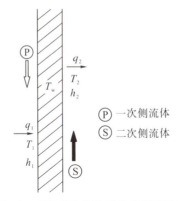

图 8-1 直流蒸汽发生器传热管壁示意图

m^2；A_2 为二次侧流体与管壁的传热面积，m^2；T_w 为管壁温度，K；T_{w1} 为一次侧管壁面温度，K；T_{w2} 为二次侧管壁面温度，K；T_1 为一次侧流体温度，K；T_2 为二次侧流体温度，K；ρ_w 为管壁密度，$kg \cdot m^{-3}$；V_w 为管壁体积，m^3；c_p 为管壁材料的定压比热，$J \cdot kg^{-1} \cdot K^{-1}$；$\tau$ 为传热时间，s。

壁面温度可由热流密度相等的原理得到，对于内侧壁面：

$$\lambda \frac{T_w - T_{w2}}{\delta/2} = h_2 (T_{w2} - T_2) \tag{8-2}$$

从而

$$T_{w2} = \frac{\frac{\lambda}{\delta/2} T_w + h_2 T_2}{\frac{\lambda}{\delta/2} + h_2} \tag{8-3}$$

对于外侧壁面

$$\lambda \frac{T_w - T_{w1}}{\delta/2} = h_1 (T_{w1} - T_1) \tag{8-4}$$

从而

$$T_{w1} = \frac{\frac{\lambda}{\delta/2} T_w + h_1 T_1}{\frac{\lambda}{\delta/2} + h_1} \tag{8-5}$$

式中，λ 为壁面传热系数；δ 为壁面厚度。

2. 流体模型

直流蒸汽发生器水侧分为单相流体和两相流体两种情况考虑。直流蒸汽发生器水侧的流体相继出现过冷水、饱和水、汽水混合物、饱和蒸汽、过热

核动力系统的流动不稳定性

蒸汽,两相区计算使用均相流模型。

忽略重力、动能变化做的功,不考虑流体的体积释热并且忽略流体的轴向传热,对于两相流体及单相蒸汽,考虑可压缩性,可以得到以下方程。

质量守恒方程:

$$\frac{\partial \rho}{\partial t}+\frac{\partial}{\partial z}\left(\frac{W}{A}\right)=0 \tag{8-6}$$

动量守恒方程:

$$\frac{\partial}{\partial t}\left(\frac{W}{A}\right)+\frac{\partial}{\partial z}\left(\frac{W^2}{\rho A^2}\right)=-\frac{\partial p}{\partial z}-\frac{fW|W|}{2D_e \rho A^2}-\rho g \tag{8-7}$$

能量守恒方程:

$$\rho\frac{\partial h}{\partial t}+\frac{W}{A}\frac{\partial h}{\partial z}=\frac{qU}{A}+\frac{\partial p}{\partial t} \tag{8-8}$$

又由于:

$$\frac{\partial \rho}{\partial t}=\frac{\partial \rho}{\partial h}\frac{\partial h}{\partial t}+\frac{\partial \rho}{\partial p}\frac{\partial p}{\partial t} \tag{8-9}$$

可以得,

$$\frac{\partial p}{\partial t}=\frac{1}{\left(\frac{1}{\rho}\frac{\partial \rho}{\partial h}+\frac{\partial \rho}{\partial p}\right)}\left(\frac{W}{\rho A}\frac{\partial \rho}{\partial h}\frac{\partial h}{\partial z}-\frac{1}{A}\frac{\partial W}{\partial z}-\frac{\partial \rho}{\partial h}\frac{qU}{\rho A}\right) \tag{8-10}$$

$$\frac{\partial h}{\partial t}=\frac{1}{\left(\frac{1}{\rho}\frac{\partial \rho}{\partial h}+\frac{\partial \rho}{\partial p}\right)}\left(\frac{qU}{\rho A}\frac{\partial \rho}{\partial p}-\frac{W}{\rho A}\frac{\partial \rho}{\partial p}\frac{\partial h}{\partial z}-\frac{1}{\rho A}\frac{\partial W}{\partial z}\right) \tag{8-11}$$

式中,ρ 为流体密度,$kg \cdot m^{-3}$;p 为系统压力,Pa;h 为流体比焓,$J \cdot kg^{-1}$;A 为通道面积,m^2;z 为流体沿流动方向距离,m;D_e 为管道当量直径,m;f 为摩擦阻力系数;W 为质量流量,$kg \cdot s^{-1}$;g 为重力加速度,$m \cdot s^{-2}$;q 为热流密度,$W \cdot m^{-2}$;U 为管道周长,m。

各式中的各个参数在两相情况下均为两相混合物的参数,其中:

$$\rho=\rho_f(1-\alpha)+\rho_g \alpha \tag{8-12}$$

$$\alpha=\frac{1}{\dfrac{x}{\rho_g}+\dfrac{1-x}{\rho_f}}=\frac{1}{1+\dfrac{1-x}{x}\dfrac{\rho_g}{\rho_f}} \tag{8-13}$$

$$x=\frac{h-h_f}{h_{fg}} \tag{8-14}$$

式中,h_{fg} 为饱和气液相比焓差;h_f 为饱和液体比焓;h_g 为饱和气体比焓;ρ_f 为饱和液体密度;ρ_g 为饱和气体密度。

采用交错网格技术将上述方程对每一个控制体进行积分,即可以获得每个控制体参数的控制方程,求解的变量主要有三个——流量、比焓及压力,主控制体上用来存放压力、比焓,而动量控制体上用来存放流量,如图 8-2 所示。采用迎风格式积分,对动量方程加速压降采用对流运动的二次迎风插值(quadratic upstream interpolation for convective kinematics,QUICK)格式离散并积分,可得到:

$$\frac{\mathrm{d}h_i}{\mathrm{d}t} = \frac{1}{A_i l_i} \frac{(W_{i-1}h_{i-1} - W_i h_i + q_i U_i l_i) + \left(h - 1/\frac{\partial \rho}{\partial p}\right)_i (W_i - W_{i-1})}{\left(\rho + \frac{\partial \rho}{\partial h}\Big/\frac{\partial \rho}{\partial p}\right)_i}$$

(8-15)

$$\frac{\mathrm{d}p_i}{\mathrm{d}t} = \frac{W_{i-1} - W_i}{A_i l_i \left(\frac{\partial \rho}{\partial p}\right)_i} - \left(\frac{\partial \rho}{\partial h}\Big/\frac{\partial \rho}{\partial p}\right)_i \frac{\mathrm{d}h_i}{\mathrm{d}t} \tag{8-16}$$

$$\frac{\mathrm{d}W_i}{\mathrm{d}t} = \frac{(p_i - p_{i+1}) - (\Delta p_\mathrm{f} + \Delta p_\mathrm{g} + \Delta p_\mathrm{a} + \Delta p_\mathrm{c})_i}{\left(\frac{l_i}{A_i}\right)} \tag{8-17}$$

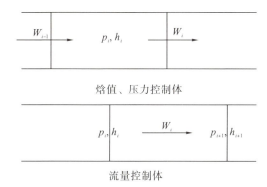

图 8-2 交错网格

若假定系统内流体全部处于不可压缩状态,则密度偏导数项可以忽略。从而对于不可压缩流体的钠侧,有:

$$\frac{\mathrm{d}h_i}{\mathrm{d}t} = \frac{W_{i-1}h_{i-1} - W_i h_i + q_i U_i l_i}{\rho A_i l_i} \tag{8-18}$$

$$W_i = W_\mathrm{in} \tag{8-19}$$

$$p_i = p_{i+1} + (\Delta p_{\mathrm{f},i+1} + \Delta p_{\mathrm{g},i+1} + \Delta p_{\mathrm{a},i+1} + \Delta p_{\mathrm{c},i+1}) \tag{8-20}$$

式中,p_i 为控制体 i 的压力;h_i 为控制体 i 的比焓;U_i 为控制体 i 周长;l_i 为控制体 i 长度;q_i 为控制体 i 热流密度;W_i 为控制体 i 质量流量;W_in 为进口质量流量;A_i 为控制体 i 截面积;$\Delta p_{\mathrm{f},i+1}$ 为控制体 $i+1$ 的摩擦压降;

$\Delta p_{\mathrm{g},i+1}$ 为控制体 $i+1$ 的重位压降；$\Delta p_{\mathrm{a},i+1}$ 为控制体 $i+1$ 的加速压降；$\Delta p_{\mathrm{c},i+1}$ 为控制体 $i+1$ 局部形阻压降。

8.2.2 泵模型

钠冷快堆中有电磁泵和离心泵两种泵，程序 COSFIAS 中电磁泵的相关数据是由用户直接输入，如电磁泵的进、出口压差；离心泵的相关数据是由用户直接输入，如扬程、流量、转速等，或用四象限类比曲线求解。程序 COSFIAS 还提供了用户自定义的例程 UserPump，用于用户自定义的泵。

离心泵的主要参数有泵的扬程 H、转矩 T_{hy}、体积流量 Q 和角速度 w。这些参数之间有一定的联系和内部规律，通常把由试验得出的这些参数之间的对应关系的曲线称为泵的四象限曲线。

主泵的控制方式包括泵电动转矩受控制和泵转速受控制两种，当选择电动转矩受控方式时主泵有以下三种运行方式：

(1) 常转矩；
(2) 转矩按用户提供的时间表变化；
(3) 转矩由控制系统控制。

当转矩受控制时，泵的转速由力矩平衡关系式求得：

$$\frac{\mathrm{d}w}{\mathrm{d}t}=\frac{T_{\mathrm{e}}-T_{\mathrm{hy}}-T_{\mathrm{f}}}{I} \quad (8-21)$$

式中，T_{e} 为泵的电动转矩，N·m，$T_{\mathrm{e}}=0$ 可模拟泵的惰转；T_{hy} 为泵的水力转矩，N·m，由类比曲线求得；T_{f} 为泵的摩擦转矩，N·m，由作为泵速函数的三次多项式给出：

$$T_{\mathrm{f}} = \sum_{i=1}^{4} C_i \left| \frac{w}{w_{\mathrm{r}}} \right|^{i-1} \quad (8-22)$$

式中，C_i 由用户输入；w_{r} 为额定转速。

泵转速受控也有三种不同的运行方式：

(1) 常转速，当 $w=0$ 时可模拟泵轴卡死；
(2) 转速按用户给出的时间表变化；
(3) 转速由控制系统控制。

8.2.3 管道和阻力件模型

对于管道，采用一维节点热平衡模型，将管壁及流体沿着流动方向划分为若干控制体，如图 8-3 所示，忽略管道与外界的传热，假设管内流体为不可压缩流体。

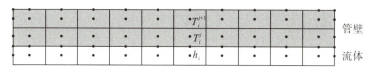

图 8-3 管道控制体的划分

质量方程：
$$W_{i+1} = W_i \tag{8-23}$$

根据不同的边界条件选择不同的动量方程：
$$\Delta p_i = \frac{1}{2} f_i \frac{L_i}{2D_e} \rho_i v_i |v_i| + \rho_i g L_i \sin\theta + \frac{1}{2} k_i \rho_i v_i |v_i| \tag{8-24}$$

边界条件为进口压力、出口压力时，动量方程为
$$\frac{dW_P}{dt} = \frac{p_{in} - p_{out} - \sum_{i=1}^{N} \Delta p_i}{L_P / A_P} \tag{8-25}$$

$$p_i = p_{i+1} + \Delta p_i + \frac{L_{P,i}}{A_P} \frac{dW_P}{dt} \tag{8-26}$$

边界条件为进口流量、进口压力时，动量方程为
$$p_i = p_{i-1} - \Delta p_i - \frac{L_{P,i}}{A_P} \frac{dW_P}{dt} \tag{8-27}$$

边界条件为进口流量、出口压力时，动量方程为
$$p_i = p_{i+1} + \Delta p_i + \frac{L_{P,i}}{A_P} \frac{dW_P}{dt} \tag{8-28}$$

能量方程：
$$Q_i = h_i \frac{4 A_P L_i}{D_e} (T_{w,i} - T_{f,i}) \tag{8-29}$$

$$\frac{dh_i}{dt} = \frac{W_P h_{i-1} - W_P h_i + Q_i}{\rho_i L_{P,i} A_P} \tag{8-30}$$

壁面传热方程：
$$\frac{dT_{w,i}^j}{dt} = \frac{Q_i^{j-1,j} + Q_i^{j+1,j}}{\rho_{w,i}^j c_{w,i}^j} \tag{8-31}$$

$$Q_i^{j-1,j} = \frac{2\pi L_i (r_j - \Delta r_j)(T_{w,i}^{j-1} - T_{w,i}^j)}{r_j - r_{j-1}} \bigg/ \left(\frac{x}{\lambda_i^j} + \frac{1-x}{\lambda_i^{j-1}} \right) \tag{8-32}$$

$$Q_i^{j+1,j} = \frac{2\pi (r_i + \Delta r_i) L_i (T_{w,i}^{j+1} - T_{w,i}^j)}{r_{i+1} - r_i} \bigg/ \left(\frac{x}{\lambda_i^j} + \frac{1-x}{\lambda_i^{j+1}} \right) \tag{8-33}$$

固体边界点温度更新：

$$T_{W,i}^1 = \frac{T_{f,i}(r_2-r_1)h_i/2\lambda_i^2 + T_{W,i}^2}{1+(r_2-r_1)h_i/2\lambda_i^2} \tag{8-34}$$

式中，i 为轴向控制体编号；j 为径向控制体编号；Δp_i 为流体控制体 i 的压降，Pa；ρ_i 为流体控制体 i 的密度，kg·m^{-3}；v_i 为流体控制体 i 的流速，kg·m^2·s^{-1}，从进口流向出口的方向为正方向；W_P 为管道质量流量，kg·s^{-1}；h_i 为流体控制体 i 的比焓，J·kg^{-1}；q_i 为单位时间内流体控制体 i 传给管壁的热量，W·s^{-1}；$Q_i^{j-1,j}$ 为第 $j-1$ 个控制体向第 j 个控制体的传热量，J；$\rho_{W,i}$ 为管壁控制体 i 的密度，kg·m^{-3}；$c_{W,i}^j$ 为管壁控制体 j 的比热，J·kg^{-1}·K^{-1}；$T_{W,i}^j$ 为管壁控制体 j 的温度，K；$L_{P,i}$ 为流体控制体 i 长度，m；A_P 为管道截面积，m^2；x 为平均含汽率；λ_i^{j-1} 为控制体 $j-1$ 的壁面传热系数，W·m^{-1}·K^{-1}；r_i 为控制体 i 半径，m。

8.2.4　管网模型

有些反应堆结构中存在分支结构，对于这种存在分支结构的反应堆，将其简化为管道网络结构，在程序中设置了管网模型，可以对多根管道的串并联进行计算。典型管网结构示意图如图 8-4 所示，由 8 根管道、4 个节点、4 个边界点组成。

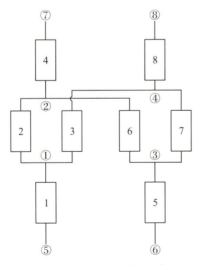

图 8-4　典型管网结构示意图

在建模时对其进行了一定假设，假设管内流体为不可压缩流体，并忽略对外散热及壁面导热，根据节点处质量、动量、能量守恒得出控制方程如下：

第8章 钠-水蒸汽发生器两相流动不稳定性分析

动量守恒方程：

$$I_i \frac{\mathrm{d}W_i}{\mathrm{d}t} - p_i^{\mathrm{in}} + p_i^{\mathrm{out}} = \Delta p_i \quad (8-35)$$

式中，I_i 为 i 号管道内流体的流动惯量，$\mathrm{kg \cdot s \cdot m^{-1}}$；$W_i$ 为 i 号管道内流体的质量流量，流入为正，流出为负，$\mathrm{kg \cdot s^{-1}}$；p_i^{in} 为 i 号管道的进口压力，Pa；p_i^{out} 为 i 号管道的出口压力，Pa；Δp_i 为 i 号管道的压降，Pa。

质量守恒方程：

$$\sum_{N_j} \frac{\mathrm{d}W_i}{\mathrm{d}t} = 0 \quad (8-36)$$

式中，N_j 为 j 号节点对应的管道数目。

能量守恒方程：

管道内的比焓为

$$\frac{\mathrm{d}h_i}{\mathrm{d}t} = \frac{|W_i^{\mathrm{in}}|(h_i^{\mathrm{in}} - h_i)}{\rho_i L_i A_i} \quad (8-37)$$

节点处的比焓为

$$\frac{\mathrm{d}h_j}{\mathrm{d}t} = \frac{\sum_{N_j^+} W_i (h_i - h_j)}{\sum_{N_j^+} W_i} \quad (8-38)$$

式中，N_j^+ 为 j 号节点流入的管道数；h_j 为 j 号节点对应的流入的流体比焓，$\mathrm{kJ \cdot kg^{-1}}$；$W_i^{\mathrm{in}}$ 为 i 号管道的流体进口质量流量，$\mathrm{kg \cdot s^{-1}}$；h_i^{in} 为 i 号管道进口流体比焓，$\mathrm{kJ/kg^{-1}}$。

8 条管道对应 8 个动量方程，4 个节点对应 4 个连续性方程，有 8 个压力、8 个流量，需要 4 个边界条件，即进、出口的流量或者压力。

8.2.5 辅助模型

对流换热关系式、临界热流密度关系式及压降计算关系式等绝大多数关系式是通过试验数据拟合而得，具有一定的适用范围。由于蒸汽发生器设备运行压力较高且变化较大，轴向尺寸达 10 m 量级，同时对应的质量流速不是特别高（CEFR 满功率质量流速 $589\ \mathrm{kg \cdot m^{-2} \cdot s^{-1}}$）。绝大多数经验关系式难以满足蒸汽发生器对应的工况要求，因此在选用关系式时，应综合考虑，尽量选择贴近蒸汽发生器运行工况的关系式。表 8-1 中给出了 COSFIAS 程序推荐使用的临界热流密度计算公式。

表 8-1 COSFIAS 推荐选用的临界热流密度计算公式[10]

工况或模型	大流量区	小流量区
单相液体对流	迪图斯-贝尔特公式	科利尔公式
饱和泡核沸腾	汤姆(Tom)公式	陈氏公式
稳定膜态沸腾(缺液区)	格罗尼福尔德(Groeneveld)公式	布朗利公式
过热蒸汽对流	西德尔-塔特公式	西德尔-塔特及麦克亚当斯公式选大者
干涸型临界热流密度模型	比亚西(Biasi)公式	祖贝尔(Zuber)池式沸腾公式
单相钠传热模型	马氏(Ma)公式[9]	马氏(Ma)公式[9]
单相水压降模型	布拉修斯公式	理论计算(层流)
两相摩擦模型	均相流模型	均相流模型
单相钠压降模型	布拉修斯公式	理论计算(层流)

临界热流密度模型可分为偏离泡核沸腾(departure from nucleate boiling, DNB)型和干涸(dryout)型。前者含汽率较低，传热为泡核沸腾。后者含汽率高，主流一般处于环状流区域。偏离泡核沸腾型可选用 W-3 公式和须藤(Sudo)公式计算，干涸型可选用比亚西公式、祖贝尔公式计算。蒸汽发生器一般适用的是干涸型计算公式。通过临界热流密度的计算，能够得到当前时刻可能的最大的壁面热流密度，若迭代过程中出现了高于临界热流密度的情况，则将临界热流密度作为壁面热流密度，同时使用膜态沸腾传热关系式计算两相传热系数。

COSFIAS 的物性模型有钠物性、水物性、水蒸气物性及管壁材料物性模型，主要包含比焓、饱和温度、饱和压力、热导率、黏度、比热、密度等参数的计算关系式或表格。

依据 Frink 等人[8]的工作及部分商业软件的钠物性计算模型，2.25Cr-1Mo 钢热导率和热扩散率随温度的变化[11]利用美国阿贡国家实验室数据得出。

8.3 数值方法

COSFIAS 程序采用面向对象的模块化建模方法，包含主程序、辅助模块、耦合模块、物性模块、输入模块、输出模块、系统模块及数值计算模块，其中系统模块包括主泵模块、管道模块、蒸汽发生器模块和管网模块。各个模块既可以独立运行，又可以在耦合模块中由主程序调用一起求解。各程序模块的作用如下：

输入模块：主要负责数据输入卡片的读入；
耦合模块：调用各系统模块及数值计算模块开展稳态及瞬态计算；
数值计算模块：吉尔(Gear)方法模块，负责微分方程组的求解工作；
物性模块：提供钠、水及堆芯材料的热物性计算关系式；
辅助模块：提供传热系数、流体阻力系数及其他辅助参数计算子函数；
输出模块：负责将程序计算的结果以文件形式或通过屏幕输出；
系统模块：负责反应堆的各个系统部件的参数输入、初始化和导数计算；
各部件输入模块：输入各部件结构参数及估测的温度、压力等物性参数；
初始化模块：在瞬态计算之前，给每个控制体赋初值；
导数计算模块：计算各个部件中物性参数的变化情况。

COSFIAS 程序的仿真流程如图 8-5 至图 8-7 所示。该程序类似 RELAP5 等程序，采用瞬态的求解方法来求解稳态，求解稳态与瞬态的数值方法一样，不同点在于边界条件的设置。

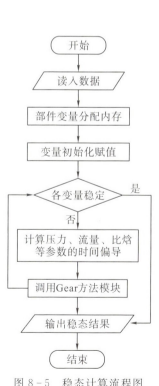

图 8-5 稳态计算流程图

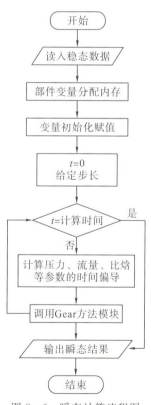

图 8-6 瞬态计算流程图

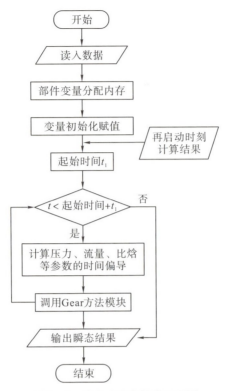

图 8-7 重启动瞬态计算流程图

8.4 两相流动不稳定性计算

8.4.1 均匀热流密度并联多通道两相流动不稳定性分析

本节针对文献中常见的给定均匀热流密度的并联通道两相流动不稳定性开展分析计算。此种并联通道系统的基本结构如图 4-1 所示。系统通常包含两个并联通道、进出口腔室及进口节流阀。在并联通道内包含不加热的入口段及上升段。文献[11]中研究了均匀热流和余弦热流两种分布的不稳定性边界，其计算中忽略了入口段及上升段，采用的基本参数如表 8-2 所示。

对 COSFIAS 程序中的水侧设置均匀热流密度，调整进口焓使得进口过冷度为 2.8 ℃。在压力为 7 MPa、进口阻力系数为 0 情况下计算发生流动不稳定性时的热流密度。在计算初始对某一通道热流密度引入短时间的扰动，观察进口流量的变化情况。图 8-8 给出了热流密度为 1419 kW·m^{-2} 时进口流量随时间的变化，从图中可以看出，此热流密度下引入扰动后，扰动幅值随着时间的增大逐渐减小，此时对应流动应该是稳定的。图 8-9 中给出了热流密度为 1420 kW·m^{-2} 时进口流量随时间的变化。从图中可以看出，此热流密度下引入扰动后，扰动幅值随着时间的增大而逐渐增大。因此该热流密度下对应的流动是不稳定的。结合两图分析可知，该系统发生流动不稳定性的极限热流密度应在 1420 kW·m^{-2} 附近。图 8-10 给出了热流密度为 1420 kW·m^{-2} 时相变数随时间的变化情况，可以看出发生流动不稳定性时相变数随时间也出现规律振荡，对应的流动不稳定性边界相变数约为 6.92，而相关文献给出的参考值为 6.99，由此可见本程序在计算两相流动不稳定性上是可靠的。

表 8-2 并联通道参数

参数	数值
加热长度/m	1
通道直径/m	0.012
系统压力/MPa	7
总质量流量/(kg·s^{-1})	0.2
联箱高度/m	0.2
通道数目	2

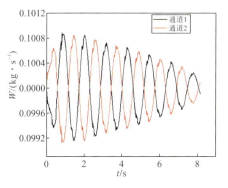

图 8-8 热流密度为 1419 kW·m^{-2} 时进口流量随时间的变化

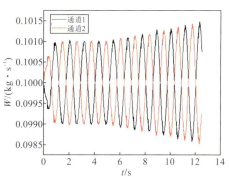

图 8-9 热流密度为 1420 kW·m^{-2} 时进口流量随时间的变化

核动力系统的流动不稳定性

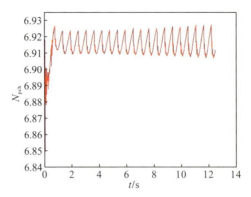

图 8-10 热流密度为 1420 kW·m^{-2} 时相变数随时间的变化

8.4.2 典型蒸汽发生器两相流动不稳定性分析

此分析根据 CEFR 蒸汽发生器相关数据进行,CEFR 蒸汽发生器包含蒸发器和过热器两部分,其主要参数如表 8-3 所示。

表 8-3 CEFR 蒸汽发生器参数

参数	数值	
	蒸发器	过热器
水侧压力/MPa	14	14
钠的进口温度/℃	463.3	495
钠的出口温度/℃	310	463.3
水的进口温度/℃	190	358
水的出口温度/℃	358	480
钠的质量流量/(kg·s^{-1})	137.5	137.5
水的质量流量/(kg·s^{-1})	13.36	13.36
管道直径/mm	16	16
管道长度/m	11.75	5.1
材料	2.25Cr-1Mo 钢	

1. 蒸汽发生器并联多通道两相流动不稳定性分析

该分析仅仅针对钠-水直流蒸汽发生器二次侧展开,图 8-11 中给出了要进行并联通道不稳定性分析的系统简图。并联通道通过进出口腔室互相连接,每个通道通过液态金属钠进行加热,从进口腔室至出口腔室温度逐渐升高,

第8章 钠-水蒸汽发生器两相流动不稳定性分析

出口过热度逐渐增大,在两相情况下可能发生流动不稳定性。

COSFIAS 程序中的蒸汽发生器模型为单管模型,为进行并联多通道的模拟,需要建立多个蒸汽发生器进行并联设置。为分析管间两相流动不稳定性,设置管道总流量保持不变,分析不同通道之间的流量变化情况,因此需要利用管网模型进行通道间的流量分配。根据 COSFIAS 部件设置,对进出口腔室可采用管道部件模拟,各通道采用蒸汽发生器部件模拟,腔室与各通道相连的分支结构采用管网部件模拟。腔室和蒸汽发生器的控制体个数,均可以按照需要在输入卡片中填写。系统节点图如图 8-12 所示。需

图 8-11 并联多通道两相流动不稳定性分析系统示意图

要指出的是,由于 CEFR 等反应堆的蒸汽发生器包含蒸发器和过热器两部分,每一个单独的通道实际上也可能是由两个蒸汽发生器部件串联而成。

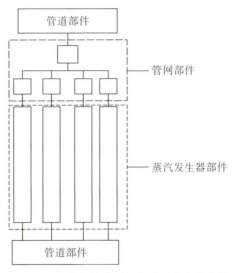

图 8-12 COSFIAS 并联多通道两相流动不稳定性分析系统节点图

由图 8-12 可以看出,并联多通道两相流动不稳定性分析使用的部件为蒸汽发生器部件、管网部件、管道部件,需要填写对应部件的输入卡及总体输入卡。对于泵部件,将泵数目设为零即可。保守估计时,仅仅考虑蒸汽发

核动力系统的流动不稳定性

生器传热管内的各处压降,对进出口处由几何结构变化等引起的局部阻力及其他各种阻力直接取 0。在计算局部阻力系数对蒸汽发生器的影响时,通过输入卡引入相应的局部阻力系数。例如在管网部件引入蒸汽发生器各通道的进口阻力系数,在管道部件引入各通道的出口、进口阻力系数。

本节进行的不稳定性分析为针对蒸汽发生器二次侧两相流动不稳定性的分析。一次侧为单相钠侧,其条件的改变实质上影响了二次侧的热流密度大小和分布。设置一次侧边界条件为进口流量、焓及出口压力,这三个边界条件的变化将影响一次侧对二次侧加热的功率。对于二次侧边界,设置给定出口压力、进口压力/总流量及进口焓值,在不同参数下进行瞬态计算,观察二次侧流量的变化情况,判断两相流动不稳定性的类型、边界等特征。

依据图 8-12 给出的节点图填写卡片,计算得到了典型并联多通道的两相流动不稳定性分析结果。计算工况:水侧 28% 流量,压力 7 MPa,蒸发器出口过热度 80 ℃;钠侧 70% 流量,压力 1.5 MPa。在此条件下研究进口阻力系数对两相流动不稳定性的影响。

图 8-13 中给出了在通道进口阻力系数从 178 逐渐降低到 173 的情况下,并联通道发生流量脉动的情况。从图中可以看出,在逐渐减小进口阻力系数的情况下,通道流量脉动振幅逐渐增大,表现出明显的两相流动不稳定性。每个通道的流量变化周期为 2 s 左右。

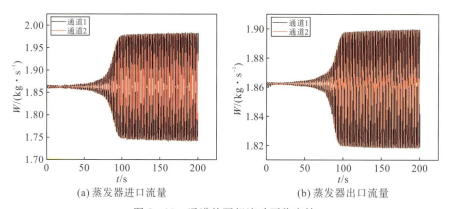

图 8-13 通道的两相流动不稳定性

图 8-14 给出了两相流动不稳定性条件下过热器进口位置壁面温度随时间的变化规律。从图中可以看出,由于流体流量脉动的影响,流体温度出现周期性脉动,进而引起壁面温度的脉动。在图示情况下,流量脉动振幅较小,因而壁面温度脉动并不明显。但在两相流动不稳定性振幅较大的情况下,壁面温度的脉动振幅较大,则容易引起材料热疲劳损坏,这也是人们尽量避免

第8章 钠-水蒸汽发生器两相流动不稳定性分析

两相流动不稳定性发生的原因之一。

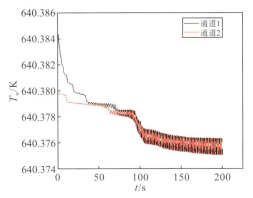

图 8-14　过热器进口位置壁面温度随时间的变化

增大进口阻力系数,可以消除两相流动不稳定性。在进口阻力系数为 180 左右时,流量脉动的最大幅值为 1.97 kg/s,约为平均值的 6%,可以将此进口阻力系数视为该工况下的两相流动不稳定性的临界进口阻力系数。CEFR 中采用的进口阻力系数为 900,考虑到工程应用的保守性,可以初步证明 COSFIAS 程序在两相流动不稳定性分析方面的正确性。

2. 带三回路反馈的两相流动不稳定性分析

三回路除去蒸汽发生器外还包含汽轮机、冷凝器、泵等其他部件,这些部件与蒸汽发生器共同构成完整的三回路(见图 8-15)。因此,这些部件构成了实际运行的钠-水直流蒸汽发生器二次侧的外部特性,它们必然会对蒸汽发生器二次侧的两相流动不稳定性产生影响。

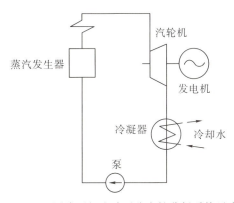

图 8-15　三回路两相流动不稳定性分析系统示意图

核动力系统的流动不稳定性

利用 COSFIAS 程序搭建的简化三回路如图 8-16 所示，蒸汽发生器包含蒸发器和过热器，为两相流动不稳定性的研究对象，因此需要对其进行详细的模拟；汽轮机、冷凝器等部件则采用阻力件进行简化；同时，考虑沿程压降及重位压降，也设置了管道部件。

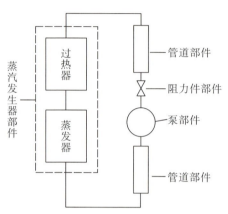

图 8-16　三回路两相流动不稳定性分析系统节点图

蒸汽发生器采用单通道模型进行模拟，由于分离式蒸汽发生器有蒸发器和过热器两部分，对它们均采用蒸汽发生器部件进行模拟，对应轴向控制体个数仍然在输入卡片中根据需要设置。由于管道部件设置了阻力系数，并可以在输入卡片中改变阻力系数的值，因此管道部件可以用于模拟阀门和阻力件。这里汽轮机、冷凝器等部件采用管道部件进行模拟，并将对应的管道长度设得较短，以排除摩擦压降和重位压降，更好地模拟阻力件的局部阻力特性。对于泵的模拟，可以考虑采用阻力件模型，也可以考虑采用程序中的泵模型。

蒸汽发生器一次侧边界条件设置采取与 8.4.1 节相同的形式。二次侧自身构成了完整的回路，其流量压力特性主要由三回路其他部件决定。汽轮机和冷凝器具有换热功能，在模拟中仅仅采用阻力件模型，而忽略了其换热能力。因此需要对紧随其后的管道部件提供进口焓边界（在总体输入卡内设置），以合理计算管道的压力变化。

进行三回路反馈的两相流动不稳定性分析采用的部件为蒸汽发生器、泵、管道等，需要填写对应部件的输入卡及总体输入卡。对于管网部件，将管网数目设为零即可。

依据图 8-16 给出的节点图填写卡片，计算得到了典型三回路两相流动不稳定性分析结果。计算工况：水侧流量 28%，压力 14 MPa；钠侧流量 100%，压力 1.5 MPa。由于改变阻力系数会影响水侧流量，因此采用给定阻

第8章 钠-水蒸汽发生器两相流动不稳定性分析

力系数,逐渐增大钠侧进口焓的方法寻找对应条件下的不稳定性边界点。

设定汽轮机、冷凝器等设备构成的阻力系数为 70.13,设定液态水部分各结构件形成的阻力系数为 40.72。泵的四象限特性分析采用典型机械泵模型,在给定流量下压降为 10600 Pa。

图 8-17 中给出了钠侧进口焓为 613.4 kJ 时的蒸汽发生器进出口流量脉动情况,从图中可以看出,进出口流量脉动呈现反相位,且进口脉动振幅较出口脉动振幅更大。图中显示脉动周期约为 5 s,这与并联多通道的两相流动不稳定性分析结果相一致。图 8-18 中给出了过热器进口位置壁面温度随时间的变化,从图中可以看出,过热器进口处壁面温度同样存在脉动,但脉动振幅较小。

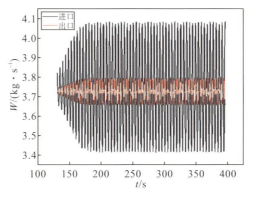

图 8-17 蒸汽发生器进出口流量脉动

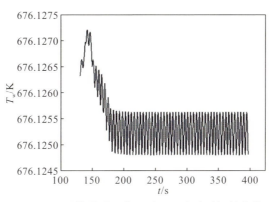

图 8-18 过热器进口位置壁面温度随时间的变化

在给定阻力系数的情况下,通过提升钠侧进口温度,系统的不稳定性增强。图 8-17 中显示,在钠侧进口焓为 613.4 kJ 时,蒸汽发生器进口处流量脉动可达平均值的 1.08 倍,进出口平均流量可达总流量平均值的 1.04 倍,此时系统大体上处于两相流动不稳定性的临界点。

参考文献

[1] BOURE J, BERGLES A, TONG L S. Review of two-phase flow instability [J]. Nuclear Engineering and Design, 1973, 25(2): 165-192.

[2] LAHEY R T, MOODY F J. The thermal hydraulics of a boiling water nuclear reactor[R]. La Grange Park: American Nuclear Society, 1977.

[3] ISHIGAI S. Steam power engineering: thermal and hydraulic design principles[M]. Cambridge: Cambridge University Press, 1999.

[4] SAHA P, ISHII M, ZUBER N. An experimental investigation of the thermally induced flow oscillations in two-phase systems[J]. J. Heat Transfer, 1976, 98(4): 616-622.

[5] MARCH-LEUBA J. Density-wave instabilities in boiling water reactors [R]. Washington D C: Nuclear Regulatory Commission, 1992.

[6] 郭玉君. 核动力系统热工水力分析程序的研制与应用[D]. 西安: 西安交通大学, 1994.

[7] MA Z, WU Y, QIU Z, et al. An innovative method for prediction of liquid metal heat transfer rate for rod bundles based on annuli[J]. Annals of Nuclear Energy, 2012, 47: 91-97.

[8] FRINK J K, LEIBOWITZ L. Thermodynamic and transport properties of sodium liquid and vapor[R]. Lemont: Argonne National Laboratory, 1995.

[9] GOLDEN G H, TOKAR T V. Thermal properties of sodium[R]. Lemont: Argonne National Laboratory, 1967.

[10] 徐济鋆. 沸腾传热和气液两相流[M]. 北京: 原子能出版社, 2001.

[11] 鲁晓东, 周铃岗, 巫英伟, 等. 轴向非均匀加热对并联通道两相流动不稳定性的影响[J]. 原子能科学技术, 2014, 48(4): 604-609.

索 引

B

BP 神经网络	273
板状燃料元件	167
闭环传递函数	206
并联多通道	127
不稳定性边界	187

C

超临界流体	191
纯动力学不稳定性	009

D

低温供热堆	051
第二类密度波不稳定性	052
第一类密度波不稳定性	052
动力学不稳定性	003

F

非惯性坐标系	137
沸腾危机	005
复合动力学不稳定性	018
复合松弛型不稳定性	007

G

固定网格法	302
管网模型	308
过冷度数	063

H

海洋条件	127
含汽率	134
核反馈	187
核热耦合	166
滑速比	076

J

极限环振荡	182
间歇型干涸	264
静力学不稳定性	002
静态流量漂移	227

K

开尔文-亥姆霍兹不稳定现象	264
可移动边界法	302

L

两相流动不稳定性	001
临界功率	159
临界热流密度	256
流动沸腾	256
流量漂移	004
流量振荡	186

M

密度波	009

N

钠-水蒸汽发生器	301

P

漂移流模型	071

核动力系统的流动不稳定性

频率响应法	195	W	
Q		稳定性判据	207
汽泡脱离起始点	076	误差逆传播算法	273
R		X	
热平衡模型	306	相变数	063
S		Y	
三环路反馈	317	压力降振荡	028
神经网络	273	亚临界	250
时域分析法	228	液滴平衡夹带	292
衰减率	212	Z	
衰减阈值	286	蒸汽发生器	301
松弛型不稳定性	007	中国先进研究堆	097
T		自然循环	107
同位网格	230